多重比較法の
理論と数値計算

multiple
comparison
procedures

白石高章
杉浦　洋
［著］

共立出版

まえがき

　近年，統計学の入門書に，多重比較法が載せられることが多くなってきている．通常よく使われる多群（多標本）モデルの分散分析法では，母平均の一様性の帰無仮説の検定が行われ，帰無仮説が棄却されても，どの群とどの群に母平均の違いがあるか判定できない．また，平均母数の信頼領域は楕円の内部で与えられるため，明解な違いを検出できない．このため，分散分析法はものたりない統計手法となっている．これに対し，多重比較検定はどの群とどの群に違いがあるか判定ができる．多重比較法の1つである平均母数の同時信頼区間は1次元の区間で与えるため，平均の違いを明示できる．これにより，医学，薬学，生物学，心理学の分野では，多重比較法が必修の統計教育内容となっている．さらにこれらの分野の論文誌において，データ解析を多重比較法で行うことを要求されることがしばしばある．

　参考文献(著1)の『多群連続モデルにおける多重比較法』(2011)には，母平均に順序制約がない場合の多重比較法の基礎理論が書かれている．本書も，多重比較法を論じる上で最も単純な多群連続モデルに限定し，本質的で美しい結論を述べることに心がけた．具体的には，次の (i) から (vii) の内容を述べた．

(i) 多群連続モデルでの多重比較法の進化の過程（第1章）．

(ii) 母数に順序制約のないモデルでテューキー・クレーマー法やダネット法に関連した(著1)で書かれていない発展的かつ綺麗な結果（第2, 3章）．

(iii) 母分散が一様であるとは限らないベーレンス・フィッシャーの問題に対する多重比較法として，ゲイムス・ハウエル法の紹介とその手法を優越する閉検定手順（2.2節）．

(iv) 今後重要となる分散の多重比較法（第 4 章）.
(v) 母平均に順序制約がある場合の多重比較法として，日本の統計書にはウィリアムズの方法だけが述べられている．ウィリアムズの方法は群サイズが等しい場合しか使用できない．群サイズが異なる場合も使用できる手法を紹介する．更に，順序制約がある場合の様々な多重比較法を論述（第 5 章）.
(vi) 多重比較検定の検出力の比較（第 6 章）.
(vii) (v) の手法を実行するために必要な数値積分の方法（第 7 章）.

　薬の増量や毒性物質の暴露量の増加により母平均に順序制約を入れることができる場合が多い．一般に，順序制約のあるモデルでの多重比較法の方は，順序制約のないモデルでの多重比較法を大きく優越する．このため，順序制約のあるモデルで考察することは非常に有意義である．これが上記の (v) を論述している理由である．順序制約の統計モデルで母平均が一様である帰無仮説の統計的検定理論を研究した日本の数理統計学者は非常に多い．

　分散分析法で使われる分布論は F 分布やカイ自乗分布を理解すればよい．これに対し多重比較法で使われる分布関数は 1 次元の積分または重積分を使って表現され，計算機による数値計算が必要である．上記の (vii) に関して多重比較法における数値計算の精度のよい方法を解説する．多重比較法に限らず統計学の手法の開発に数値解析学を役立てることができる．本書をきっかけに数値解析学の理論を読者が更なる統計科学の研究開発に役立てることも期待し執筆している．

　第 1 章から第 6 章は統計科学が専門の白石が執筆し，第 7 章と付録の数表は数値解析学が専門の杉浦が執筆を担当した．白石が担当した統計手法の理論部分は，2014 年日本統計学会春季集会「企画セッション：多重比較の理論と応用：最近の展開」の招待講演，2015 年日本統計学会誌「特集：多重比較の理論と応用」に掲載された論文 (著 13)，2015 年日本数学会年会統計数学分科会の特別講演およびその後の研究内容をよりわかりやすく解説したものである．これまでの論文などの文献に，母平均に順序制約がある場合の多重比較法の有意水準表も掲載されている．杉浦が担当した数値解析学の基礎を

使って計算し作成した数表は，これまでの文献に掲載されている有意水準表よりも精度がよくなっている．

　本書に書かれている多群連続モデルの統計科学理論と数値解析法を理解することが，離散モデルや複雑モデルにおける多重比較法とその理論を構築する上で礎となる．

　南山大学理工学部の松田眞一先生と福井大学工学部名誉教授の長谷川武光先生に有益な意見を頂戴致しました．両先生に大変感謝致します．また，出版をお世話された共立出版株式会社の藤本公一氏，信沢孝一氏，菅沼正裕氏にお礼申し上げます．

2018 年 2 月

白石高章

杉浦　洋

目　次

まえがき　　　　　　　　　　　　　　　　　　　　　　　　　i

記　号　表　　　　　　　　　　　　　　　　　　　　　　　　xi

第 1 章　手法の紹介による進化の過程　　　　　　　　　　　1

1.1　正規分布モデルにおけるパラメトリック多重比較法 . . . .　1
　1.1.1　分散分析法を超える多重比較法が必要とされる意義 . . .　1
　1.1.2　分散が同一のモデルでのすべての平均相違 . . . .　3
　1.1.3　分散が同一とは限らないモデルでのすべての平均相違 . .　4
　1.1.4　対照群の平均との相違 . . . .　5
　1.1.5　分散の相違 . . . .　6
　1.1.6　平均母数に順序制約がある場合の手法 . . . .　7
1.2　ノンパラメトリック法 . . . .　9
　1.2.1　すべての平均相違 . . . .　9
　1.2.2　対照群の平均との相違 . . . .　10
　1.2.3　平均母数に順序制約がある場合の手法 . . . .　11
　1.2.4　設定条件の緩和 . . . .　13
1.3　手法を実行するために導入された分布の上側 $100\alpha^\star\%$ 点 . . .　15
　1.3.1　手法のまとめ . . . .　16
　1.3.2　母数に制約がない場合に使われる分布の上側 $100\alpha^\star\%$ 点　16
　1.3.3　母数に順序制約がある場合に使われる分布の上側 $100\alpha^\star\%$ 点 . . . .　21

第 2 章　すべての平均相違に関する多重比較法　29

- 2.1　分散が同一である正規分布モデルでの手法 30
  - 2.1.1　モデルと考え方 30
  - 2.1.2　テューキー・クレーマー (Tukey-Kramer) の方法 31
  - 2.1.3　閉検定手順 35
  - 2.1.4　データ解析例 46
- 2.2　分散が同一とは限らない正規分布モデルでの手法 48
  - 2.2.1　ウェルチ (Welch) の検定法 49
  - 2.2.2　多群モデル 52
  - 2.2.3　ゲイムス・ハウエル (Games-Howell) の方法 52
  - 2.2.4　閉検定手順 56
  - 2.2.5　漸近理論 58
  - 2.2.6　データ解析例 63
- 2.3　ノンパラメトリック法 66
  - 2.3.1　スティール・ドゥワス (Steel-Dwass) の順位検定法 ... 66
  - 2.3.2　順位に基づく同時信頼区間 67
  - 2.3.3　ノンパラメトリック閉検定手順 68
  - 2.3.4　データ解析例 73

第 3 章　対照群の平均との相違に関する多重比較法　75

- 3.1　正規分布モデルでのシングルステップ法 75
  - 3.1.1　モデルと考え方 76
  - 3.1.2　ダネット (Dunnett) の多重比較検定法 77
  - 3.1.3　同時信頼区間 79
- 3.2　シングルステップのノンパラメトリック法 80
  - 3.2.1　スティール (Steel) の順位に基づく多重比較検定法 ... 80
  - 3.2.2　同時信頼区間 82

3.3 閉検定手順 83
3.3.1 正規分布モデルでのパラメトリック手順 84
3.3.2 ノンパラメトリック手順 85
3.3.3 逐次棄却型検定法 86
3.4 データ解析例 90
3.4.1 パラメトリック法 90
3.4.2 ノンパラメトリック法 92

第4章 正規分布モデルでの分散の多重比較法　　95

4.1 ボンフェローニ (Bonferroni) の方法とホルム (Holm) の方法　95
4.2 モデルの設定と統計量の基本的性質 98
4.3 すべての分散相違 99
4.3.1 シングルステップの多重比較検定法 101
4.3.2 閉検定手順 101
4.3.3 同時信頼区間 103
4.4 対照群の分散との比較 104
4.4.1 シングルステップの多重比較検定法 104
4.4.2 同時信頼区間 108
4.5 すべての分散の比較 109
4.5.1 カイ自乗分布を使った正確なシングルステップ法 ... 109
4.5.2 閉検定手順 113
4.6 データ解析例 114

第5章 平均母数に順序制約がある場合の多重比較法　　117

5.1 モデルと傾向性制約での極値 117
5.2 一様性の帰無仮説の検定と点推定 120
5.2.1 正規分布モデルでの最良手法 121

5.2.2　ノンパラメトリック法 127
　5.3　すべての平均相違の多重比較法 130
　　5.3.1　正規分布モデルでのヘイター (Hayter) の方法 131
　　5.3.2　シングルステップのノンパラメトリック法 134
　　5.3.3　閉検定手順 136
　　5.3.4　ステップワイズ法 145
　　5.3.5　データ解析例 149
　5.4　隣接した平均母数の相違に関する多重比較法 152
　　5.4.1　正規分布モデルでのリー・スプーリエル (Lee-Spurrier)
　　　　　の方法 152
　　5.4.2　シングルステップのノンパラメトリック法 156
　　5.4.3　閉検定手順 158
　　5.4.4　ステップワイズ法 164
　　5.4.5　データ解析例 166
　5.5　対照群との多重比較検定法 167
　　5.5.1　正規分布モデルでのウィリアムズ (Williams) の方法 . . 169
　　5.5.2　順位に基づくシャーリー・ウィリアムズ (Shirley-Williams)
　　　　　の方法 172
　　5.5.3　データ解析例 174
　5.6　サイズが不揃いの場合の多重比較検定法 175
　　5.6.1　すべての平均相違の多重比較検定法 175
　　5.6.2　対照群との多重比較検定法 183
　5.7　平均母数が減少列の順序制約がある場合 187

第6章　検出力の比較　　　　　　　　　　　　　　　　　　　189

　6.1　すべての平均相違に対する手法の比較 189
　6.2　分散が同一とは限らない場合の手法の比較 191
　6.3　順序制約の下でのすべての平均相違に対する手法の比較 . . . 193

第 7 章　順序制約のある場合の統計量の分布の数値計算法　　199

- 7.1　関数族 **G** と sinc 近似 199
  - 7.1.1　関数族 **G** 200
  - 7.1.2　sinc 近似 204
  - 7.1.3　数値計算例 207
  - 7.1.4　有限 sinc 近似の誤差理論 212
  - 7.1.5　有限 sinc 近似の誤差制御 214
  - 7.1.6　原始関数の有限 sinc 補間 219
  - 7.1.7　二重指数関数型積分公式（DE 公式） 221
- 7.2　最大値統計量の分布関数の性質 223
  - 7.2.1　ヘイター型統計量の分布関数とその性質 224
  - 7.2.2　リー・スプーリエル型統計量の分布関数とその性質 ... 225
  - 7.2.3　ウィリアムズ型統計量の分布関数とその性質 227
- 7.3　最大値統計量の分布関数と上側 $100\alpha\%$ 点の計算法 ... 229
  - 7.3.1　漸近分布の分布関数の計算法 230
  - 7.3.2　漸近分布の分布関数の近似式 233
  - 7.3.3　分布関数の計算法 235
  - 7.3.4　密度関数 $g(s|m)$ の数値計算法 240
  - 7.3.5　分布の上側 $100\alpha\%$ 点の計算法 245
- 7.4　階層確率 (Level Probability) の計算 248
  - 7.4.1　基本的なアルゴリズム 249
  - 7.4.2　表 Q の計算 251
  - 7.4.3　表 P の計算 254
  - 7.4.4　積分計算 256
  - 7.4.5　数値実験 258

付　録　統計量の分布の上側 $100\alpha^*\%$ 点を求めるプログラムと
　　　　数表　　**261**

　A.1　上側 $100\alpha\%$ 点の数値計算プログラム 262
　　A.1.1　C 関数仕様 263
　　A.1.2　Mathematica 関数仕様 268
　A.2　階層確率の数値計算プログラム 274
　　A.2.1　C 関数仕様 274
　　A.2.2　Mathematica 関数仕様 275
　A.3　付表 276

参考文献　　**299**

あとがき　　**305**

索　引　　**308**

記号表

$P(\cdot)$：確率測度

H_0：一様性の帰無仮説

$P_0(\cdot)$：帰無仮説 H_0 の下での確率測度

$E(X)$：X の期待値

$E_0(X)$：帰無仮説 H_0 の下での X の期待値

$V(X)$：確率変数 X の分散

$V_0(X)$：帰無仮説 H_0 の下での X の分散

$\#A$ または $\#(A)$：有限集合 A の要素の個数

$I(A)$：事柄 A が真のとき 1，偽のとき 0

$a \equiv b$：b を a とおくの意味

$|a|$：実数 a の絶対値

$[x]$：x を超えない最大の整数，ガウス記号とよばれている．$[5.7] = 5$, $[-5.3] = -6$

$\lfloor x \rfloor$：x 以下の最大の整数で床関数とよばれる．$\lfloor x \rfloor = [x]$ の関係が成り立つ．

$\lceil x \rceil$：x 以上の最小の整数で天井関数とよばれる．$x > 0$ に対して $\lceil x \rceil = -[-x]$ の関係が成り立つ．

$A \subset B$：A のすべての要素が B に属する

$A \subsetneqq B$：$A \subset B$ かつ $A \neq B$

$p \iff q$：p と q は同値

$p \implies q$：p ならば q である

$p \wedge q$：p かつ q が成り立つ（論理積）

$p \vee q$：p または q が成り立つ（論理和）

xii　記号表

$\bigwedge_{i \in I} p_i$：すべての $i \in I$ に対して p_i が成り立つ

$\bigvee_{i \in I} p_i$：ある $i \in I$ が存在して p_i が成り立つ

$\mathbb{R}$：実数全体の集合

$\mathbb{R}^n$：n 次元ユークリッド空間

$\mathbb{Z}$：整数全体の集合

$\mathbb{C}$：複素数全体の集合

$N(\mu, \sigma^2)$：平均 μ，分散 σ^2 の正規分布

t_m：自由度 m の t 分布

χ^2_m：自由度 m のカイ自乗分布

F^ℓ_m：自由度 ℓ, m の F 分布

$\varphi(x)$：標準正規分布 $N(0,1)$ の密度関数

$\varphi(\sigma, x)$：正規分布 $N(0, \sigma^2)$ の密度関数

$\Phi(z)$：標準正規分布 $N(0,1)$ の分布関数

$\Phi(\sigma, x)$：正規分布 $N(0, \sigma^2)$ の分布関数

$\int_{-\infty}^{\infty} g(x) d\Phi(x)$：スティルチェス積分で，$\int_{-\infty}^{\infty} g(x) \varphi(x) dx$ に等しい

$X \sim D$：X は分布 D に従う

$X \sim F(x)$：X の分布関数は $F(x)$

$\phi(\boldsymbol{X})$：検定関数

α：有意水準

$\mathcal{R}_n \equiv \{\boldsymbol{r} | \boldsymbol{r}$ は $(1, 2, \ldots, n)$ の各要素を並べ替えた順列ベクトル $\}$

$\mathcal{W}_n \xrightarrow{P} c$：$\mathcal{W}_n$ は c に確率収束する

$\mathcal{Z}_n \xrightarrow{\mathcal{L}} Z$：$\mathcal{Z}_n$ は Z に分布収束する

$\mathcal{Z}_n \xrightarrow{\mathcal{L}} N(0, \sigma^2)$：$\mathcal{Z}_n$ は $N(0, \sigma^2)$ に分布収束する

$f(x) = O(g(x))\ (x \to a)$：$\limsup_{x \to a} |f(x)/g(x)| < \infty$. すなわち，$x \to a$ で $|f(x)/g(x)|$ は有界.

$f(x) = o(g(x))\ (x \to a)$：$\lim_{x \to a} |f(x)/g(x)| = 0$.

$A \cong B$：A は B の近似. あるいは，B は A の近似.

第1章

手法の紹介による進化の過程

多群モデルの多重比較法について現在までの発展について要約を述べる．詳細は第2章以降で解説する．数値解析学のテクニックを身に着けることにより多重比較法の更なる進化が望める．

1.1 正規分布モデルにおけるパラメトリック多重比較法

統計データの解析で正規分布の理論から導出された手法がよく使われる．観測値が正規分布に従うと仮定した場合のパラメトリック法について述べる．

1.1.1 分散分析法を超える多重比較法が必要とされる意義

ある要因 A があり，k 個の水準 $A_1, \ldots, A_k$ を考える．水準 A_i における標本の観測値 $(X_{i1}, X_{i2}, \ldots, X_{in_i})$ は第 i 標本または第 i 群とよばれる．各 X_{ij} は平均が μ_i，分散が σ^2 である同一の正規分布 $N(\mu_i, \sigma^2)$ に従うとする．すなわち，

$$P(X_{ij} \leqq x) = \Phi\left(\frac{x - \mu_i}{\sigma}\right), \quad E(X_{ij}) = \mu_i \tag{1.1}$$

である．ただし，$\Phi(x)$ を標準正規分布 $N(0,1)$ の分布関数とする．未知母数 μ_i の相違に対する多重比較法について要約する．さらにすべての X_{ij} は互いに独立であると仮定する．総標本サイズを $n \equiv n_1 + \cdots + n_k$ とおき，

$$\nu \equiv \frac{1}{n}\sum_{i=1}^{k} n_i \mu_i, \quad \tau_i \equiv \mu_i - \nu$$

表 1.1 分散が同一の正規 k 群モデル

群	サイズ	データ	平均	分布
第 1 群	n_1	$X_{11},\ldots,X_{1n_1}$	μ_1	$N(\mu_1,\sigma^2)$
第 2 群	n_2	$X_{21},\ldots,X_{2n_2}$	μ_2	$N(\mu_2,\sigma^2)$
$\vdots$	$\vdots$	$\vdots$ $\vdots$	$\vdots$	$\vdots$
第 k 群	n_k	$X_{k1},\ldots,X_{kn_k}$	μ_k	$N(\mu_k,\sigma^2)$

総標本サイズ：$n \equiv n_1 + \cdots + n_k$（すべての観測値の個数）
$\mu_1,\ldots,\mu_k, \sigma^2$ はすべて未知母数とする．

とおく．このとき $\sum_{i=1}^{k} n_i \tau_i = 0$ である．τ_i は要因 A の水準 A_i における主効果 (main effect) または相対処理効果 (additive treatment effect)，ν を全平均 (overall mean) とよぶ．ここで

$$X_{ij} = \mu_i + \varepsilon_{ij} = \nu + \tau_i + \varepsilon_{ij} \quad \text{ただし} \sum_{i=1}^{k} n_i \tau_i = 0 \qquad (1.2)$$

と書き直せ，ε_{ij} は誤差確率変数とよばれ独立で $N(0,\sigma^2)$ に従う．このとき，表 1.1 の正規 k 群モデルを得る．

表 1.1 のモデルで通常行われる統計解析法は分散分析法で，その場合に

$$\text{帰無仮説 } H_0 : \mu_1 = \cdots = \mu_k \qquad (1.3)$$

の検定を，H_0 の下で F 分布に従う統計量を使って行う．この F 検定により，H_0 が棄却されても $\mu_i \neq \mu_{i'}$ となる i, i' を特定できない．次に，

$$\text{帰無仮説 } H_{(i,i')} : \mu_i = \mu_{i'} \text{ vs. 対立仮説 } H_{(i,i')}^{A} : \mu_i \neq \mu_{i'} \qquad (1.4)$$

に対する検定として水準 α の t 検定を使うことができる．k 個の水準の平均母数のすべての比較を考えた場合 $_kC_2 = k(k-1)/2$ 個の t 検定を遂行する必要がある．H_0 が真のとき，すなわち，すべての帰無仮説 $H_{(i,i')}$ $(1 \leq i < i' \leq k)$ が真のとき 1 つ以上の帰無仮説 $H_{(i,i')}$ が棄却される確率は，参考文献 (著 1) の表 5.5 に載せられている．$k = 8$ のとき，$1 \leq i < i' \leq k$ となるすべての i, i' について (1.4) に対する水準 0.05 の t 検定 $_8C_2 = 28$ 個を行うことに

する．このとき，H_0 が真のとき，(著1) の表5.5 より，1つ以上の帰無仮説 $H_{(i,i')}$ が棄却される確率がおおよそ $0.5 = 1/2$ となり，2分の1の確率で少なくとも1つの帰無仮説が棄却されることとなる．k が大きくなれば，1つ以上の帰無仮説 $H_{(i,i')}$ が棄却される確率は上がる．これは，水準 α の検定を繰り返すことに難点があることを意味している．${}_kC_2$ 個の

$$\left\{\text{帰無仮説 } H_{(i,i')} \text{ vs. 対立仮説 } H^A_{(i,i')} \mid 1 \leq i < i' \leq k\right\} \quad (1.5)$$

を同時に検定する水準 α の多重比較検定は，「正しい帰無仮説のうち1つ以上が棄却される確率」を α 以下に抑えている．詳細な水準 α の多重比較検定の定義は，2.1.1項で述べている．

また，分散分析法において，母数 $\boldsymbol{\tau} \equiv (\tau_1, \ldots, \tau_k)$ の信頼領域は楕円の内部 ((著1) の式 (4.8)) で与えられ，明確な違いを検出できない．これに対し，多重比較法の1つである $\mu_{i'} - \mu_i$ ($1 \leq i < i' \leq k$) の同時信頼区間は区間で与えられるため，$\mu_{i'} - \mu_i$ の信頼区間が0を含まず正または負の場合に，$\mu_{i'} > \mu_i$ または $\mu_{i'} < \mu_i$ の明確な判定を行うことができる．同時信頼区間の定義は，2.1.1項の最後に述べている．

1.1.2　分散が同一のモデルでのすべての平均相違

μ_i, σ^2 は未知とし，X_{ij} が正規分布 $N(\mu_i, \sigma^2)$ に従うとする．すなわち，(1.1) のモデルである．さらにすべての X_{ij} は互いに独立であると仮定する．このとき，表1.1 を得る．

(1.5) に対する多重比較検定法として 2.1.2 項で紹介するテューキー・クレーマー (Tukey-Kramer) の方法がある．テューキー・クレーマーの方法は，i, i' を任意に固定したとき，(1.5) の検定が1回の方式で行われるためシングルステップ法とよばれている．ある i, i' に対して (1.5) の検定が複数回の検定方式を通して行われる場合の多重比較検定法をマルチステップ法とよんでいる．閉検定手順とよばれる多重比較検定法がマルチステップ法となっている．閉検定手順として，REGW(Ryan/Einot-Gabriel/Welsch) 法，ペリの方法 (Peritz, 1970) が提案されている．松田・永田 (1990) は，計算機シミュレー

ションにより，テューキー・クレーマーの方法よりもこれらの閉検定手順は検出力が高いことを検証した．特に，閉検定手順の検出力がテューキー・クレーマーの方法よりも 30% も高くなる場合があることを調べた．さらに (著1) と (著7) は，新しい閉検定手順を提案し，その閉検定手順がテューキー・クレーマーの方法，REGW 法よりも一様に検出力が高いことを数学的に示した．Ramsey (1978) の総対検出力による比較において，(著7) の閉検定手順がテューキー・クレーマーの方法よりも 37% もよくなる場合があることをシミュレーションにより表 6.1 で検証する．

$\{\mu_{i'} - \mu_i \mid 1 \leqq i < i' \leqq k\}$ に対する信頼係数 $1 - \alpha$ の同時信頼区間 (simultaneous confidence intervals) はシングルステップの多重比較検定法であるテューキー・クレーマーの方法から導くことができる．(著7) の閉検定手順によって，$\boldsymbol{\mu} \equiv (\mu_1, \ldots, \mu_k)$ に対する信頼係数 $1 - \alpha$ の同時信頼領域が導かれる．多重比較法の美しい定理として定理 2.5 を導いた．この定理を使うことにより，(著7) の閉検定手順から導かれる $\boldsymbol{\mu}$ に対する信頼係数 $1 - \alpha$ の同時信頼領域はテューキー・クレーマーの $\{\mu_{i'} - \mu_i \mid 1 \leqq i < i' \leqq k\}$ に対する信頼係数 $1 - \alpha$ の同時信頼区間と一致していることが示される．

1.1.3 分散が同一とは限らないモデルでのすべての平均相違

μ_i, σ_i^2 は未知とし，X_{ij} が正規分布 $N(\mu_i, \sigma_i^2)$ に従うとする．すなわち，

$$P(X_{ij} \leqq x) = \Phi\left(\frac{x - \mu_i}{\sigma_i}\right), \quad E(X_{ij}) = \mu_i, \quad V(X_{ij}) = \sigma_i^2 \qquad (1.6)$$

である．さらにすべての X_{ij} は互いに独立であると仮定する．このとき，表 1.2 の正規 k 群モデルを得る．

$k = 2$ のときは，ウェルチの検定 (Welch, 1938) がよく使われる．$k \geqq 3$ のとき 1 つの比較のための検定は 1.1.1 項の (1.4) で与えられ，(1.5) に対するシングルステップの多重比較検定法として 2.2 節で紹介するゲイムス・ハウエルの方法 (Games and Howell, 1976) がある．マルチステップの多重比較検定法とよばれる閉検定手順として，(著12) の方法が提案されている．(著12) は提案した方法がゲイムス・ハウエルの方法よりも検出力が高いことを

表 1.2 分散が異なる正規 k 群モデル

群	サイズ	データ	平均	分散	分布
第 1 群	n_1	$X_{11}, \ldots, X_{1n_1}$	μ_1	σ_1^2	$N(\mu_1, \sigma_1^2)$
第 2 群	n_2	$X_{21}, \ldots, X_{2n_2}$	μ_2	σ_2^2	$N(\mu_2, \sigma_2^2)$
⋮	⋮	⋮	⋮	⋮	⋮
第 k 群	n_k	$X_{k1}, \ldots, X_{kn_k}$	μ_k	σ_k^2	$N(\mu_k, \sigma_k^2)$

総標本サイズ：$n \equiv n_1 + \cdots + n_k$ （すべての観測値の個数）
$\mu_1, \ldots, \mu_k, \sigma_1^2, \ldots, \sigma_k^2$ はすべて未知母数とする．

シミュレーションにより検証した．

$\{\mu_{i'} - \mu_i \mid 1 \leqq i < i' \leqq k\}$ に対する信頼係数 $1 - \alpha$ の同時信頼区間もシングルステップの多重比較検定法であるゲイムス・ハウエルの方法から導くことができる．

1.1.4 対照群の平均との相違

分散が共通の正規分布を仮定した多群モデルにおける対照群と処理群の平均の組の多重比較法は，ダネットによって提案され，ダネット法とよばれている (Dunnett, 1955)．第 1 群または第 k 群を対照群，その他の群は処理群と考え，どの処理群と対照群の間に差があるかを調べることである．5.5 節で紹介するウィリアムズの方法 (Williams, 1972) との整合性をとるため，便宜上，本書では，第 1 群を対照群，第 2 群から第 k 群を処理群とし，表 1.1 に対応して，表 1.3 のモデルについて考察する．第 k 群を対照群，第 1 群から第 $k-1$ 群を処理群としたダネットの多重比較法を (著 1) で論じている．

第 1 群の対照群と第 i 群の処理群を比較することを考える．1 つの比較のための検定は，

$$帰無仮説 \ H_i: \mu_i = \mu_1$$

に対して 3 種の対立仮説

① 両側対立仮説 $H_i^{A\pm}: \mu_i \neq \mu_1$

② 片側対立仮説 $H_i^{A+}: \mu_i > \mu_1$

表 1.3 対照群との比較のための k 群モデル

水準	群	データ	平均	分布
対照	第 1 群	$X_{11}, \ldots, X_{1n_1}$	μ_1	$N(\mu_1, \sigma^2)$
処理 1	第 2 群	$X_{21}, \ldots, X_{2n_2}$	μ_2	$N(\mu_2, \sigma^2)$
$\vdots$	$\vdots$	$\vdots$	$\vdots$	$\vdots$
処理 $k-1$	第 k 群	$X_{k1}, \ldots, X_{kn_k}$	μ_k	$N(\mu_k, \sigma^2)$

総標本サイズ：$n \equiv n_1 + \cdots + n_k$ （すべての観測値の個数）
$P(X_{ij} \leqq x) = \Phi((x - \mu_i)/\sigma)$ $(i = 1, \ldots, k)$, $\mu_1, \ldots, \mu_k$ はすべて未知母数とする.

③ 片側対立仮説 $H_i^{A-} : \mu_i < \mu_1$

となる.

$$\{\text{帰無仮説 } H_i \text{ vs. 対立仮説 } H_i^{A*} \mid 2 \leqq i \leqq k\} \tag{1.7}$$

に対するシングルステップの多重比較検定を 3.2 節で論述する．シングルステップ法よりも一様に検出力が高い逐次棄却型検定法を 3.3 節で論述する．(著 1) の逐次棄却型検定法から導かれる $\boldsymbol{\mu}$ に対する信頼係数 $1-\alpha$ の同時信頼領域はシングルステップの $\{\mu_i - \mu_1 \mid 2 \leqq i \leqq k\}$ に対する信頼係数 $1-\alpha$ の同時信頼区間と一致していることを示す．

1.1.5 分散の相違

μ_i, σ_i^2 は未知とし，X_{ij} は正規分布 $N(\mu_i, \sigma_i^2)$ に従うものとする．すなわち，(1.6) のモデルである．さらにすべての X_{ij} は互いに独立であると仮定する．このとき，表 1.2 を得る．$k = 2$ のときは，F 検定が通常使われる．

k 個の水準の平均母数のすべての比較を考える．1 つの比較のための検定は

$$\text{帰無仮説 } H_{(i,i')}^s : \sigma_i^2 = \sigma_{i'}^2 \text{ vs. 対立仮説 } H_{(i,i')}^{sA} : \sigma_i^2 \neq \sigma_{i'}^2 \tag{1.8}$$

となる.

$$\{\text{帰無仮説 } H_{(i,i')}^s \text{ vs. 対立仮説 } H_{(i,i')}^{sA} \mid 1 \leqq i < i' \leqq k\} \tag{1.9}$$

に対するすべての分散相違の多重比較検定法を 4.3 節で紹介する．

第 1 群の対照群と第 i 群の処理群を比較することを考える．1 つの比較のための検定は，

$$帰無仮説\ H_i^s : \sigma_i^2 = \sigma_1^2$$

に対して 3 種の対立仮説

① 両側対立仮説 $H_i^{sA\pm} : \sigma_i^2 \neq \sigma_1^2$
② 片側対立仮説 $H_i^{sA+} : \sigma_i^2 > \sigma_1^2$
③ 片側対立仮説 $H_i^{sA-} : \sigma_i^2 < \sigma_1^2$

となる．対照群の分散との多重比較法を 4.4 節で論述する．4.5 節ですべての分散の多重比較法を述べ，$\{\sigma_i^2 \mid 1 \leqq i \leqq k\}$ に対する信頼係数 $1-\alpha$ の同時信頼区間はカイ自乗分布の上側確率から導くことができることを示す．

1.1.6　平均母数に順序制約がある場合の手法

(1.1) の設定で，平均母数に傾向性の順序制約

$$\mu_1 \leqq \mu_2 \leqq \cdots \leqq \mu_k \tag{1.10}$$

のある場合の表 1.1 のモデルを考える．

k 個の水準の平均母数の任意の比較では，i, i' を $1 \leqq i < i' \leqq k$ とし，

$$帰無仮説\ H_{(i,i')} : \mu_i = \mu_{i'}\ \text{vs. 対立仮説}\ H_{(i,i')}^{OA} : \mu_i < \mu_{i'} \tag{1.11}$$

となる．群サイズが等しい

$$n_1 = n_2 = \cdots = n_k \tag{1.12}$$

の仮定を付加した場合に，すべての平均相違を調べる

$$\left\{ 帰無仮説\ H_{(i,i')}\ \text{vs. 対立仮説}\ H_{(i,i')}^{OA} \mid 1 \leqq i < i' \leqq k \right\} \tag{1.13}$$

に対するシングルステップの多重比較検定法として 5.3 節で紹介するヘイターの方法 (Hayter, 1990) がある．(著 10) は，閉検定手順を提案し，その閉検

定手順がヘイターの方法よりも検出力が高いことを数学的に示した．(著10)の閉検定手順が，ヘイターの方法よりも 40% もよくなる場合があることをシミュレーションにより表 6.10 で検証する．

(1.12) の条件の下で $\{\mu_{i'} - \mu_i \mid 1 \leqq i < i' \leqq k\}$ に対する信頼係数 $1 - \alpha$ の同時信頼区間はシングルステップの多重比較検定法であるヘイターの方法から導くことができる．(著10) の閉検定手順によって，$\boldsymbol{\mu} \equiv (\mu_1, \cdots, \mu_k)$ に対する信頼係数 $1 - \alpha$ の同時信頼領域が導かれる．多重比較法の美しい定理として定理 5.6 を導く．この定理を使うことにより，(著10) の閉検定手順によって導かれた $\boldsymbol{\mu} \equiv (\mu_1, \cdots, \mu_k)$ に対する信頼係数 $1 - \alpha$ の同時信頼領域は Hayter (1990) の $\{\mu_{i'} - \mu_i \mid 1 \leqq i < i' \leqq k\}$ に対する信頼係数 $1 - \alpha$ の同時信頼区間と一致していることが示される．この主張は，(著10) に詳しく論述している．

(1.12) の条件を仮定しないサイズの不揃いの場合にも，(著15) は多重比較検定として閉検定手順を提案している．その手法を 5.6 節で紹介する．

次に隣接した群の平均を比較することを考える．1 つの比較のための検定は

帰無仮説 $H_{(i,i+1)} : \mu_i = \mu_{i+1}$ vs. 対立仮説 $H^{OA}_{(i,i+1)} : \mu_i < \mu_{i+1}$

となる．

$$\left\{ \text{帰無仮説 } H_{(i,i+1)} \text{ vs. 対立仮説 } H^{OA}_{(i,i+1)} \mid 1 \leqq i \leqq k-1 \right\} \quad (1.14)$$

に対するシングルステップの多重比較検定法として 5.4 節で紹介するリー・スプーリエルの方法 (Lee and Spurrier, 1995a) がある．(著10) は，閉検定手順を提案し，その閉検定手順がリー・スプーリエルの方法よりも検出力が高いことを数学的に示した．$\{\mu_{i+1} - \mu_i \mid 1 \leqq i \leqq k-1\}$ に対する信頼係数 $1 - \alpha$ の同時信頼区間はシングルステップの多重比較検定法であるリー・スプーリエルの方法から導くことができる．

最後に，平均母数に傾向性の順序制約 (1.10) のある場合の表 1.3 のモデルで，第 1 群は対照群でその他の群は処理群である場合を考える．2 群以降の群サイズが等しい

$$n_2 = n_3 = \cdots = n_k \quad (1.15)$$

の仮定を付加した場合に,

$$\left\{ 帰無仮説\ H_{(1,i)}\ \text{vs.}\ 対立仮説\ H_{(1,i)}^{OA}\ \middle|\ 2 \leqq i \leqq k \right\} \tag{1.16}$$

に対する多重比較検定法として 5.5 節で紹介するウィリアムズの方法 (Williams, 1972) がある．この多重比較検定法を実行するために有意水準点のアルゴリズムと数表が Williams (1972) に掲載されている．さらによい有意水準点のアルゴリズムを 7.3 節で用意する．また，(1.15) の条件を仮定しないサイズの不揃いの場合にも，(著 14) は多重比較検定を提案している．その手法を 5.6.2 項で紹介する．

1.2 ノンパラメトリック法

観測値の従う分布が未知であっても解析が可能であるノンパラメトリック法は，データ解析に有用である．前節のパラメトリック法に対応してノンパラメトリック法を紹介する．

1.2.1 すべての平均相違

ある要因 A があり，k 個の水準 $A_1, \ldots, A_k$ を考える．水準 A_i における標本の観測値 $(X_{i1}, X_{i2}, \ldots, X_{in_i})$ は第 i 標本とよばれる．各 X_{ij} は平均 μ_i である同一の連続型分布関数 $F(x - \mu_i)$ をもつとする．すなわち，

$$P(X_{ij} \leqq x) = F(x - \mu_i),\ E(X_{ij}) = \mu_i \tag{1.17}$$

である．$f(x) \equiv F'(x)$ とおくと，$\int_{-\infty}^{\infty} x f(x) dx = 0$ が成り立つ．さらにすべての X_{ij} は互いに独立であると仮定する．未知母数 μ_i の相違に対する多重比較法について要約する．総標本サイズを $n \equiv n_1 + \cdots + n_k$ とおく．このとき，観測値が連続分布に従う k 群モデルの表 1.4 を得る．

k 個の水準の平均母数のすべての比較を考える．1 つの比較のための検定は (1.4) と同じ

$$帰無仮説\ H_{(i,i')}: \mu_i = \mu_{i'}\ \text{vs.}\ 対立仮説\ H_{(i,i')}^A: \mu_i \neq \mu_{i'} \tag{1.18}$$

表 1.4 連続分布に従う k 群モデル

群	サイズ	データ	平均	分布関数
第 1 群	n_1	$X_{11}, \ldots, X_{1n_1}$	μ_1	$F(x - \mu_1)$
第 2 群	n_2	$X_{21}, \ldots, X_{2n_2}$	μ_2	$F(x - \mu_2)$
$\vdots$	$\vdots$	$\vdots$ $\vdots$	$\vdots$	$\vdots$
第 k 群	n_k	$X_{k1}, \ldots, X_{kn_k}$	μ_k	$F(x - \mu_k)$

総標本サイズ：$n \equiv n_1 + \cdots + n_k$ (すべての観測値の個数)
$\mu_1, \ldots, \mu_k$ はすべて未知母数とする．

で与えられる．

$$\left\{ 帰無仮説\ H_{(i,i')}\ \text{vs.}\ 対立仮説\ H^A_{(i,i')} \mid 1 \leqq i < i' \leqq k \right\}$$

に対するシングルステップの多重比較検定法として 2.3 節で紹介するスティール・ドゥワス (Steel-Dwass) の順位検定法がある．(著 7) は，マルチステップの多重比較検定法とよばれる閉検定手順を提案し，その閉検定手順がスティール・ドゥワスの順位検定法よりも検出力が高いことを数学的に示した．

$\{\mu_{i'} - \mu_i \mid 1 \leqq i < i' \leqq k\}$ に対する信頼係数 $1 - \alpha$ の同時信頼区間はシングルステップの多重比較検定法であるテューキー・クレーマーの方法から導くことができる．(著 7) の閉検定手順によって，$\boldsymbol{\mu} \equiv (\mu_1, \ldots, \mu_k)$ に対する信頼係数 $1 - \alpha$ の同時信頼領域が導かれる．多重比較法の美しい定理として定理 2.14 を導いた．この定理を使うことにより，$\boldsymbol{\mu} \equiv (\mu_1, \ldots, \mu_k)$ に対する信頼係数 $1 - \alpha$ の同時信頼領域は $\{\mu_{i'} - \mu_i \mid 1 \leqq i < i' \leqq k\}$ に対する信頼係数 $1 - \alpha$ の順位に基づく同時信頼区間と一致していることが示される．

1.2.2 対照群の平均との相違

分散が共通の正規分布を仮定した多群モデルにおける対照群と処理群の平均の組の多重比較法は，スティールによって提案され，スティールの順位検定法とよばれている (Steel, 1959)．第 1 群または第 k 群を対照群，その他の群は処理群と考え，どの処理群と対照群の間に差があるかを調べることである．便宜上，本書では，第 1 群を対照群，第 2 群から第 k 群は処理群とし，

表 1.5　連続分布に従う k 群モデル

水準	群	データ	平均	分布
対照	第 1 群	$X_{11}, \ldots, X_{1n_1}$	μ_1	$F(x - \mu_1)$
処理 1	第 2 群	$X_{21}, \ldots, X_{2n_2}$	μ_2	$F(x - \mu_2)$
$\vdots$	$\vdots$	$\vdots$	$\vdots$	$\vdots$
処理 $k-1$	第 k 群	$X_{k1}, \ldots, X_{kn_k}$	μ_k	$F(x - \mu_k)$

総標本サイズ：$n \equiv n_1 + \cdots + n_k$（すべての観測値の個数）
$P(X_{ij} \leqq x) = F(x - \mu_i)$ $(i = 1, \ldots, k)$, $\mu_1, \ldots, \mu_k$ はすべて未知母数とする．

表 1.4 に対応して，表 1.5 のモデルについて考察する．(著 1) では，第 k 群を対照群，第 1 群から第 $k-1$ 群を処理群とした多重比較法を論じている．

第 i 群の処理群と第 1 群の対照群を比較することを考える．1 つの比較のための検定は，

$$\text{帰無仮説 } H_i : \mu_i = \mu_1 \tag{1.19}$$

に対して 3 種の対立仮説

$$\text{① 両側対立仮説 } H_i^{A\pm} : \mu_i \neq \mu_1 \tag{1.20}$$

$$\text{② 片側対立仮説 } H_i^{A+} : \mu_i > \mu_1 \tag{1.21}$$

$$\text{③ 片側対立仮説 } H_i^{A-} : \mu_i < \mu_1 \tag{1.22}$$

となる．第 3 章で，(著 1) と同様に論述する．

1.2.3　平均母数に順序制約がある場合の手法

(1.17) の設定で，平均母数に傾向性の順序制約

$$\mu_1 \leqq \mu_2 \leqq \cdots \leqq \mu_k \tag{1.23}$$

がある場合の表 1.5 のモデルを考える．

k 個の水準の平均母数の任意の比較では，i, i' を $1 \leqq i < i' \leqq k$ とし，(1.11) と同様に，

$$\text{帰無仮説 } H_{(i,i')} : \mu_i = \mu_{i'} \text{ vs. 対立仮説 } H_{(i,i')}^{OA} : \mu_i < \mu_{i'} \tag{1.24}$$

となる．群サイズが等しい (1.12) の仮定を付加した場合に，

$$\left\{ 帰無仮説\ H_{(i,i')}\ \text{vs.}\ 対立仮説\ H^{OA}_{(i,i')}\ \middle|\ 1 \leqq i < i' \leqq k \right\} \quad (1.25)$$

に対するシングルステップの多重比較検定法として 5.3 節で紹介するヘイターの方法 (Hayter, 1990) を基に順位によるシングルステップ法を提案することができる．(著 10) は，閉検定手順を提案し，その閉検定手順がヘイター型の順位検定よりも検出力が高いことを数学的に示す．

(1.12) の条件の下で $\{\mu_{i'} - \mu_i \mid 1 \leqq i < i' \leqq k\}$ に対する信頼係数 $1-\alpha$ の同時信頼区間はシングルステップの多重比較検定法であるヘイター型の順位検定から導くことができる．(著 10) の閉検定手順によって，$\boldsymbol{\mu} \equiv (\mu_1, \cdots, \mu_k)$ に対する信頼係数 $1-\alpha$ の同時信頼領域が導かれる．$\boldsymbol{\mu} \equiv (\mu_1, \cdots, \mu_k)$ に対する信頼係数 $1-\alpha$ の同時信頼領域は $\{\mu_{i'} - \mu_i \mid 1 \leqq i < i' \leqq k\}$ に対する信頼係数 $1-\alpha$ のヘイター型の順位同時信頼区間と一致していることが示される．

(1.12) の条件を仮定しないサイズの不揃いの場合にも，(著 15) は多重比較検定として分布に依存しない閉検定手順を提案している．その手法を 5.6 節で紹介する．

隣接した群の平均を比較することを考える．1 つの比較のための検定は

$$帰無仮説\ H_{(i,i+1)}:\ \mu_i = \mu_{i+1}\ \text{vs.}\ 対立仮説\ H^{OA}_{(i,i+1)}:\ \mu_i < \mu_{i+1} \quad (1.26)$$

となる．

$$\left\{ 帰無仮説\ H_{(i,i+1)}\ \text{vs.}\ 対立仮説\ H^{OA}_{(i,i+1)}\ \middle|\ 1 \leqq i \leqq k-1 \right\} \quad (1.27)$$

に対するシングルステップの順位に基づく多重比較検定法として 5.4 節で紹介するリー・スプーリエルのノンパラメトリック法 (Lee and Spurrier, 1995b) がある．(著 10) は，閉検定手順を提案し，その閉検定手順がリー・スプーリエルのノンパラメトリック法よりも検出力が高いことを数学的に示した．$\{\mu_{i+1} - \mu_i \mid 1 \leqq i \leqq k-1\}$ に対する信頼係数 $1-\alpha$ の同時信頼区間はシングルステップの多重比較検定法であるリー・スプーリエルのノンパラメトリック法から導くことができる．

平均母数に傾向性の順序制約 (1.23) のある場合の表 1.5 のモデルを考える．第 1 群は対照群でその他の群は処理群である．1 つの比較のための検定は

$$\text{帰無仮説 } H_{(1,i)} : \mu_i = \mu_1 \text{ vs. 対立仮説 } H_{(1,i)}^{OA} : \mu_i > \mu_1 \quad (1.28)$$

となる．2 群以降の群サイズが等しい (1.15) の仮定を付加した場合に，

$$\left\{ \text{帰無仮説 } H_{(1,i)} \text{ vs. 対立仮説 } H_{(1,i)}^{OA} \mid 2 \leqq i \leqq k \right\} \quad (1.29)$$

に対する多重比較検定法として 5.5 節で紹介するシャーリー・ウィリアムズの方法 (Shirley, 1977; Williams, 1986) がある．$H_{(1,i)}$ は $\mu_1 = \cdots = \mu_i$ と同等であり，$H_{(1,i)}^{OA}$ は $\mu_1 \leqq \cdots \leqq \mu_i$（少なくとも 1 つの不等式は <）と同等である．この多重比較検定法を実行するための数表が Williams (1986) に掲載されている．さらによい有意水準点のアルゴリズムと数表を 7.3 節と付録 A.3 で用意する．また，(1.15) の条件を仮定しないサイズの不揃いの場合にも，(著 14) は分布に依存しない多重比較検定を提案している．その手法を 5.6.2 項で紹介する．

1.2.4 設定条件の緩和

水準 A_i における標本の観測値 $(X_{i1}, X_{i2}, \ldots, X_{in_i})$ は第 i 標本とよばれ，X_{ij} は，同一の連続型分布関数 $F_i(x)$ をもつとする．すなわち，$P(X_{ij} \leqq x) = F_i(x)$ とする．このとき，表 1.6 の k 群連続モデルを得る．

1.2.1 項から 1.2.3 項で述べたモデル設定よりも緩い条件で，ノンパラメトリック法を適用できることを論じる．まずは，検定について以下に述べる．

次の (i), (ii) を満たすとき，$F_i > F_{i'}$ と書く．

$$\begin{cases} \text{(i) すべての } x \text{ に対して，} F_i(x) \geqq F_{i'}(x). \\ \text{(ii) ある } x \text{ が存在して，} F_i(x) > F_{i'}(x). \end{cases}$$

このとき，$F_i > F_{i'}$ ならば，$E(X_{i1}) < E(X_{i'1})$ である．

すべての x に対して $F_i(x) = F_{i'}(x)$ が真のとき，次の条件 1.1 を設定する．

表 1.6 k 群連続モデル

群	サイズ	データ	分布関数
第 1 群	n_1	$X_{11},\ldots,X_{1n_1}$	$F_1(x)$
第 2 群	n_2	$X_{21},\ldots,X_{2n_2}$	$F_2(x)$
$\vdots$	$\vdots$	$\vdots$ $\vdots$	$\vdots$
第 k 群	n_k	$X_{k1},\ldots,X_{kn_k}$	$F_k(x)$

総標本サイズ：$n \equiv n_1 + \cdots + n_k$ （すべての観測値の個数）

(条件 1.1) 任意に $\boldsymbol{x}_{n_i+n_{i'}} \equiv (x_1,\ldots,x_{n_i+n_{i'}}) \in R^{n_i+n_{i'}}$ を与え，$\mathcal{V}_{n_i+n_{i'}}$ を

$$\mathcal{V}_{n_i+n_{i'}} \equiv \{\boldsymbol{v}_{n_i+n_{i'}} \mid \boldsymbol{v}_{n_i+n_{i'}} \text{ は } (x_1,\ldots,x_{n_i+n_{i'}}) \text{ の各要素を並べ替えたベクトル}\}$$

で定義する．このとき，任意の $\boldsymbol{v}_{n_i+n_{i'}} \equiv (v_1,\ldots,v_{n_i+n_{i'}}) \in \mathcal{V}_{n_i+n_{i'}}$ に対して，

$$P(X_{i1} \leqq v_1,\ldots,X_{in_i} \leqq v_{n_1}, X_{i'1} \leqq v_{n_1+1},\ldots,X_{i'n_{i'}} \leqq v_{n_i+n_{i'}})$$
$$= P(X_{i1} \leqq x_1,\ldots,X_{in_i} \leqq x_{n_i}, X_{i'1} \leqq x_{n_1+1},\ldots,X_{i'n_{i'}} \leqq x_{n_i+n_{i'}})$$

が成り立つ． □

条件 1.1 を満たすために，$X_{i1},\ldots,X_{in_i}, X_{i'1},\ldots,X_{i'n_{i'}}$ が独立である必要はない．1.2 節で紹介した多重比較検定法すべてについて，それぞれ緩い条件 1.1 の下での次の帰無仮説 vs. 対立仮説に置き換えたノンパラメトリック多重比較検定となっている．

(1.18) $\Rightarrow$ 帰無仮説 $H_{(i,i')}: F_i = F_{i'}$ vs. 対立仮説 $H^A_{(i,i')}: F_i \neq F_{i'}$

(1.19) $\Rightarrow$ 帰無仮説 $H_i: F_i = F_1$

(1.20) $\Rightarrow$ 両側対立仮説 $H^{A\pm}_i: F_i \neq F_1$

(1.21) $\Rightarrow$ 片側対立仮説 $H^{A+}_i: F_i < F_1$

(1.22) $\Rightarrow$ 片側対立仮説 $H^{A-}_i: F_i > F_1$

(1.23) $\Rightarrow F_1 \geqq F_2 \geqq \cdots \geqq F_k$

(1.24) ⇒ 帰無仮説 $H_{(i,i')} : F_i = F_{i'}$ vs. 対立仮説 $H_{(i,i')}^{OA} : F_i > F_{i'}$

(1.26) ⇒ 帰無仮説 $H_{(i,i+1)} : F_i = F_{i+1}$ vs. 対立仮説 $H_{(i,i+1)}^{OA} : F_i > F_{i+1}$

(1.28) ⇒ 帰無仮説 $H_{(1,i)} : F_i = F_1$ vs. 対立仮説 $H_{(1,i)}^{OA} : F_i < F_1$

続いて，この1.2節での同時信頼区間については以下の設定条件の緩和を行うことができる．

$i = 1, \ldots, k$ に対して，$F_i(x) = F(x - \mu_i)$ とする．このとき，次の条件1.2 を設定する．

(条件 1.2) 任意に $\boldsymbol{x} \equiv (x_1, \ldots, x_n) \in R^n$ を与え，$\mathcal{V}_n$ を

$$\mathcal{V}_n = \{\boldsymbol{v} | \ \boldsymbol{v} \text{ は } (x_1, \ldots, x_n) \text{ の各要素を並べ替えたベクトル}\}$$

で定義する．このとき，任意の $\boldsymbol{v} \equiv (v_1, \ldots, v_n) \in \mathcal{V}_n$ に対して，

$$P(X_{11} - \mu_1 \leqq v_1, \ldots, X_{1n_1} - \mu_1 \leqq v_{n_1}, \ldots,$$
$$X_{k1} - \mu_k \leqq v_{n-n_k+1}, \ldots, X_{kn_k} - \mu_k \leqq v_n)$$
$$= P(X_{11} - \mu_1 \leqq x_1, \ldots, X_{1n_1} - \mu_1 \leqq x_{n_1}, \ldots,$$
$$X_{k1} - \mu_k \leqq x_{n-n_k+1}, \ldots, X_{kn_k} - \mu_k \leqq x_n)$$

が成り立つ． □

条件1.2 を満たすために，$X_{11}, \ldots, X_{1n_1}, \ldots, X_{k1}, \ldots, X_{kn_k}$ が独立である必要はない．

1.3 手法を実行するために導入された分布の上側 $100\alpha^\star$% 点

1.3.1 項で現在までに白石が学習と研究をした多重比較検定法を表にして紹介する．それらの多重比較法で使用される分布を要約された確率変数と確率測度で表現する．水準 α の多重比較検定を行うために，分布の上側 $100\alpha^\star$% 点を求める必要がある．$\alpha^\star$ として，α の様々な関数が採られる．分布の上側 $100\alpha^\star$% 点を求めるための C 言語または Mathematica によるソースプログ

ラムを，次の杉浦のウェブページで公開している．

http://www.st.nanzan-u.ac.jp/info/sugiurah/sincstatistics/

1.3.1 手法のまとめ

多重比較検定について，正規分布の下でのパラメトリック法とノンパラメトリック法を紹介した．シングルステップの多重比較検定よりもマルチステップ法とよばれる閉検定手順の方がより多く提案することができる．必ずしもシングルステップ法よりもマルチステップ法の方が検出力が高いとは限らない．本書で紹介する閉検定手順もしくは逐次棄却型検定法は，一様にデータ解析で頻繁に使われているシングルステップ法よりも検出力を高めている．このことを第 2 章以後で詳しく解説する．パラメトリック法とノンパラメトリック法に分け，以下にシングルステップ法とマルチステップ法の文献を紹介したものが表 1.7，表 1.8 である．

表 1.7，表 1.8 に記述されている (著 1) から (著 15) は後ろの参考文献を参照せよ．空欄は文献が存在しないことを示している．第 2 章から第 5 章までの中で，シングルステップ法よりもマルチステップ法の方が一様に検出力が高いことを数学的に証明している．検出力がどの程度高くなるかを計算機シミュレーションにより第 6 章で検証している．平均の対比に関するノンパラメトリック法は存在せず，順位推定量に基づく頑健な手法が (著 1)，(著 16) に論述されている．

1.3.2 母数に制約がない場合に使われる分布の上側 $100\alpha^*\%$ 点

$m \equiv n - k$ とする．$Z_1, \ldots, Z_k$ を同一の標準正規 $N(0,1)$ に従う確率変数とし，U_E を自由度 m のカイ自乗分布に従う確率変数とする．さらに，$Z_1, \ldots, Z_k, U_E$ は互いに独立と仮定する．

$\left\{ \text{帰無仮説 } H_{(i,i')} \text{ vs. 対立仮説 } H^A_{(i,i')} \mid 1 \leqq i < i' \leqq k \right\}$ に対する多重比較検定法を実行するために導入される分布関数として，$TA(t|\ell, m)$，$A(t|\ell)$ は，$Z_1, \ldots, Z_k, U_E$ を使って，$2 \leqq \ell \leqq k$ となる ℓ に対して，

1.3 手法を実行するために導入された分布の上側 $100\alpha^\star\%$ 点

表 1.7 正規分布の下でのパラメトリック多重比較検定

内容	シングルステップ法	マルチステップ法	解説
分散が同一の場合の すべての平均相違	Tukey (1953) Kramer (1956)	(著 1) (2011a) (著 7) (2011c)	2.1 節
分散が同一とは限らない 場合のすべての平均相違	Games-Howell (1976)	(著 12) (2014)	2.2 節
対照群の平均との相違	Dunnett (1955)	Hsu (1996) (著 1) (2011a)	3.1, 3.3 節
分散の相違	Bonferroni 漸近理論	Holm (1979) 漸近理論	4.1, 4.3, 4.4 節
順序制約がある場合の すべての平均相違	Hayter (1990)	(著 10) (2014a) (著 15) (2016)	5.3 節
順序制約がある場合の 隣接した平均相違	Lee-Spurrier (1995a)	(著 10) (2014a) 今田 (2015)	5.4 節
順序制約がある場合の 対照群の平均との相違		Williams (1971) (1972) (著 14) (2015)	5.5 節
すべての平均	Hsu (1996) (著 1) (2011a)	Hsu (1996) (著 1) (2011a)	(著 1) の 7.2 節
平均の対比	Scheffé (1953)		(著 1) の 8.2 節

$$TA(t|\ell,m) = P\left(\max_{1\leq i<i'\leq \ell}\frac{|Z_{i'}-Z_i|}{\sqrt{2U_E/m}} \leq t\right),$$

$$A(t|\ell) = P\left(\max_{1\leq i<i'\leq \ell}\frac{|Z_{i'}-Z_i|}{\sqrt{2}} \leq t\right)$$

と表現できる．$TA(t|\ell,m)$ は 2 重積分で表され，$A(t|\ell)$ は 1 次元の積分で表されることが 2.1 節を読むとわかる．

$$\text{方程式 } TA(t|\ell,m) = 1 - \alpha^\star \text{ を満たす } t \text{ の解を } ta(\ell,m;\alpha^\star) \quad (1.30)$$

とし，

$$A(t|\ell) = 1 - \alpha^\star \text{ を満たす } t \text{ の解を } a(\ell;\alpha^\star) \quad (1.31)$$

とする．

表 1.8　ノンパラメトリック多重比較検定

内容	シングルステップ法	マルチステップ法	解説
すべての平均相違	Steel (1960) Dwass (1960)	(著 7) (2011c)	2.3 節
対照群の平均との相違	Steel (1959)	(著 1) (2011a)	3.2, 3.3 節
順序制約がある場合の すべての平均相違	(著 10) (2014a)	(著 10) (2014a) (著 15) (2016)	5.3 節
順序制約がある場合の 隣接した平均相違	Lee-Spurrier (1995b)	(著 10) (2014a)	5.4 節
順序制約がある場合の 対照群の平均との相違		Shirley (1977) Williams (1986) (著 14) (2015)	5.5 節
すべての平均	(著 1) (2011a)	(著 1) (2011a)	(著 1) の 7.3 節

$\ell = k$, $\alpha^\star = \alpha$ のときの $ta(k, m; \alpha)$ を使って，テューキー・クレーマーの方法が表現できる．$ta(k, m; \alpha)$ の数表は Hsu (1996), (著 1) に載せられている．$TA(t/\sqrt{2}|k, m)$ はスチューデント化された範囲の分布とよばれ，$\sqrt{2} \cdot ta(k, m; \alpha)$ の数表が Hochberg and Tamhane (1987) に載せられている．

テューキー・クレーマーのシングルステップ多重比較検定よりも一様に検出力の高い (著 7) の閉検定手順においては,

$$\{ta(\ell, m; \alpha(M, \ell)) \mid 2 \leqq \ell \leqq M,\ \ell \neq M - 1;\ 2 \leqq M \leqq k\} \quad (1.32)$$

の値すべてが使われる．ただし，

$$\alpha(M, \ell) \equiv 1 - (1 - \alpha)^{\ell/M}$$

とする．

(著 1) で述べた F 検定統計量を用いた閉検定手順においては

$$\{F_m^{\ell-1}(\alpha(M, \ell)) \mid 2 \leqq \ell \leqq M,\ \ell \neq M - 1;\ 2 \leqq M \leqq k\}$$

の値すべてが使われる．ただし，$F_m^{\ell-1}(\alpha^\star)$ は自由度 $(\ell - 1, m)$ の F 分布の

上側 $100\alpha^\star$% 点とする.

分散が同一とは限らないモデル (1.6) におけるすべての平均相違の多重比較検定として，(1.30) で現れる自由度 m を第 i, i' 群の標本から推定し，それを $\hat{m}_{i'i}$ とする．$ta(k, \hat{m}_{i'i}; \alpha)$ を使ってゲイムス・ハウエル (Games-Howell) の方法が実行される．ゲイムス・ハウエル法よりも検出力の高い閉検定手順においては $ta\left(\ell, \hat{m}_{i'i}; \alpha(M, \ell)\right)$ が使われる．

ノンパラメトリック法としてスティール・ドゥワスの順位検定では，漸近的な手法として $a(k; \alpha)$ が使われる．$a(k; \alpha)$ の数表は (著 1) に載せられている．スティール・ドゥワスの順位によるシングルステップ多重比較検定よりも一様に検出力の高い (著 7) のノンパラメトリック閉検定手順においては，

$$\left\{a\left(\ell; \alpha(M, \ell)\right) \,\middle|\, 2 \leqq \ell \leqq M,\ \ell \neq M-1;\ 2 \leqq M \leqq k\right\} \quad (1.33)$$

の値すべてが使われる．

(著 1) で述べたクラスカル・ウォリスの検定統計量を用いた漸近的な閉検定手順においては

$$\left\{\chi^2_{\ell-1}\left(\alpha(M, \ell)\right) \,\middle|\, 2 \leqq \ell \leqq M,\ \ell \neq M-1;\ 2 \leqq M \leqq k\right\}$$

の値すべてが使われる．ただし，$\chi^2_{\ell-1}(\alpha^\star)$ は自由度 $\ell-1$ のカイ自乗分布の上側 $100\alpha^\star$% 点とする．

$\alpha^\star = \alpha(M, \ell)$ $(2 \leqq \ell \leqq M,\ \ell \neq M-1;\ 2 \leqq M \leqq k)$ とし，上記の分布関数 $TA(t|\ell, m)$，自由度 $(\ell-1, m)$ の F 分布，$A(t|\ell)$，自由度 $\ell-1$ のカイ自乗分布の上側 $100\alpha^\star$% 点を使って水準 α の多重比較検定が行われる．これらの分布関数は 1 次元の積分もしくは 2 重積分で表現できるため，精度のよい計算機ライブラリを使って上側 $100\alpha^\star$% 点の値を求めることができる．

$\left\{\text{帰無仮説 } H_i \text{ vs. 対立仮説 } H_i^{A\pm} \,\middle|\, 2 \leqq i \leqq k\right\}$ に対する対照群との多重比較法を実行するために導入される分布関数として，$TB_1(t), B_1(t)$ は，それぞれ，

$$TB_1(t) = P\left(\max_{2 \leqq i \leqq k} \frac{|Z_i/\sqrt{n_i} - Z_1/\sqrt{n_1}|}{\sqrt{(U_E/m)(1/n_i + 1/n_1)}} \leqq t\right),$$

$$B_1(t) = P\left(\max_{2 \leqq i \leqq k} \frac{|Z_i/\sqrt{n_i} - Z_1/\sqrt{n_1}|}{\sqrt{1/n_i + 1/n_1}} \leqq t\right)$$

と表現できる．$\{$帰無仮説 H_i vs. 対立仮説 $H_i^{A+} \mid 2 \leqq i \leqq k\}$ または $\{$帰無仮説 H_i vs. 対立仮説 $H_i^{A-} \mid 2 \leqq i \leqq k\}$ に対する多重比較法を実行するために導入される分布関数として，$TB_2(t), B_2(t)$ は，

$$TB_2(t) = P\left(\max_{2 \leqq i \leqq k} \frac{Z_i/\sqrt{n_i} - Z_1/\sqrt{n_1}}{\sqrt{(U_E/m)(1/n_i + 1/n_1)}} \leqq t\right),$$

$$B_2(t) = P\left(\max_{2 \leqq i \leqq k} \frac{Z_i/\sqrt{n_i} - Z_1/\sqrt{n_1}}{\sqrt{1/n_i + 1/n_1}} \leqq t\right)$$

と表現できる．$TB_1(t)$, $TB_2(t)$ は 2 重積分で表され，$B_1(t)$, $B_2(t)$ は 1 次元の積分で表されることが 3.2 節を読むとわかる．

$$TB_1(t) = 1 - \alpha \text{ を満たす } t \text{ の解を } tb_1(k, n_1, \ldots, n_k; \alpha), \quad (1.34)$$

$$TB_2(t) = 1 - \alpha \text{ を満たす } t \text{ の解を } tb_2(k, n_1, \ldots, n_k; \alpha) \quad (1.35)$$

とする．

$$B_1(t) = 1 - \alpha \text{ を満たす } t \text{ の解を } b_1(k, \lambda_1, \ldots, \lambda_k; \alpha), \quad (1.36)$$

$$B_2(t) = 1 - \alpha \text{ を満たす } t \text{ の解を } b_2(k, \lambda_1, \ldots, \lambda_k; \alpha) \quad (1.37)$$

とする．ただし，

$$\lambda_i \equiv n_i/n \quad (i = 1, \ldots, k) \quad (1.38)$$

とおく．

$tb_i(k, n_1, \ldots, n_k; \alpha)$ $(i = 1, 2)$ を使って，ダネットの方法が表現できる．群サイズが等しい (1.12) の場合に，$tb_i(k, n_1, \ldots, n_k; \alpha)$ の値の数表は，Hochberg and Tamhane (1987)，Hsu (1996)，(著 1) に載せられている．

ノンパラメトリック法としてスティール (Steel) の順位検定では，漸近的な手法として $b_i(k, \lambda_1, \ldots, \lambda_k; \alpha)$ が使われる．群サイズが等しい場合に対して $b_i(k, \lambda_1, \ldots, \lambda_k; \alpha)$ の数表は (著 1) に載せられている．

上記のシングルステップ多重比較検定よりも検出力の高い逐次棄却型検定

法があり，その手法を 3.3 節で解説する．

表 1.2 のモデルに対して，すべての平均の多重比較法を実行するための分布として，(著 1) は

$$TC_1(t) = P\left(\max_{1 \leq i \leq k} |T_i| \leq t\right),$$

$$TC_2(t) = P\left(\max_{1 \leq i \leq k} T_i \leq t\right)$$

を使っている．ただし，T_i は自由度 $n_i - 1$ の t 分布 t_{n_i-1} に従い，$T_1, \ldots, T_k$ は互いに独立とする．$n \to \infty$ とした漸近理論の分布として (著 1) は

$$C_1(t) = P\left(\max_{1 \leq i \leq k} |Z_i| \leq t\right), \tag{1.39}$$

$$C_2(t) = P\left(\max_{1 \leq i \leq k} Z_i \leq t\right) \tag{1.40}$$

を導入している．ただし，Z_i は標準正規分布 $N(0,1)$ に従い，$Z_1, \cdots, Z_k$ は互いに独立とする．シングルステップ多重比較検定と検出力の高い逐次棄却型検定法が開発されている．詳しくは (著 1) の第 7 章を参照せよ．

1.3.3 母数に順序制約がある場合に使われる分布の上側 $100\alpha^*\%$ 点

本項で紹介する平均母数に順序制約がある場合に使われる分布は，前項のように 2 重積分または 1 次元の積分では表されない．数値解析学の分野で知られている sinc 関数と漸化式を使って計算される．第 7 章で詳しく解説する．

$\left\{帰無仮説 H_{(i,i')} \text{ vs. 対立仮説 } H^{OA}_{(i,i')} \mid 1 \leq i < i' \leq k\right\}$ に対する多重比較検定法を実行するために導入される分布関数として，$TD_1(t|\ell, m), D_1(t|\ell)$ $(2 \leq \ell \leq k)$ は，

$$TD_1(t|\ell, m) = P\left(\max_{1 \leq i < i' \leq \ell} \frac{Z_{i'} - Z_i}{\sqrt{2U_E/m}} \leq t\right),$$

$$D_1(t|\ell) = P\left(\max_{1 \leq i < i' \leq \ell} \frac{Z_{i'} - Z_i}{\sqrt{2}} \leq t\right)$$

と表現できる．$TD_1(t|\ell, m)$，$D_1(t|\ell)$ は 1 次元の積分の繰り返しで表現され

ることが 5.3 節を読むとわかる.

方程式 $TD_1(t|\ell,m) = 1 - \alpha^\star$ を満たす t の解を $td_1(\ell,m;\alpha^\star)$

とし,

$$D_1(t|\ell) = 1 - \alpha^\star \text{ を満たす } t \text{ の解を } d_1(\ell;\alpha^\star)$$

とする.

$\ell = k$, $\alpha^\star = \alpha$ のときの $td_1(k,m;\alpha)$ を使って,ヘイターの方法が表現できる. $\sqrt{2} \cdot td_1(k,m;\alpha)$ の数表は Hayter and Liu (1996) に載せられている.ヘイターのシングルステップ多重比較検定よりも一様に検出力の高い (著 9) の閉検定手順においては,

$$\{td_1(\ell,m;\alpha(M,\ell)) \mid 2 \leqq \ell \leqq M,\ \ell \neq M-1;\ 2 \leqq M \leqq k\} \quad (1.41)$$

の値すべてが使われる.以下のウェブページに (1.41) の値すべてを得る C 言語と Mathematica によるソースプログラムを見ることができる.

`http://www.st.nanzan-u.ac.jp/info/sugiurah/sincstatistics/`

ノンパラメトリック法として (著 9) の順位によるシングルステップの多重比較検定では,漸近的な手法として $d_1(k;\alpha)$ が使われる.$d_1(k;\alpha)$ の数表は $m = \infty$ のときの $td_1(k,m;\alpha)$ の値として付表 16, 17 に載せられている.シングルステップ多重比較検定よりも一様に検出力の高い (著 9) のノンパラメトリック閉検定手順においては,

$$\{d_1(\ell;\alpha(M,\ell)) \mid 2 \leqq \ell \leqq M,\ \ell \neq M-1;\ 2 \leqq M \leqq k\} \quad (1.42)$$

の値すべてが使われる.杉浦が用意した C 言語または Mathematica によるソースプログラムで k, α の値を入力することにより, (1.42) の値すべてを得ることができる.

$\alpha^\star = \alpha(M,\ell)$ $(2 \leqq \ell \leqq M,\ \ell \neq M-1;\ 2 \leqq M \leqq k)$ とし,上記の分布関数 $TD_1(t|\ell,m)$, $D_1(t|\ell)$ の上側 $100\alpha^\star\%$ 点を使って水準 α の多重比較検定が行われる.これらの多重比較法においては,サイズが等しい (1.12) の条件を仮定している.

隣接した群の平均相違を検出する

$$\left\{帰無仮説\ H_{(i,i+1)}\ \text{vs. 対立仮説}\ H^{OA}_{(i,i+1)}\ \middle|\ 1 \leqq i \leqq k-1\right\}$$

に対する多重比較法を実行するために導入される分布関数として，$TD_2(t)$, $D_2(t)$ は，それぞれ，

$$TD_2(t) = P\left(\max_{1 \leqq i \leqq k-1} \frac{Z_{i+1}/\sqrt{n_{i+1}} - Z_i/\sqrt{n_i}}{\sqrt{(U_E/m)(1/n_{i+1} + 1/n_i)}} \leqq t\right),$$

$$D_2(t) = P\left(\max_{1 \leqq i \leqq k-1} \frac{Z_{i+1}/\sqrt{n_{i+1}} - Z_i/\sqrt{n_i}}{\sqrt{1/n_{i+1} + 1/n_i}} \leqq t\right)$$

と表現できる．

$TD_2(t) = 1 - \alpha$ を満たす t の解を $td_2(k, m, n_1, \ldots, n_k; \alpha)$,

$D_2(t) = 1 - \alpha$ を満たす t の解を $d_2(k, \lambda_1, \ldots, \lambda_k; \alpha)$

とする．

$td_2(k, m, n_1, \ldots, n_k; \alpha)$ を使って，リー・スプーリエルの方法 (Lee and Spurrier, 1995a) が表現できる．群サイズが等しい (1.12) の場合に，$td_2(k, m, n_1, \ldots, n_k; \alpha)$ の値の数表は，Lee and Spurrier (1995a), Liu, Miwa, and Hayter (2000) に載せられている．

Lee and Spurrier (1995b) が，順位に基づくノンパラメトリック多重比較検定法を提案している．その漸近的な手法として $d_2(k, \lambda_1, \ldots, \lambda_k; \alpha)$ が使われる．群サイズが等しい (1.12) の場合に対して $d_2(k, \lambda_1, \ldots, \lambda_k; \alpha)$ の数表は Liu, Miwa, and Hayter (2000) に載せられている．

以上はシングルステップの多重比較法であるが，これらのシングルステップ法よりも一様に検出力の高い閉検定手順を 5.4 節で論述する．

処理群の群サイズが等しい (1.15) の場合に，対照群の平均と処理群の平均の間の相違を検出する $\left\{帰無仮説\ H_{(1,i)}\ \text{vs. 対立仮説}\ H^{OA}_{(1,i)}\ \middle|\ 2 \leqq i \leqq k\right\}$ に対する多重比較法を実行するために導入される分布関数として，$TD_3(t|\ell, m, n_2/n_1)$, $D_3(t|\ell, n_2/n_1)$ は，それぞれ，

$$TD_3(t|\ell,m,n_2/n_1) = P\left(\frac{\tilde{\mu}_\ell^* - Y_1}{\sqrt{(U_E/m)(1+n_2/n_1)}} \leq t\right),$$

$$D_3(t|\ell,n_2/n_1) = P\left(\frac{\tilde{\mu}_\ell^* - Y_1}{\sqrt{1+n_2/n_1}} \leq t\right)$$

と表現できる．ただし，$Y_1, Z_2, \ldots, Z_k, U_E$ は互いに独立とし，

$$Y_1 \sim N(0, n_2/n_1), \quad \tilde{\mu}_\ell^* = \max_{2 \leq s \leq \ell} \frac{\sum_{i=s}^{\ell} Z_i}{\ell - s + 1}$$

とする．

$TD_3(t|\ell,m,n_2/n_1) = 1 - \alpha$ を満たす t の解を $td_3(\ell,m,n_2/n_1;\alpha)$,

$D_3(t|\ell,n_2/n_1) = 1 - \alpha$ を満たす t の解を $d_3(\ell,n_2/n_1;\alpha)$

とする．

$td_3(\ell,m,n_2/n_1;\alpha)$ を使って，ウィリアムズの方法 (Williams, 1972) が表現できる．$d_3(\ell,n_2/n_1;\alpha)$ を使って，シャーリー・ウィリアムズの方法 (Shirley, 1977; Williams, 1986) が表現できる．群サイズが等しい (1.12) の場合に，$td_3(\ell,m,1;\alpha)$ と $d_3(\ell,1;\alpha)$ の値の数表は，Williams (1971) の数表 1, 2 に載せられている．

上記の論文に掲載されているアルゴリズムよりも精度が高いアルゴリズムを使って上側 $100\alpha^\star\%$ 点が計算できる．それらのアルゴリズムは第 7 章で述べる．具体的には，sinc 関数および 1 次元の積分の繰り返しによって $TD_1(t|\ell,m)$, $D_1(t|\ell)$, $TD_2(t)$, $D_2(t)$ の上側 $100\alpha^\star\%$ 点の値を求めることができる．$TD_3(t|\ell,m,n_2/n_1)$, $D_3(t|\ell,n_2/n_1)$ の上側 $100\alpha^\star\%$ 点は数値計算により求めることができる．これにより本書に掲載された数表は上記の論文に掲載されている数値表よりも精度が高い．

$\left\{\text{帰無仮説 } H_{(i,i')} \text{ vs. 対立仮説 } H_{(i,i')}^{OA} \mid 1 \leq i < i' \leq k\right\}$ に対する多重比較検定として，(1.12) の条件を仮定しないサイズの不揃いの場合にも実行することができる手法を 5.6.1 項に述べている．そのときに導入される分布関数として，$SB_1(t|\ell,\boldsymbol{\lambda}_n(I),m)$, $SC_1(t|\ell,\boldsymbol{\lambda}_n(I))$ $(2 \leq \ell \leq k)$ は，

$$SB_1(t|\ell, \boldsymbol{\lambda}_n(I), m)$$
$$= P(1, \ell; \boldsymbol{\lambda}_n(I)) + \sum_{L=2}^{\ell} P(L, \ell; \boldsymbol{\lambda}_n(I)) P\left((L-1)F_m^{L-1} \leqq t\right),$$
$$SC_1(t|\ell, \boldsymbol{\lambda}_n(I)) = P(1, \ell; \boldsymbol{\lambda}_n(I)) + \sum_{L=2}^{\ell} P(L, \ell; \boldsymbol{\lambda}_n(I)) P\left(\chi_{L-1}^2 \leqq t\right)$$

と表現できる.ただし,I は 1 から n までのうちの ℓ 個の連続した整数を要素とする集合とし,I を $I = \{i, i+1, \cdots, i+\ell-1\}$ と表現したとき,$\boldsymbol{\lambda}_n(I) \equiv (n_i/n, n_{i+1}/n, \cdots, n_{i+\ell-1}/n)$ とする.さらに,F_m^{L-1} を自由度 $(L-1, m)$ の F 分布に従う確率変数とし χ_{L-1}^2 を自由度 $L-1$ のカイ自乗分布に従う確率変数とする.$P(L, \ell; \boldsymbol{\lambda}_n(I))$ は Robertson et al.(1988) で導入された記号である[1].以下のウェブページに,$P(L, \ell; \boldsymbol{\lambda}_n(I))$ の値すべてを得る Mathematica または C 言語によるソースプログラムを見ることができる.

http://www.st.nanzan-u.ac.jp/info/sugiurah/sincstatistics/

$n_1 = \cdots = n_k$ のときには,$P(L, \ell; \boldsymbol{\lambda}_n(I))$ の値は漸化式で求めることができる.

方程式 $SB_1(t|\ell, \boldsymbol{\lambda}_n(I), m) = 1 - \alpha^\star$ を満たす t の解を $\bar{b}_1^2(\ell, \boldsymbol{\lambda}_n(I), m; \alpha^\star)$ とし,

$$SC_1(t|\ell, \boldsymbol{\lambda}_n(I)) = 1 - \alpha^\star \text{ を満たす } t \text{ の解を } \bar{c}_1^2(\ell, \boldsymbol{\lambda}_n(I); \alpha^\star)$$

とする.検出力の高い (著 15) の正規標本でのパラメトリック閉検定手順に

---

[1] $j = i, i+1, \ldots, i+\ell-1$ に対して $Y_j \sim N(0, 1/n_j)$ とし,$Y_i, \ldots, Y_{i+\ell-1}$ は互いに独立とする.$\tilde{\mu}_i^*, \ldots, \tilde{\mu}_{i+\ell-1}^*$ を

$$\sum_{j=i}^{i+\ell-1} n_j \left(\tilde{\mu}_j^* - Y_j\right)^2 = \min_{u_i \leqq \cdots \leqq u_{i+\ell-1}} \sum_{j=i}^{i+\ell-1} n_j \left(u_j - Y_j\right)^2$$

を満たすものとする.このとき,$P(L, \ell; \boldsymbol{\lambda}_n(I))$ は,$\tilde{\mu}_i^*, \ldots, \tilde{\mu}_{i+\ell-1}^*$ がちょうど L 個の異なる値となる確率である.

においては，
$$\left\{\bar{b}_1^2\left(\ell, \boldsymbol{\lambda}_n(I), m; \alpha(M,\ell)\right) \mid 2 \leqq \ell \leqq M,\ \ell \neq M-1;\ 2 \leqq M \leqq k\right\}$$
の値すべてが使われる．

検出力の高い (著 15) のノンパラメトリック閉検定手順においては，
$$\left\{\bar{c}_1^2\left(\ell, \boldsymbol{\lambda}_n(I); \alpha(M,\ell)\right) \mid 2 \leqq \ell \leqq M,\ \ell \neq M-1;\ 2 \leqq M \leqq k\right\}$$
の値すべてが使われる．

$\left\{帰無仮説\ H_{(1,i)}\ \text{vs.}\ 対立仮説\ H_{(1,i)}^{OA} \mid 2 \leqq i \leqq k\right\}$ に対する多重比較法として，(1.15) の条件を仮定しないサイズの不揃いの場合にも実行することができる手法を 5.6.2 項に述べている．そのときに導入される分布関数として，$SB_3(t|\ell, \boldsymbol{\lambda}_n(I_\ell^1), m),\ SC_3(t|\ell, \boldsymbol{\lambda}_n(I_\ell^1))\ (2 \leqq \ell \leqq k)$ は，

$$SB_3(t|\ell, \boldsymbol{\lambda}_n(I_\ell^1), m)$$
$$= P(1,\ell; \boldsymbol{\lambda}_n(I_\ell^1)) + \sum_{L=2}^{\ell} P(L,\ell; \boldsymbol{\lambda}_n(I_\ell^1)) P\left((L-1)F_m^{L-1} \leqq t\right),$$

$$SC_3(t|\ell, \boldsymbol{\lambda}_n(I_\ell^1)) = P(1,\ell; \boldsymbol{\lambda}_n(I_\ell^1)) + \sum_{L=2}^{\ell} P(L,\ell; \boldsymbol{\lambda}_n(I_\ell^1)) P\left(\chi_{L-1}^2 \leqq t\right)$$

と表現できる．ただし，$I_\ell^1 = \{1, 2, \ldots, \ell\}$ とし，$\boldsymbol{\lambda}_n(I_\ell^1) \equiv (n_1/n, n_2/n, \ldots, n_\ell/n)$ とする．$n_1 = \cdots = n_k$ のときには，$P(L,\ell; \boldsymbol{\lambda}_n(I_\ell^1))$ の値は漸化式で求めることができる．

方程式 $SB_3(t|\ell, \boldsymbol{\lambda}_n(I_\ell^1), m) = 1-\alpha$ を満たす t の解を $\bar{b}_3^2(\ell, \boldsymbol{\lambda}_n(I_\ell^1), m; \alpha)$ とし，

$$SC_3(t|\ell, \boldsymbol{\lambda}_n(I_\ell^1)) = 1 - \alpha\ を満たす\ t\ の解を\ \bar{c}_3^2(\ell, \boldsymbol{\lambda}_n(I_\ell^1); \alpha)$$

とする．検出力の高い (著 14) の正規標本でのパラメトリック閉検定手順においては，
$$\left\{\bar{b}_3^2\left(\ell, \boldsymbol{\lambda}_n(I_\ell^1), m; \alpha\right) \mid 2 \leqq \ell \leqq k\right\}$$
の値すべてが使われる．

検出力の高い (著14) のノンパラメトリック閉検定手順においては,

$$\left\{\bar{c}_3^2\left(\ell, \boldsymbol{\lambda}_n(I_\ell^1); \alpha\right) \mid 2 \leqq \ell \leqq k\right\}$$

の値すべてが使われる.

第2章

すべての平均相違に関する多重比較法

分散が均一の場合の正規分布を仮定した多群モデルにおけるすべての平均相違の多重比較法が，テューキー (Tukey, 1953) とクレーマー (Kramer, 1956) によって提案され，現在ではテューキー・クレーマー法とよばれている．

テューキー・クレーマーの多重比較検定を改良した手法として，参考文献 (著1) に記述されている REGW 法とペリの方法が閉検定手順として知られている．これらの閉検定手順よりも一様に検出力が高い (著7) によって提案された閉検定手順を紹介する．この閉検定手順とテューキー・クレーマーの多重比較検定との興味深い関係を表す結果を補題2.4と定理2.5に述べている．この2つの結果により，閉検定手順から導かれる μ に対する信頼係数 $1-\alpha$ の信頼領域はテューキー・クレーマーの同時信頼区間と同値であることがわかる．

分散が均一とは限らない正規多群モデルにおけるシングルステップの多重比較検定法としてゲイムス・ハウエルの方法 (Games-Howell, 1976) が知られている．このゲイムス・ハウエル法を超越する閉検定手順を 2.2.4 項で述べる．

分布に依らない多重比較法として，スティール (Steel, 1960)，ドゥワス (Dwass, 1960) によって提案された2群間のウィルコクソンの順位和に基づく多重比較法を紹介する．全体順位を使う統計量に基づくノンパラメトリック多重比較検定法をダンが提案している (Dunn, 1964) が，Voshaar (1980) と Hsu (1996) は，ダンの方法が多重比較検定になっていないことを指摘している．ノンパラメトリック多重比較では，全体順位ではなく2群間の中での順位を使う方法が正しい ((著1) の p.110 参照)．このシングルステップの

ノンパラメトリック法を凌駕する閉検定手順についても解説する.

2.1 分散が同一である正規分布モデルでの手法

正規母集団でのパラメトリック法を述べる.

2.1.1 モデルと考え方

$j = 1, \ldots, n_i, i = 1, \ldots, k$ に対して X_{ij} は正規分布 $N(\mu_i, \sigma^2)$ に従うとし,各確率変数 X_{ij} は互いに独立とする (1.1) および表 1.1 のモデルを考える.平均の一様性の帰無仮説 H_0 は (1.3) で与えられる.

k 個の水準の平均母数のすべての比較を考える.
$\mathcal{U}_T$ を

$$\mathcal{U}_T \equiv \{(i, i') \mid 1 \leqq i < i' \leqq k\} \tag{2.1}$$

で定義する.(1.4) の帰無仮説 $H_{(i,i')}$ vs. 対立仮説 $H_{(i,i')}^A$ に対して帰無仮説のファミリー $\mathcal{H}_T$ は

$$\mathcal{H}_T \equiv \{H_{(i,i')} \mid 1 \leqq i < i' \leqq k\} = \{H_v \mid v \in \mathcal{U}_T\} \tag{2.2}$$

と表現できる.定数 α $(0 < \alpha < 1)$ をはじめに決める.

$\boldsymbol{X} \equiv (X_{11}, \ldots, X_{1n_1}, \ldots, X_{k1}, \ldots, X_{kn_k})$ の実現値 $\boldsymbol{x}$ によって,任意の $H_v \in \mathcal{H}_T$ に対して H_v を棄却するかしないかを決める検定方式を $\phi_v(\boldsymbol{x})$ とする.

$\boldsymbol{\mu} \equiv (\mu_1, \ldots, \mu_k)$ とおく.すべての $1 \leqq i < i' \leqq k$ に対して,$\mu_i \neq \mu_{i'}$ のときは,有意水準は関係しないので,

$$\begin{aligned}\Theta_T &\equiv \{\boldsymbol{\mu} \mid 1 \text{つ以上の帰無仮説 } H_{(i,i')} \text{ が真}\} \\ &= \{\boldsymbol{\mu} \mid \text{ある } i < i' \text{ が存在して},\mu_i = \mu_{i'}\}\end{aligned} \tag{2.3}$$

とおき,$\boldsymbol{\mu} \in \Theta_T$ とする.このとき,正しい帰無仮説 $H_{(i,i')}$ は 1 つ以上ある.また,確率は $\boldsymbol{\mu}$ に依存するので,確率測度を $P_{\boldsymbol{\mu}}(\cdot)$ で表す.

このとき,任意の $\boldsymbol{\mu} \in \Theta_T$ に対して

$$P_{\boldsymbol{\mu}}(\text{正しい帰無仮説のうち少なくとも 1 つが棄却される}) \leqq \alpha \tag{2.4}$$

を満たす検定方式 $\{\phi_v(x) \mid v \in \mathcal{U}_T\}$ を, $\mathcal{H}_T$ に対する水準 α の多重比較検定法とよんでいる. (2.4) の左辺を, (μ を固定したときの) 第 1 種の過誤の確率またはタイプ I FWER (type I familywise error rate) とよぶ. また, (2.4) の右辺の α は全体としての有意水準である. 任意の $\mu \in \Theta_T$ に対して (2.4) が成り立つことは,

$$\sup_{\mu \in \Theta_T} ((2.4) \text{ の左辺}) \leqq \alpha \tag{2.5}$$

と同値である. すなわち, タイプ I FWER の上限が α 以下である必要がある[1].

$1 \leqq i < i' \leqq k$ を満たすすべての (i, i') に対して, $\mu_{i'} - \mu_i$ の区間推定に興味があるものとする. 定数 α $(0 < \alpha < 1)$ をはじめに決める. 任意の (i, i') に対して $I_{(i, i')}$ を区間とする.

$$P\left(1 \leqq i < i' \leqq k \text{ を満たすすべての } (i, i') \text{ に対して } \mu_{i'} - \mu_i \in I_{(i, i')}\right)$$
$$\geqq 1 - \alpha$$

となるならば, $\mu_{i'} - \mu_i \in I_{(i, i')}$ $(1 \leqq i < i' \leqq k)$ を, $\{\mu_{i'} - \mu_i \mid 1 \leqq i < i' \leqq k\}$ に対する信頼係数 $1 - \alpha$ の同時信頼区間とよんでいる.

2.1.2 テューキー・クレーマー (Tukey-Kramer) の方法

分散の一様性を仮定した表 1.1 の正規分布モデルについて論じる. 多重比較検定と同時推定を行うために, 分布関数 $TA(t), TA^*(t)$ を紹介する.

$$TA(t) \equiv k \int_0^\infty \left[\int_{-\infty}^\infty \{\Phi(x) - \Phi(x - \sqrt{2} \cdot ts)\}^{k-1} d\Phi(x) \right] g(s|m) ds, \tag{2.6}$$

$$TA^*(t) \equiv \sum_{j=1}^k \int_0^\infty \left[\int_{-\infty}^\infty \prod_{\substack{i=1 \\ i \neq j}}^k \left\{ \Phi\left(\sqrt{\frac{\lambda_{ni}}{\lambda_{nj}}} \cdot x\right) \right. \right.$$
$$\left. \left. - \Phi\left(\sqrt{\frac{\lambda_{ni}}{\lambda_{nj}}} \cdot x - \sqrt{\frac{\lambda_{ni} + \lambda_{nj}}{\lambda_{nj}}} \cdot ts\right) \right\} d\Phi(x) \right] g(s|m) ds$$

---
[1] $\Theta_T^c = \{\mu \mid \text{すべての } i < i' \text{ に対して } \mu_i \neq \mu_{i'}\}$.

ただし，

$$\lambda_{ni} \equiv n_i/n \quad (i=1,\ldots,k), \tag{2.7}$$

$$g(s|m) \equiv \frac{m^{m/2}}{\Gamma(m/2)2^{(m/2-1)}} s^{m-1} \exp(-ms^2/2) = \frac{mse^{-s^2}c^{(m/2-1)}}{\Gamma(m/2)}, \tag{2.8}$$

$$c \equiv ms^2 e^{-s^2}/2, \quad m \equiv n-k.$$

$\Gamma(\cdot)$ をガンマ関数（ガンマ関数については (著2) を参照）とする．

表示を見やすくするために，$TA^*(t)$ の右辺の式で，和の記号は積分の前に記してあるが，計算機アルゴリズムのことを考える場合には，積分記号の後に和の記号をおき，積分する前に被積分関数の和をとった方がよい．$TA(t)$ に関連した分布として

$$A(t) \equiv k \int_{-\infty}^{\infty} \{\Phi(x) - \Phi(x - \sqrt{2}\cdot t)\}^{k-1} d\Phi(x) \tag{2.9}$$

とおく．2.1.1 項で述べた帰無仮説 $H_{(i,i')}$ と対立仮説 $H^A_{(i,i')}$ の多重比較検定について述べる．

$\bar{X}_{i\cdot}$ を第 i 群の標本平均，すなわち，

$$\bar{X}_{i\cdot} \equiv \frac{1}{n_i} \sum_{j=1}^{n_i} X_{ij} \tag{2.10}$$

とする．

$$V_E \equiv \frac{1}{n-k} \sum_{i=1}^{k} \sum_{j=1}^{n_i} (X_{ij} - \bar{X}_{i\cdot})^2 \tag{2.11}$$

とおき，

$$T_{i'i} \equiv \frac{\bar{X}_{i'\cdot} - \bar{X}_{i\cdot}}{\sqrt{V_E\left(\frac{1}{n_i} + \frac{1}{n_{i'}}\right)}} \quad (1 \leq i < i' \leq k) \tag{2.12}$$

とおく．(1.3) の一様性の帰無仮説 H_0 の下での確率測度を $P_0(\cdot)$ とする．このとき，次の不等式を得る．

【定理 2.1】 任意の $t \geq 0$ に対して，

2.1 分散が同一である正規分布モデルでの手法　**33**

$$TA(t) \leq P_0 \left(\max_{1 \leq i < i' \leq k} |T_{i'i}| \leq t \right) \leq TA^*(t) \qquad (2.13)$$

が成り立ち，$n_1 = \cdots = n_k$ のとき式 (2.13) の等号が成り立つ．

証明　(著 1) の定理 5.1 を参照． □

$TA(t/\sqrt{2})$ はスチューデント化された範囲の分布とよばれ，(2.13) の左側の不等式は Hayter (1984) によって示された．スチューデント化された範囲の分布を調整した分布 $TA(t)$ を使うテューキー・クレーマー法は保守的な手法になっている．(2.13) の右側の不等式の関係を，(著 3) は示した．群サイズの最大値が群サイズの最小値の 2 倍以下を仮定すれば，(著 1) で定理 2.1 と精度を保証した数値積分を利用して，保守度が小さいことを示した．

$Z_1, \ldots, Z_k$ を同一の標準正規 $N(0,1)$ に従う確率変数とし，U_E を自由度 m のカイ自乗分布に従う確率変数とする．さらに，$Z_1, \ldots, Z_k, U_E$ は互いに独立と仮定する．このとき，

$$P \left(\max_{1 \leq i < i' \leq k} \frac{|Z_{i'} - Z_i|}{\sqrt{2U_E/m}} \leq t \right) = TA(t), \qquad (2.14)$$

$$P \left(\max_{1 \leq i < i' \leq k} \frac{|Z_{i'} - Z_i|}{\sqrt{2}} \leq t \right) = A(t) \qquad (2.15)$$

が成り立つ．(2.8) の $g(s|m)$ は，確率変数 $\sqrt{U_E/m}$ の従う分布の密度関数である．α を与え，

$$\text{方程式 } TA(t) = 1 - \alpha \text{ を満たす } t \text{ の解を } ta(k, m; \alpha) \qquad (2.16)$$

とおく．このとき，定理 2.1 より，次の多重比較検定が導かれる．

[2.1] テューキー・クレーマーの多重比較検定
$\left\{ \text{帰無仮説 } H_{(i,i')} \text{ vs. 対立仮説 } H_{(i,i')}^A \mid 1 \leq i < i' \leq k \right\}$ に対する水準 α の多重比較検定は，次で与えられる．

(i) $|T_{i'i}| \geq ta(k, m; \alpha)$ となる i, i' に対して 帰無仮説 $H_{(i,i')}$ を棄却し，対立仮説 $H_{(i,i')}^A$ を受け入れ，$\mu_i \neq \mu_{i'}$ と判定する．

(ii) $|T_{i'i}| < ta(k,m;\alpha)$ となる i,i' に対して 帰無仮説 $H_{(i,i')}$ を棄却しない． ∎

$ta(k,m;\alpha)$ の数表を付表 1, 2 に載せている．上記のテューキー・クレーマーの多重比較検定は保守的な方法となっているが，

$$1 < \max\{n_i \mid i = 1,\ldots,k\}/\min\{n_i \mid i = 1,\ldots,k\} \leqq 2$$

ならば，精度保証された数値積分により $TA(t)$ の値と $TA^*(t)$ の値が近いため，その保守性の度合いは小さい．詳しくは (著 1) の 5.2 節を参照のこと．

(2.9) の $A(t)$ に対して，

$$A(t) = 1 - \alpha \text{ を満たす } t \text{ の解を } a(k;\alpha) \tag{2.17}$$

とする．すなわち，$a(k;\alpha)$ は分布 $A(t)$ の上側 100α% 点である．$a(k;\alpha)$ の数表を付表 3 に載せている．このとき，$m \to \infty$ として，$\sqrt{U_E/m} \xrightarrow{P} 1$ であるので，(2.14), (2.15) を使って，

$$\lim_{n \to \infty} TA(t) = A(t) \tag{2.18}$$

である．ただし，$\xrightarrow{P}$ は確率収束を表す．これにより，

$$\lim_{m \to \infty} ta(k,m;\alpha) = a(k;\alpha) \tag{2.19}$$

が成り立つ．

次の系を得る．

【系 2.2】 任意の $t \geqq 0$ に対して，

$$TA(t) \leqq P\left(\max_{1 \leqq i < i' \leqq k} \frac{|\bar{X}_{i'\cdot} - \bar{X}_{i\cdot} - (\mu_{i'} - \mu_i)|}{\sqrt{V_E\left(\frac{1}{n_i} + \frac{1}{n_{i'}}\right)}} \leqq t\right) \leqq TA^*(t)$$

が成り立ち，$n_1 = \cdots = n_k$ のとき上式の等号が成り立つ． □

系 2.2 より，

$$P\left(\max_{1\leqq i<i'\leqq k} \frac{|\bar{X}_{i'\cdot} - \bar{X}_{i\cdot} - (\mu_{i'} - \mu_i)|}{\sqrt{V_E\left(\frac{1}{n_i} + \frac{1}{n_{i'}}\right)}} \leqq ta(k,m;\alpha)\right)$$

$$\geqq TA(ta(k,m;\alpha)) = 1-\alpha$$

である．これにより，次の同時信頼区間を得る．

[2.2] テューキー・クレーマーの同時信頼区間

$\mu_{i'} - \mu_i$ $(1 \leqq i < i' \leqq k)$ についての信頼係数 $1-\alpha$ の同時信頼区間は，

$$\bar{X}_{i'\cdot} - \bar{X}_{i\cdot} - ta(k,m;\alpha)\cdot\sqrt{V_E\left(\frac{1}{n_i} + \frac{1}{n_{i'}}\right)} < \mu_{i'} - \mu_i$$
$$< \bar{X}_{i'\cdot} - \bar{X}_{i\cdot} + ta(k,m;\alpha)\cdot\sqrt{V_E\left(\frac{1}{n_i} + \frac{1}{n_{i'}}\right)} \quad (1 \leqq i < i' \leqq k)$$

で与えられる． ∎

上記の [2.2] と以下は同値である．

$\mu_i - \mu_{i'}$ $(1 \leqq i < i' \leqq k)$ についての信頼係数 $1-\alpha$ の同時信頼区間は，

$$\bar{X}_{i\cdot} - \bar{X}_{i'\cdot} - ta(k,m;\alpha)\cdot\sqrt{V_E\left(\frac{1}{n_i} + \frac{1}{n_{i'}}\right)} < \mu_i - \mu_{i'}$$
$$< \bar{X}_{i\cdot} - \bar{X}_{i'\cdot} + ta(k,m;\alpha)\cdot\sqrt{V_E\left(\frac{1}{n_i} + \frac{1}{n_{i'}}\right)} \quad (1 \leqq i < i' \leqq k)$$

で与えられる．

2.1.3 閉検定手順

(2.2) で定義した $\mathcal{H}_T$ の要素の仮説 $H_{(i,i')}$ の論理積からなるすべての集合は

$$\overline{\mathcal{H}}_T \equiv \left\{\bigwedge_{v \in V} H_v \;\middle|\; \emptyset \subsetneq V \subset \mathcal{U}_T\right\}$$

で表される. $\bigwedge_{v\in\mathcal{U}_T} H_v$ は (1.3) の一様性の帰無仮説 H_0 となる. さらに, $\emptyset \subsetneq V \subset \mathcal{U}_T$ を満たす V に対して,

$$\bigwedge_{v\in V} H_v : 任意の (i,i') \in V に対して, \mu_i = \mu_{i'}$$

は k 個の母平均に関していくつかが等しいという仮説となる[2].

$I_1, \ldots, I_J$ ($I_j \neq \emptyset$, $j = 1, \ldots, J$) を添え字 $\{1, \ldots, k\}$ の互いに素な部分集合の組とし, 同じ I_j ($j = 1, \ldots, J$) に含まれる添え字をもつ母平均は等しいという帰無仮説を $H(I_1, \ldots, I_J)$ で表す. このとき, $\emptyset \subsetneq V \subset \mathcal{U}_T$ を満たす任意の V に対して, ある自然数 J と上記のある $I_1, \ldots, I_J$ が存在して,

$$\bigwedge_{v\in V} H_v = H(I_1, \ldots, I_J) \tag{2.20}$$

が成り立つ.

$\emptyset \subsetneq V_0 \subset \mathcal{U}_T$ を満たす V_0 に対して, $v \in V_0$ ならば帰無仮説 H_v が真で, $v \in V_0^c \cap \mathcal{U}_T$ ならば H_v が偽のとき, 1つ以上の真の帰無仮説 H_v ($v \in V_0$) を棄却する確率が α 以下となる検定方式が水準 α の多重比較検定である. この定義の V_0 に対して, 帰無仮説 $\bigwedge_{v\in V_0} H_v$ に対する水準 α の検定の棄却域を A とし, 帰無仮説 H_v に対する水準 α の検定の棄却域を B_v とすると, 帰無仮説 $\bigwedge_{v\in V_0} H_v$ の下で,

$$P\left(A \cap \left(\bigcup_{v\in V_0} B_v\right)\right) \leqq P(A) \leqq \alpha \tag{2.21}$$

が成り立つ.

上記の V_0 が未知であることを考慮し, 特定の帰無仮説を $H_{v_0} \in \mathcal{H}_T$ としたとき, $v_0 \in V \subset \mathcal{U}_T$ を満たす任意の V に対して帰無仮説 $\bigwedge_{v\in V} H_v$ の検定が水準 α で棄却された場合に, 多重比較検定として H_{v_0} を棄却する方式を,

---

[2] 包含関係の記号の流儀は現在高校数学で採用されているものを使っている. 記号表を参照のこと. 任意の集合 A に対して, $\emptyset \subset A$ が成り立つ. これにより, $\emptyset \subsetneq V$ と $V \neq \emptyset$ は同値である.

水準 α の閉検定手順とよんでいる．水準 α の閉検定手順は水準 α の多重比較検定になっている．

閉検定手順の最初の論文 (Marcus et al., 1976) で，論理積 $\bigwedge_{v \in V} H_v$ を積集合の記号 $\bigcap_{v \in V} H_v$ と書いたため，これまで $\bigcap_{v \in V} H_v$ が使われてきた．論理積と積集合の詳細は，中内 (2002) または Enderton (2001) を参照せよ．

(2.21) より，閉検定手順による多重比較検定のタイプ I FWER が α 以下となる．$T(I_j) \equiv \max_{i<i', \ i,i' \in I_j} |T_{i'i}|$ $(j=1,\ldots,J)$ とおき，水準 α の帰無仮説 $\bigwedge_{v \in V} H_v$ に対する検定方法を具体的にいくつか論述することができる．

$\#(A)$ を集合 A の要素の個数とし，(2.20) の $H(I_1,\ldots,I_J)$ に対して，M, ℓ_j $(j=1,\ldots,J)$ を

$$M \equiv M(I_1,\ldots,I_J) \equiv \sum_{j=1}^{J} \ell_j, \ \ell_j \equiv \#(I_j) \tag{2.22}$$

とする．

[2.3] 検出力の高い閉検定手順 ① （著 7）

(2.6) の $TA(t)$ に対応して，

$$TA(t|\ell,m) \equiv \ell \int_0^\infty \left[\int_{-\infty}^\infty \{\Phi(x) - \Phi(x - \sqrt{2} \cdot ts)\}^{\ell-1} d\Phi(x) \right] g(s|m) ds \tag{2.23}$$

とおく．ただし，$g(s|m)$ は (2.8) で定義したものとする．(2.16) の表記の方法より，$TA(t|\ell,m) = 1 - \alpha$ を満たす t の解は，$ta(\ell,m;\alpha)$ である．

(a) $J \geqq 2$ のとき，$\ell = \ell_1,\ldots,\ell_J$ に対して

$$\alpha(M,\ell) \equiv 1 - (1-\alpha)^{\ell/M} \tag{2.24}$$

で $\alpha(M,\ell)$ を定義する．$1 \leqq j \leqq J$ となるある整数 j が存在して $ta(\ell_j,m;\alpha(M,\ell_j)) \leqq T(I_j)$ ならば (2.20) の帰無仮説 $\bigwedge_{v \in V} H_v$ を棄却する．

(b) $J=1\,(M=\ell_1)$ のとき,$ta\,(M,m;\alpha) \leqq T(I_1)$ ならば帰無仮説 $\bigwedge_{v\in V} H_v$ を棄却する.

(a), (b) の方法で,$(i,i') \in V \subset \mathcal{U}_T$ を満たす任意の V に対して,$\bigwedge_{v\in V} H_v$ が棄却されるとき,$\left\{帰無仮説\ H_{(i,i')}\ \text{vs. 対立仮説}\ H_{(i,i')}^A \,\middle|\, 1 \leqq i \leqq i' \leqq k\right\}$ に対する多重比較検定として,$H_{(i,i')}$ を棄却する. ∎

このとき,次の定理 2.3 を得る.

【定理 2.3】 [2.3] のパラメトリック閉検定手順は,水準 α の多重比較検定である.

証明 (著 1) の定理 5.6 を参照. □

(2.20) より,

$$\overline{\mathcal{H}}_T = \left\{ H(I_1,\ldots,I_J) \,\middle|\, \text{ある}\ J\ \text{が存在して}\ \bigcup_{j=1}^J I_j \subset \{1,\ldots,k\}.\right.$$
$$\#(I_j) \geqq 2\ (1 \leqq j \leqq J).$$
$$\left. J \geqq 2\ \text{のとき}\ I_j \cap I_{j'} = \varnothing\ (1 \leqq j < j' \leqq J) \right\}$$

となる.$(i,i') \in \mathcal{U}_T$ に対して,

$$\overline{\mathcal{H}}_{T(i,i')} \equiv \left\{ H(I_1,\ldots,I_J) \in \overline{\mathcal{H}}_T \,\middle|\, \text{ある}\ j\ \text{が存在して}\ \{i,i'\} \subset I_j \right\}$$

とおく.このとき,

$$\overline{\mathcal{H}}_T = \bigcup_{(i,i') \in \mathcal{U}_T} \overline{\mathcal{H}}_{T(i,i')} \quad \text{かつ} \quad H_{(i,i')},\ H_0 \in \overline{\mathcal{H}}_{T(i,i')}$$

が成り立つ.

これにより,水準 α の多重比較検定として,任意の $(i,i') \in \mathcal{U}_T$ に対して次の (i), (ii) により判定する.

(i) $\overline{\mathcal{H}}_{T(i,i')}$ の中の帰無仮説がすべて棄却されていれば,多重比較検定とし

2.1 分散が同一である正規分布モデルでの手法

表 2.1 $k=4$ とし,帰無仮説 $H_{(1,2)}$ を多重比較検定する場合に,閉検定手順で検定される帰無仮説 $H(I_1,\ldots,I_J)\in \overline{\mathcal{H}}_{T(1,2)}$

M	$H(I_1,\ldots,I_J)$	J	ℓ
4	$H(\{1,2,3,4\})=H_0,$	$J=1$	$\ell_1=4$
	$H(\{1,2\},\{3,4\}): \mu_1=\mu_2,\ \mu_3=\mu_4$	$J=2$	$\ell_1=\ell_2=2$
3	$H(\{1,2,3\}): \mu_1=\mu_2=\mu_3,$	$J=1$	$\ell_1=3$
	$H(\{1,2,4\}): \mu_1=\mu_2=\mu_4$	$J=1$	$\ell_1=3$
2	$H(\{1,2\}): \mu_1=\mu_2$	$J=1$	$\ell_1=2$

て $H_{(i,i')}$ を棄却する.

(ii) $\overline{\mathcal{H}}_{T(i,i')}$ の中の帰無仮説で棄却されていないものが1つでもあれば $H_{(i,i')}$ を保留する.

$k=4$ とした場合を考える.多重比較検定として,特定の帰無仮説 $H_{(1,2)}$ が棄却される場合に,$\overline{\mathcal{H}}_{T(1,2)}$ のすべての要素 $H(I_1,\ldots,I_J)$ を表 2.1 として挙げている.この表は,$\overline{\mathcal{H}}_{T(1,2)}$ の中の帰無仮説をすべて載せていることになっている.この表から,$H_{(1,2)}$ が多重比較検定として棄却されるためには5個の帰無仮説を棄却しなければならない.$\mathcal{H}_T$ の中に,$H_{(1,2)}$ 以外の帰無仮説が ${}_4C_2-1=5$ 個ある.この5個のうちの1つの帰無仮説 $H_{(i,i')}$ が多重比較検定として棄却される場合,検定される帰無仮説 $H(I_1,\ldots,I_J)$ も5個である.$1\leqq i<i'\leqq 4$ となる任意の (i,i') に対して,$H_{(i,i')}$ は第 i 群の標本と第1群の標本を入れ替え,第 i' 群の標本と第2群の標本を入れ替えることにより,一般性を失うことなく表 2.1 に帰着される.

次の (1) から (5) のすべてが成立するならば,[2.3] の閉検定手順により水準 α の多重比較検定として,帰無仮説 $H_{(1,2)}$ が棄却される.

(1) $T(\{1,2,3,4\})=\displaystyle\max_{1\leqq i<i'\leqq 4}|T_{i'i}|\geqq ta(4,m;\alpha)$

(2) $T(\{1,2\})=|T_{21}|\geqq ta(2,m;\alpha(4,2))$
　　または $T(\{3,4\})=|T_{43}|\geqq ta(2,m;\alpha(4,2))$

(3) $T(\{1,2,3\})=\displaystyle\max_{1\leqq i<i'\leqq 3}|T_{i'i}|\geqq ta(3,m;\alpha)$

表 2.2 $k=5$ とし,帰無仮説 $H_{(1,2)}$ を多重比較検定する場合に,閉検定手順で検定される帰無仮説 $H(I_1,\ldots,I_J) \in \overline{\mathcal{H}}_{T(1,2)}$

M	$H(I_1,\ldots,I_J)$
5	$H(\{1,2,3,4,5\})$, $H(\{1,2,3\},\{4,5\})$, $H(\{1,2,4\},\{3,5\})$, $H(\{1,2,5\},\{3,4\})$, $H(\{1,2\},\{3,4,5\})$
4	$H(\{1,2,3,4\})$, $H(\{1,2,3,5\})$, $H(\{1,2,4,5\})$, $H(\{1,2\},\{3,4\})$, $H(\{1,2\},\{3,5\})$, $H(\{1,2\},\{4,5\})$
3	$H(\{1,2,3\})$, $H(\{1,2,4\})$, $H(\{1,2,5\})$
2	$H(\{1,2\})$

$H(\{1,2,3,4,5\}) = H_0,\ J=1,\ \ell_1=5$

$H(\{1,2,5\},\{3,4\}):\ \mu_1=\mu_2=\mu_5,\ \mu_3=\mu_4,\ J=2,\ \ell_1=3,\ \ell_2=2$

$H(\{1,2\},\{3,5\}):\ \mu_1=\mu_2,\ \mu_3=\mu_5,\ J=2,\ \ell_1=2,\ \ell_2=2$

$H(\{1,2,5\}):\ \mu_1=\mu_2=\mu_5,\ J=1,\ \ell_1=3$

$H(\{1,2\}) = H_{(1,2)}:\ \mu_1=\mu_2,\ J=1,\ \ell_1=2$

(4) $T(\{1,2,4\}) = \max\{|T_{21}|,|T_{41}|,|T_{42}|\} \geqq ta(3,m;\alpha)$

(5) $T(\{1,2\}) = |T_{21}| \geqq ta(2,m;\alpha)$

表 2.2 は,$k=5$ のとき $\overline{\mathcal{H}}_{T(1,2)}$ の中の帰無仮説をすべて載せていることになっている.この表から,$H_{(1,2)}$ が多重比較検定として棄却されるためには 15 個の帰無仮説を棄却しなければならない.

定義から,$2 \leqq \ell < k$ となる ℓ に対し $ta(\ell,m;\alpha) < ta(k,m;\alpha)$ であることを数学的に示すことができる.$\alpha=0.05,\ 0.01,\ m=60,\ 2 \leqq M \leqq 10$ のときの $ta(\ell,m;\alpha(M,\ell))$ の値を,それぞれ,表 2.3,表 2.4 に載せている.$\ell=M=k$ のときの $ta(\ell,m;\alpha(M,\ell))$ の値が $ta(k,m;\alpha)$ である.

表 2.3,表 2.4 により,$\alpha=0.05,\ 0.01,\ m=60,\ 3 \leqq k \leqq 10$ の場合に,$2 \leqq \ell < M \leqq k$ となる ℓ に対し,

$$ta(\ell,m;\alpha(M,\ell)) < ta(k,m;\alpha(k,k)) = ta(k,m;\alpha) \tag{2.25}$$

が成り立つ.表 2.3,表 2.4 は $m=60$ の場合であるが,$m=50(10)150$(50 から 150 までの 10 おきの値)に対しても (2.25) が成り立つことを数値計算

表 2.3　$\alpha = 0.05$, $m = 60$ のときの $ta\,(\ell, m; \alpha(M, \ell))$ の値

$M \setminus \ell$	2	3	4	5	6	7	8	9	10
10	2.653	2.873	2.994	3.075	3.136	3.184	3.224	◇	3.285
9	2.613	2.834	2.955	3.036	3.097	3.145	◇	3.218	
8	2.568	2.790	2.911	2.993	3.053	◇	3.140		
7	2.516	2.740	2.861	2.942	◇	3.051			
6	2.456	2.680	2.802	◇	2.944				
5	2.384	2.609	◇	2.812					
4	2.294	◇	2.643						
3	◇	2.403							
2	2.000								

◇ : $\ell = M - 1$ は起こり得ない.

表 2.4　$\alpha = 0.01$, $m = 60$ のときの $ta\,(\ell, m; \alpha(M, \ell))$ の値

$M \setminus \ell$	2	3	4	5	6	7	8	9	10
10	3.230	3.440	3.558	3.638	3.699	3.747	3.787	◇	3.851
9	3.195	3.406	3.523	3.603	3.664	3.713	◇	3.787	
8	3.155	3.366	3.484	3.565	3.625	◇	3.714		
7	3.109	3.322	3.440	3.520	◇	3.630			
6	3.056	3.269	3.388	◇	3.529				
5	2.993	3.207	◇	3.407					
4	2.914	◇	3.249						
3	◇	3.028							
2	2.660								

◇ : $\ell = M - 1$ は起こり得ない.

により確かめた．[2.3] の閉検定手順の構成法により，表 2.3, 表 2.4 と (2.25) の関係から次の (i) と (ii) を得る．

(i) [2.1] のシングルステップ多重比較検定で棄却される $H_{(i,i')}$ は [2.3] の閉検定手順を使っても棄却される．

(ii) [2.3] の閉検定手順で棄却される $H_{(i,i')}$ は [2.1] のシングルステップ多重比較検定を使っても棄却されるとは限らない．

以上により，$\alpha = 0.05, 0.01, 3 \leqq k \leqq 10$ に対し，$m = 50(10)150$ のとき，[2.3] の閉検定手順は [2.1] のシングルステップ多重比較検定よりも一様に検出力が高い．

ここで次の補題を得る．

【補題 2.4】 [2.3] の閉検定手順により水準 α の多重比較検定として $H_{(i,i')}$ が棄却される事象を $A_{(i,i')}$ $((i,i') \in \mathcal{U}_T)$ とし，M を (2.22) で定義したものとする．このとき，$4 \leqq M \leqq k$ となる任意の整数 M と $2 \leqq \ell \leqq M-2$ となる任意の整数 ℓ に対して

$$ta(\ell, m; \alpha(M, \ell)) < ta(k, m; \alpha) \tag{2.26}$$

が満たされているならば，2 つの式

$$\bigcup_{(i,i') \in \mathcal{U}_T} A_{(i,i')} = \left\{ \max_{1 \leqq i < i' \leqq k} |T_{i'i}| \geqq ta(k, m; \alpha) \right\}, \tag{2.27}$$

$$A_{(i,i')} \supset \{|T_{i'i}| \geqq ta(k, m; \alpha)\} \quad ((i,i') \in \mathcal{U}_T) \tag{2.28}$$

が成立する．

証明 任意の $(i, i') \in \mathcal{U}_T$ に対して，事象 $B_{(i,i')}$ を

$$B_{(i,i')} \equiv \{|T_{i'i}| \geqq ta(k, m; \alpha)\} \tag{2.29}$$

で定義する．$|T_{i'i}| \geqq ta(k, m; \alpha)$ ならば，(2.26) の条件を使うと，この補題のすぐ上と同様の議論により，[2.3] の閉検定手順により水準 α の多重比較検定として $H_{(i,i')}$ が棄却される．これは，$B_{(i,i')} \subset A_{(i,i')}$ を意味している．ここで (2.28) と

$$\bigcup_{(i,i') \in \mathcal{U}_T} B_{(i,i')} \subset \bigcup_{(i,i') \in \mathcal{U}_T} A_{(i,i')} \tag{2.30}$$

を得る．[2.3] の閉検定手順により水準 α の多重比較検定として $H_{(i,i')}$ が棄却されるためには，$\max_{1 \leqq i < i' \leqq k} |T_{i'i}| \geqq ta(k, m; \alpha)$ が成り立つ必要がある．これにより

$$A_{(i,i')} \subset \bigcup_{(i,i') \in \mathcal{U}_T} B_{(i,i')} \tag{2.31}$$

を得る．(2.30), (2.31) により

$$\bigcup_{(i,i')\in\mathcal{U}_T} A_{(i,i')} = \bigcup_{(i,i')\in\mathcal{U}_T} B_{(i,i')}$$

となり，(2.27) が導かれる． □

$k = 3$ のとき，(2.27) と (2.28) が成り立つことを容易に示すことができる．補題 2.4 より，次の興味深い定理を得る．

【定理 2.5】 補題 2.4 の仮定が満たされるとする．このとき，2 つの式

$$P\left(\bigcup_{(i,i')\in\mathcal{U}_T} A_{(i,i')}\right) = P\left(\max_{1\leqq i<i'\leqq k} |T_{i'i}| \geqq ta(k,m;\alpha)\right), \quad (2.32)$$

$$P\left(A_{(i,i')}\right) \geqq P\left(|T_{i'i}| \geqq ta(k,m;\alpha)\right) \quad ((i,i') \in \mathcal{U}_T) \quad (2.33)$$

が成立する． □

式 (2.32) の左辺は，[2.3] の閉検定手順により水準 α の多重比較検定として $\mathcal{H}_T$ の帰無仮説のうち 1 つ以上を棄却する確率である．式 (2.32) の右辺は，[2.1] のテューキー・クレーマーの水準 α の多重比較検定により $\mathcal{H}_T$ の帰無仮説のうち 1 つ以上を棄却する確率である．(2.32) は，これらの確率が等しいことを意味している．[2.3] の閉検定手順により水準 α の多重比較検定として帰無仮説 $H_{(i,i')}$ を棄却する確率が，[2.1] のテューキー・クレーマーの水準 α の多重比較検定により帰無仮説 $H_{(i,i')}$ を棄却する確率より，高いもしくは等しいことを式 (2.33) は意味している．さらに，任意の $\boldsymbol{\mu}$ の確率測度に対して (2.32) と (2.33) が成り立っている．(2.33) は $A_{(i,i')} \supset \{|T_{i'i}| \geqq ta(k,m;\alpha)\}$ の関係から示されていることである．(2.29) の $B_{(i,i')}$ に対して，ある $\boldsymbol{x}_0$ が存在して

$$\boldsymbol{x}_0 \in A_{(i,i')} \cap B^c_{(i,i')} \quad (2.34)$$

が成り立つならば，$|T_{i'i}|$ が $\boldsymbol{X} \equiv (X_{11},\ldots,X_{kn_k})$ の連続関数より，$\boldsymbol{x}_0$ のある開近傍 $U_\varepsilon(\boldsymbol{x}_0)$ が存在して $U_\varepsilon(\boldsymbol{x}_0) \subset A_{(i,i')} \cap B^c_{(i,i')}$ となり，式 (2.33) の

記号 $\geqq$ を $>$ に置き換えた

$$P\left(A_{(i,i')}\right) > P\left(|T_{i'i}| \geqq ta(k,m;\alpha)\right) \quad ((i,i') \in \mathcal{U}_T)$$

が成り立つ．(2.34) を満たす $\boldsymbol{x}_0$ の存在性は，$\boldsymbol{X}$ を生成する乱数によるシミュレーションからも見つかる．$k=4,5$, $\alpha=0.05, 0.01$ とした場合，調べた限り (2.34) を満たす $\boldsymbol{x}_0$ の存在を確認できた．

閉検定手順として REGW 法は，(著 1) に記述されている．(著 1) の 5.5 節で，[2.3] の閉検定手順が REGW 法よりも一様に検出力が高いことを数学的に示した．

[2.3] の閉検定手順から導かれる $\boldsymbol{\mu} \equiv (\mu_1,\ldots,\mu_k)$ に対する信頼係数 $1-\alpha$ の信頼領域を考える．補題 2.4 の仮定が満たされているものとする．$\boldsymbol{X} \equiv (X_{11},\ldots,X_{1n_1},\ldots,X_{k1},\ldots,X_{kn_k})$ とする．任意の $(i,i') \in \mathcal{U}_T$ に対して，$A_{(i,i')} = \left\{\boldsymbol{X} \in A^*_{(i,i')}\right\}$ となる集合 $A^*_{(i,i')}$ が存在する．(2.27) より

$$\bigcup_{(i,i')\in\mathcal{U}_T} \left\{\boldsymbol{X} \in A^*_{(i,i')}\right\} = \left\{\max_{1\leqq i<i'\leqq k} |T_{i'i}| \geqq ta(k,m;\alpha)\right\} \quad (2.35)$$

であることがわかる．$\boldsymbol{\mu}\otimes\boldsymbol{1}_n \equiv (\mu_1\boldsymbol{1}_{n_1},\ldots,\mu_k\boldsymbol{1}_{n_k})$ とし，$\boldsymbol{1}_{n_i}$ は各成分が 1 の n_i 次元行ベクトルとする．$T_{i'i}(\boldsymbol{\mu})$ を

$$T_{i'i}(\boldsymbol{\mu}) \equiv \frac{\bar{X}_{i'\cdot} - \bar{X}_{i\cdot} - \mu_{i'} + \mu_i}{\sqrt{V_E\left(\frac{1}{n_i}+\frac{1}{n_{i'}}\right)}} \quad (1 \leqq i < i' \leqq k)$$

とおく．

このとき，$T_{i'i}(\boldsymbol{\mu})$ の性質と [2.3] の閉検定手順の方式により，(2.35) で $\boldsymbol{X}$ を $\boldsymbol{X} - \boldsymbol{\mu}\otimes\boldsymbol{1}_n$ に替えた

$$\bigcup_{(i,i')\in\mathcal{U}_T} \left\{\boldsymbol{X}-\boldsymbol{\mu}\otimes\boldsymbol{1}_n \in A^*_{(i,i')}\right\} = \left\{\max_{1\leqq i<i'\leqq k} |T_{i'i}(\boldsymbol{\mu})| \geqq ta(k,m;\alpha)\right\} \quad (2.36)$$

が成立する．H_0 の下での確率測度を $P_0(\cdot)$，$\boldsymbol{\mu}$ が真のときの確率測度を $P_{\boldsymbol{\mu}}(\cdot)$ とする．このとき，(2.36) と (2.32) により

$$P_{\boldsymbol{\mu}}\left(\bigcap_{(i,i')\in\mathcal{U}_T}\left\{\boldsymbol{X}-\boldsymbol{\mu}\otimes\mathbf{1}_n\in\left(A_{(i,i')}^*\right)^c\right\}\right)$$

$$=P_{\boldsymbol{\mu}}\left(\max_{1\leqq i<i'\leqq k}|T_{i'i}(\boldsymbol{\mu})|<ta(k,m;\alpha)\right)$$

$$=P_0\left(\max_{1\leqq i<i'\leqq k}|T_{i'i}|<ta(k,m;\alpha)\right)=1-\alpha \qquad (2.37)$$

を得る.ここで,(2.36),(2.37) により,[2.3] の閉検定手順から導かれる $\boldsymbol{\mu}$ に対する信頼係数 $1-\alpha$ の信頼領域は

$$\bigcap_{(i,i')\in\mathcal{U}_T}\left\{\boldsymbol{\mu}\,\bigg|\,\boldsymbol{X}-\boldsymbol{\mu}\otimes\mathbf{1}_n\in\left(A_{(i,i')}^*\right)^c\right\}$$

$$=\left\{\boldsymbol{\mu}\,\bigg|\,\max_{1\leqq i<i'\leqq k}|T_{i'i}(\boldsymbol{\mu})|<ta(k,m;\alpha)\right\} \qquad (2.38)$$

となる.(2.38) の右辺は [2.2] の同時信頼区間となり,[2.3] の閉検定手順から導かれる $\boldsymbol{\mu}$ に対する信頼係数 $1-\alpha$ の信頼領域はシングルステップの [2.2] の同時信頼区間と同値である.

[2.3] の閉検定手順において,$T(I_j)$ のかわりに

$$T_S(I_j)\equiv\sum_{i\in I_j}n_i\left(\bar{X}_{i\cdot}-\bar{X}_{I_j}\right)^2/\{(\ell_j-1)V_E\}$$

を使っても閉検定手順が行える.ただし,

$$\bar{X}_{I_j}\equiv\sum_{i\in I_j}n_i\bar{X}_{i\cdot}\bigg/\sum_{i\in I_j}n_i$$

とする.(1.3) の一様性の帰無仮説 H_0 の下で,$T_S(I_j)$ は自由度 (ℓ_j-1,m) の F 分布に従う.$\alpha(M,\ell_j)$ を (2.24) によって定義し,$F_m^{\ell_j-1}\left(\alpha(M,\ell_j)\right)$ を自由度 (ℓ_j-1,m) の F 分布の上側 $100\alpha(M,\ell_j)$% 点とする.このとき次の閉検定手順を得る.

[2.4] 検出力の高い閉検定手順 ② (著 1)

(a) $J\geqq 2$ のとき,$1\leqq j\leqq J$ となるある整数 j が存在して $F_m^{\ell_j-1}\left(\alpha(M,\ell_j)\right)\leqq$

$T_S(I_j)$ ならば帰無仮説 $\bigwedge_{v \in V} H_v$ を棄却する.

(b) $J = 1$ ($M = \ell_1$) のとき,$F_m^{M-1}(\alpha) \leqq T_S(I_1)$ ならば帰無仮説 $\bigwedge_{v \in V} H_v$ を棄却する.

(a), (b) の方法で,$(i, i') \in V \subset \mathcal{U}_T$ を満たす任意の V に対して,$\bigwedge_{v \in V} H_v$ が棄却されるとき,多重比較検定として,$H_{(i,i')}$ を棄却する. ∎

このとき,定理 2.3 と同様に,「[2.4] のパラメトリック閉検定手順は水準 α の多重比較検定である」ことが示される.計算機シミュレーションにより,多くの対立仮説に対して [2.4] のパラメトリック閉検定手順は [2.3] の閉検定手順よりも少しだけ検出力が高いことがみれる.

2.1.4　データ解析例

$k = 4$,$n_1 = n_2 = n_3 = n_4 = 16$ とした等しい標本サイズ 16 の 4 群モデルの表 2.5 のデータを使って,2.1 節で紹介した手法を用いて解析してみる.表 2.5 のデータは分散 1 の正規乱数から生成した.標本平均がそれぞれ

$$\bar{X}_{1\cdot} = 5.0,\ \bar{X}_{2\cdot} = 5.9,\ \bar{X}_{3\cdot} = 6.6,\ \bar{X}_{4\cdot} = 7.2$$

となるように観測値を調整している.標本分散は $V_E = 0.969$ であった.
t 検定統計量の値は

$$\begin{aligned} T_{21} &= 2.588, & T_{31} &= 4.595, & T_{41} &= 6.323, \\ T_{32} &= 2.008, & T_{42} &= 3.735, & T_{43} &= 1.728 \end{aligned} \tag{2.39}$$

となる.
水準 $\alpha = 0.05$ のテューキー・クレーマーの多重比較検定を用いると,$|T_{i'i}| > ta(4, 60; 0.05)$ を満たす $i < i'$ に対して $H_{(i,i')}$ が棄却される.$ta(k, 60; 0.05)$ の値は,表 2.3 と付表 1 に載せられている.その数表から,$ta(4, 60; 0.05) = 2.643$ である.以上により,帰無仮説

$$H_{(1,3)},\ H_{(1,4)},\ H_{(2,4)} \tag{2.40}$$

表 2.5 正規母集団からのデータ

群	サイズ	観測値						標本平均
第1群	16	4.35	5.08	5.44	5.05	5.51	3.40	5.0
		4.09	3.37	6.70	5.50	5.76	7.05	
		6.01	4.64	4.36	3.68			
第2群	16	6.97	7.53	5.61	5.99	5.28	4.57	5.9
		5.91	5.92	7.38	6.04	4.69	5.76	
		5.49	4.85	5.24	7.17			
第3群	16	6.90	5.97	6.12	5.23	7.26	6.66	6.6
		6.71	6.51	6.92	7.57	5.79	6.94	
		5.83	6.94	6.42	7.81			
第4群	16	8.05	6.55	6.25	7.01	6.63	6.70	7.2
		8.96	8.56	7.76	6.68	8.67	4.91	
		7.47	6.84	8.50	5.66			

が棄却され，他の帰無仮説は棄却されない．

[2.3] の閉検定手順を用い，水準 $\alpha = 0.05$ の多重比較検定を行う．(2.25) より，水準 0.05 のテューキー・クレーマーの多重比較検定で棄却された (2.40) の帰無仮説は棄却される．他の帰無仮説については以下のとおりである．表 2.1 と

(a-1) $T(\{1,2,3,4\}) = \max_{1 \leqq i < i' \leqq 4} |T_{i'i}| = 6.323 > 2.643 = ta(4, 60; 0.05)$

(a-2) $\max\{T(\{1,2\}), T(\{3,4\})\} = \max\{|T_{21}|, |T_{43}|\} = 2.588$
$> 2.294 = ta(2, 60; \alpha(4,2))$

(a-3) $T(\{1,2,3\}) = \max_{1 \leqq i < i' \leqq 3} |T_{i'i}| = 4.595 > 2.403 = ta(3, 60; 0.05)$

(a-4) $T(\{1,2,4\}) = \max\{|T_{21}|, |T_{41}|, |T_{42}|\} = 6.323 > 2.403 = ta(3, 60; 0.05)$

(a-5) $T(\{1,2\}) = |T_{21}| = 2.588 > 2.000 = ta(2, 60; 0.05)$

により，帰無仮説 $H_{(1,2)}$ は棄却される．

(b-1) $T(\{1,2,3,4\}) = \max_{1 \leqq i < i' \leqq 4} |T_{i'i}| = 6.323 > 2.643 = ta(4, 60; 0.05)$

(b-2) $\max\{T(\{2,3\}), T(\{1,4\})\} = \max\{|T_{32}|, |T_{41}|\} = 6.323$
$$> 2.294 = ta(2, 60; \alpha(4,2))$$
(b-3) $T(\{1,2,3\}) = \max\limits_{1 \leqq i < i' \leqq 3} |T_{i'i}| = 4.595 > 2.403 = ta(3, 60; 0.05)$
(b-4) $T(\{2,3,4\}) = \max\limits_{2 \leqq i < i' \leqq 4} |T_{i'i}| = 3.735 > 2.403 = ta(3, 60; 0.05)$
(b-5) $T(\{2,3\}) = |T_{32}| = 2.588 > 2.000 = ta(2, 60; 0.05)$

により，帰無仮説 $H_{(2,3)}$ は棄却される．

$$T(\{3,4\}) = |T_{43}| = 1.728 < 2.000 = ta(2, 60; 0.05)$$

より帰無仮説 $H_{(3,4)}$ は棄却されない．すなわち，[2.3] の閉検定手順を用い，水準 0.05 の多重比較検定を行うと帰無仮説 $H_{(3,4)}$ だけが棄却されない．帰無仮説 $H_{(3,4)}$ が棄却される閉検定手順を 5.3 節で紹介する．

[2.2] のテューキー・クレーマーの同時信頼区間を用いると，$\{\mu_{i'} - \mu_i \mid 1 \leqq i < i' \leqq 4\}$ に対する信頼係数 95% の同時信頼区間は

$$-0.02 < \mu_2 - \mu_1 < 1.82, \quad 0.68 < \mu_3 - \mu_1 < 2.52,$$
$$1.28 < \mu_4 - \mu_1 < 3.12, \quad -0.22 < \mu_3 - \mu_2 < 1.62,$$
$$0.38 < \mu_4 - \mu_2 < 2.22, \quad -0.32 < \mu_4 - \mu_3 < 1.52$$

となる．これにより，

$$\mu_1 < \min(\mu_3, \mu_4), \quad \mu_2 < \mu_4 \tag{2.41}$$

を得る．

サイズが不揃いの 5 群モデルにおけるデータ解析例を (著 1) の 9.2 節に載せている．

2.2 分散が同一とは限らない正規分布モデルでの手法

分散が同一とは限らない 2 群の平均の一様性の検定としてウェルチの方法 (Welch, 1938) がデータ解析によく使われる．分散が同一とは限らない 3 以

上の群の平均のシングルステップ多重比較検定として，ゲイムス・ハウエルの方法を紹介し，このゲイムス・ハウエル法を優越する閉検定手順を論述する．まずは，それらの多重比較法の基礎となるウェルチの検定から述べる．

2.2.1 ウェルチ (Welch) の検定法

$k=2$ とした 2 群の標本を，

$$X_{1j} \sim N(\mu_1, \sigma_1^2)\ (j=1,\ldots,n_1), \quad X_{2j} \sim N(\mu_2, \sigma_2^2)\ (j=1,\ldots,n_2)$$

とし，各 X_{ij} は互いに独立とする．分散の一様最小分散不偏推定量は，

$$\tilde{\sigma}_1^2 \equiv \frac{1}{n_1-1}\sum_{j=1}^{n_1}(X_{1j}-\bar{X}_{1\cdot})^2, \quad \tilde{\sigma}_2^2 \equiv \frac{1}{n_2-1}\sum_{j=1}^{n_2}(X_{2j}-\bar{X}_{2\cdot})^2$$

で与えられ，統計量を，

$$T \equiv \frac{\bar{X}_{1\cdot}-\bar{X}_{2\cdot}}{\sqrt{\dfrac{\tilde{\sigma}_1^2}{n_1}+\dfrac{\tilde{\sigma}_2^2}{n_2}}}$$

とする．H_0 の下で T は近似的に自由度 m_0 の t 分布 t_{m_0} に従うと考える．ここで，自由度 m_0 について考察する．$E(\bar{X}_{1\cdot}-\bar{X}_{2\cdot})=0, V(\bar{X}_{1\cdot}-\bar{X}_{2\cdot})=\dfrac{\sigma_1^2}{n_1}+\dfrac{\sigma_2^2}{n_2}$ より，

$$\frac{\bar{X}_{1\cdot}-\bar{X}_{2\cdot}}{\sqrt{\dfrac{\sigma_1^2}{n_1}+\dfrac{\sigma_2^2}{n_2}}} \sim N(0,\ 1)$$

である．

$$T = \frac{(\bar{X}_{1\cdot}-\bar{X}_{2\cdot})\Big/\sqrt{\dfrac{\sigma_1^2}{n_1}+\dfrac{\sigma_2^2}{n_2}}}{\sqrt{\left(\dfrac{\tilde{\sigma}_1^2}{n_1}+\dfrac{\tilde{\sigma}_2^2}{n_2}\right)\Big/\left(\dfrac{\sigma_1^2}{n_1}+\dfrac{\sigma_2^2}{n_2}\right)}}$$

が近似的に，t_{m_0} に従うと考えるので

$$\frac{\dfrac{\tilde{\sigma}_1^2}{n_1} + \dfrac{\tilde{\sigma}_2^2}{n_2}}{\dfrac{\sigma_1^2}{n_1} + \dfrac{\sigma_2^2}{n_2}} \sim \frac{\chi_{m_0}^2}{m_0}$$

となり，

$$Y \equiv \frac{m_0 \left(\dfrac{\tilde{\sigma}_1^2}{n_1} + \dfrac{\tilde{\sigma}_2^2}{n_2} \right)}{\dfrac{\sigma_1^2}{n_1} + \dfrac{\sigma_2^2}{n_2}}$$

が近似的に $\chi_{m_0}^2$ に従う．W を分布 $\chi_{m_0}^2$ に従う確率変数とすると，$E(W) = m_0$，$V(W) = 2m_0$ より，

$$\frac{V(W)}{\{E(W)\}^2} = \frac{2m_0}{m_0^2} = \frac{2}{m_0} \tag{2.42}$$

となる．

$$S_1^2 \equiv (n_1 - 1)\tilde{\sigma}_1^2/\sigma_1^2 \sim \chi_{n_1-1}^2, \quad S_2^2 \equiv (n_2 - 1)\tilde{\sigma}_2^2/\sigma_2^2 \sim \chi_{n_2-1}^2$$

とおくと，

$$E\left(\frac{\tilde{\sigma}_1^2}{n_1} + \frac{\tilde{\sigma}_2^2}{n_2}\right) = E\left(\frac{S_1^2 \sigma_1^2}{(n_1-1)n_1} + \frac{S_2^2 \sigma_2^2}{(n_2-1)n_2}\right)$$
$$= \frac{\sigma_1^2}{(n_1-1)n_1} E(S_1^2) + \frac{\sigma_2^2}{(n_2-1)n_2} E(S_2^2) = \frac{\sigma_1^2}{n_1} + \frac{\sigma_2^2}{n_2}, \tag{2.43}$$

$$V\left(\frac{\tilde{\sigma}_1^2}{n_1} + \frac{\tilde{\sigma}_2^2}{n_2}\right) = \frac{\sigma_1^4}{(n_1-1)^2 n_1^2} V(S_1^2) + \frac{\sigma_2^4}{(n_2-1)^2 n_2^2} V(S_2^2)$$
$$= \frac{2\sigma_1^4}{n_1^2(n_1-1)} + \frac{2\sigma_2^4}{n_2^2(n_2-1)} \tag{2.44}$$

となる．(2.43), (2.44) を用いて Y の平均，分散を求めると，

$$E(Y) = \frac{m_0}{\dfrac{\sigma_1^2}{n_1} + \dfrac{\sigma_2^2}{n_2}} E\left(\frac{\tilde{\sigma}_1^2}{n_1} + \frac{\tilde{\sigma}_2^2}{n_2}\right) = m_0 \tag{2.45}$$

$$V(Y) = \frac{m_0^2}{\left(\dfrac{\sigma_1^2}{n_1} + \dfrac{\sigma_2^2}{n_2}\right)^2} V\left(\dfrac{\tilde{\sigma}_1^2}{n_1} + \dfrac{\tilde{\sigma}_2^2}{n_2}\right) = \dfrac{m_0^2 \left(\dfrac{2\sigma_1^4}{n_1^2(n_1-1)} + \dfrac{2\sigma_2^4}{n_2^2(n_2-1)}\right)}{\left(\dfrac{\sigma_1^2}{n_1} + \dfrac{\sigma_2^2}{n_2}\right)^2}$$
(2.46)

となる. W を Y に変えて (2.42) に代入すると,

$$\frac{1}{m_0} = \dfrac{\dfrac{\sigma_1^4}{n_1^2(n_1-1)} + \dfrac{\sigma_2^4}{n_2^2(n_2-1)}}{\left(\dfrac{\sigma_1^2}{n_1} + \dfrac{\sigma_2^2}{n_2}\right)^2}$$

を得る. ここで σ_1^2, σ_2^2 は未知であるので, 替わりに推定量 $\tilde{\sigma}_1^2, \tilde{\sigma}_2^2$ を入れると,

$$m_0 \approx \dfrac{\left(\dfrac{\tilde{\sigma}_1^2}{n_1} + \dfrac{\tilde{\sigma}_2^2}{n_2}\right)^2}{\dfrac{\tilde{\sigma}_1^4}{n_1^2(n_1-1)} + \dfrac{\tilde{\sigma}_2^4}{n_2^2(n_2-1)}}$$

となる. ただし, $m_0 \approx g(\tilde{\sigma}_1^2, \tilde{\sigma}_2^2)$ は,「m_0 が 推定量 (確率変数) $g(\tilde{\sigma}_1^2, \tilde{\sigma}_2^2)$ によって近似される」の意味である. しかしながら, 実際の計算では自由度が整数にならないので, 四捨五入して

$$\widehat{m}_0 \equiv \left[\dfrac{\left(\dfrac{\tilde{\sigma}_1^2}{n_1} + \dfrac{\tilde{\sigma}_2^2}{n_2}\right)^2}{\dfrac{\tilde{\sigma}_1^4}{n_1^2(n_1-1)} + \dfrac{\tilde{\sigma}_2^4}{n_2^2(n_2-1)}} + \dfrac{1}{2} \right]$$
(2.47)

によって m_0 を推定する. ただし, $[x]$ は x を超えない最大の整数とする. すなわち, $[\cdot]$ はガウス記号である.

帰無仮説 $H_0 : \mu_1 = \mu_2$ vs. 対立仮説 $H_1 : \mu_1 \neq \mu_2$

に対する水準 α のウェルチの検定は, 次で与えられる.

(i) $|T| \geqq t(\widehat{m}_0; \alpha/2)$ のとき, 帰無仮説 H_0 を棄却し, 対立仮説 H_1 を受け入れ, $\mu_1 \neq \mu_2$ と判定する.

(ii) $|T| < t(\widehat{m}_0; \alpha/2)$ のとき, 帰無仮説 H_0 を棄却しない.

ただし，$t(\widehat{m}_0; \alpha/2)$ は自由度 $\widehat{m}_0$ の t 分布の上側 $100(\alpha/2)\%$ 点とする．

$\mu_1 - \mu_2$ についての信頼係数 $1 - \alpha$ の同時信頼区間は，

$$\bar{X}_{1\cdot} - \bar{X}_{2\cdot} - t(\widehat{m}_0; \alpha/2) \cdot \sqrt{\frac{\tilde{\sigma}_1^2}{n_1} + \frac{\tilde{\sigma}_2^2}{n_2}} < \mu_1 - \mu_2$$
$$< \bar{X}_{1\cdot} - \bar{X}_{2\cdot} + t(\widehat{m}_0; \alpha/2) \cdot \sqrt{\frac{\tilde{\sigma}_1^2}{n_1} + \frac{\tilde{\sigma}_2^2}{n_2}} \quad (2.48)$$

で与えられる．これは次と同値である．

$\mu_2 - \mu_1$ についての信頼係数 $1 - \alpha$ の同時信頼区間は，

$$\bar{X}_{2\cdot} - \bar{X}_{1\cdot} - t(\widehat{m}_0; \alpha/2) \cdot \sqrt{\frac{\tilde{\sigma}_1^2}{n_1} + \frac{\tilde{\sigma}_2^2}{n_2}} < \mu_2 - \mu_1$$
$$< \bar{X}_{2\cdot} - \bar{X}_{1\cdot} + t(\widehat{m}_0; \alpha/2) \cdot \sqrt{\frac{\tilde{\sigma}_1^2}{n_1} + \frac{\tilde{\sigma}_2^2}{n_2}} \quad (2.49)$$

で与えられる．

2.2.2 多群モデル

X_{ij} は互いに独立で，$X_{ij} \sim N(\mu_i, \sigma_i^2)$ $(j = 1, \ldots, n_i,\ i = 1, \ldots, k)$ とする分散が同一とは限らない表 1.2 のモデルを考える．このとき，

$$P(X_{ij} \leqq x) = \Phi\left(\frac{x - \mu_i}{\sigma_i}\right),\ E(X_{ij}) = \mu_i,\ V(X_{ij}) = \sigma_i^2$$

である．未知母数 μ_i の多重比較法について論じる．総標本サイズを $n \equiv n_1 + \cdots + n_k$ とおく．平均の一様性の帰無仮説は，(1.3) の H_0 で与えられる．

2.2.3 ゲイムス・ハウエル (Games-Howell) の方法

ゲイムス・ハウエル法はテューキー型の方法で，ウェルチの統計量を基礎とした多重比較法である．k 個の水準の平均母数のすべての比較を考える．分散の推定量を，

2.2 分散が同一とは限らない正規分布モデルでの手法   53

$$\tilde{\sigma}_i^2 \equiv \frac{1}{n_i-1}\sum_{j=1}^{n_i}(X_{ij}-\bar{X}_{i\cdot})^2 \quad (i=1,\ldots,k)$$

とする.統計量を,

$$T_{i'i}^G \equiv \frac{\bar{X}_{i'\cdot}-\bar{X}_{i\cdot}}{\sqrt{\dfrac{\tilde{\sigma}_i^2}{n_i}+\dfrac{\tilde{\sigma}_{i'}^2}{n_{i'}}}}$$

とする.$\boldsymbol{\mu}\equiv(\mu_1,\ldots,\mu_k)$ に対して

$$T_{i'i}^G(\boldsymbol{\mu}) \equiv \frac{\bar{X}_{i'\cdot}-\bar{X}_{i\cdot}-(\mu_{i'}-\mu_i)}{\sqrt{\dfrac{\tilde{\sigma}_i^2}{n_i}+\dfrac{\tilde{\sigma}_{i'}^2}{n_{i'}}}}$$

とおく.このとき,$t \geqq 0$ に対して

$$P\left(\max_{1\leqq i<i'\leqq k}|T_{i'i}^G(\boldsymbol{\mu})|\leqq t\right) = P_0\left(\max_{1\leqq i<i'\leqq k}|T_{i'i}^G|<t\right)$$

が成り立つ.(2.47) と同様に,自由度 $m_{i'i}$ を,

$$\widehat{m}_{i'i} = \left[\frac{\left(\dfrac{\tilde{\sigma}_i^2}{n_i}+\dfrac{\tilde{\sigma}_{i'}^2}{n_{i'}}\right)^2}{\dfrac{\tilde{\sigma}_i^4}{n_i^2(n_i-1)}+\dfrac{\tilde{\sigma}_{i'}^4}{n_{i'}^2(n_{i'}-1)}}+\frac{1}{2}\right]$$

によって推定する.(2.23) に対応して,$2\leqq \ell \leqq k$ となる整数 ℓ と 3 以上の整数 m_0 に対して

$$TA(t|\ell,m_0) \equiv \ell \int_0^\infty \left[\int_{-\infty}^\infty \{\Phi(x)-\Phi(x-\sqrt{2}\cdot ts)\}^{\ell-1}d\Phi(x)\right]g(s|m_0)ds$$

とする.ただし,$g(s|m_0)$ は,確率変数 $\sqrt{\chi_{m_0}^2/m_0}$ の従う分布の密度関数である.すなわち,

$$g(s|m_0) \equiv \frac{(m_0)^{m_0/2}}{\Gamma(m_0/2)2^{m_0/2-1}}s^{m_0-1}\exp(-m_0 s^2/2)$$

である.(2.16) と同様に,

方程式 $TA(t|\ell,m_0)=1-\alpha$ を満たす t の解を $ta(\ell,m_0;\alpha)$ \hfill (2.50)

とする.このとき,次の多重比較法を紹介する.

[2.5] ゲイムス・ハウエルの多重比較検定と同時信頼区間

$\left\{帰無仮説\ H_{(i,i')} : \mu_i = \mu_{i'}\ \text{vs.}\ 対立仮説\ H^A_{(i,i')} : \mu_i \neq \mu_{i'}\right\}$ に対する水準 α のシングルステップ多重比較検定は,次の (i),(ii) で与えられる.

(i) $|T^G_{i'i}| \geqq ta(k, \widehat{m}_{i'i}; \alpha)$ となる i, i' に対して帰無仮説 $H_{(i,i')}$ を棄却し,対立仮説 $H^A_{(i,i')}$ を受け入れ,$\mu_i \neq \mu_{i'}$ と判定する.

(ii) $|T^G_{i'i}| < ta(k, \widehat{m}_{i'i}; \alpha)$ となる i, i' に対して帰無仮説 $H_{(i,i')}$ を棄却しない. ∎

$\mu_{i'} - \mu_i\ (1 \leqq i < i' \leqq k)$ についての信頼係数 $1 - \alpha$ の同時信頼区間は,

$$\bar{X}_{i'\cdot} - \bar{X}_{i\cdot} - ta(k, \widehat{m}_{i'i}; \alpha) \cdot \sqrt{\frac{\tilde{\sigma}^2_i}{n_i} + \frac{\tilde{\sigma}^2_{i'}}{n_{i'}}} < \mu_{i'} - \mu_i$$
$$< \bar{X}_{i'\cdot} - \bar{X}_{i\cdot} + ta(k, \widehat{m}_{i'i}; \alpha) \cdot \sqrt{\frac{\tilde{\sigma}^2_i}{n_i} + \frac{\tilde{\sigma}^2_{i'}}{n_{i'}}} \quad (1 \leqq i < i' \leqq k) \quad (2.51)$$

で与えられる.この同時信頼区間は次と同値である.

$\mu_i - \mu_{i'}\ (1 \leqq i < i' \leqq k)$ についての信頼係数 $1 - \alpha$ の同時信頼区間は,

$$\bar{X}_{i\cdot} - \bar{X}_{i'\cdot} - ta(k, \widehat{m}_{i'i}; \alpha) \cdot \sqrt{\frac{\tilde{\sigma}^2_i}{n_i} + \frac{\tilde{\sigma}^2_{i'}}{n_{i'}}} < \mu_i - \mu_{i'}$$
$$< \bar{X}_{i\cdot} - \bar{X}_{i'\cdot} + ta(k, \widehat{m}_{i'i}; \alpha) \cdot \sqrt{\frac{\tilde{\sigma}^2_i}{n_i} + \frac{\tilde{\sigma}^2_{i'}}{n_{i'}}} \quad (1 \leqq i < i' \leqq k) \quad (2.52)$$

で与えられる.

●**ゲイムス・ハウエル法の多重比較検定法の正当性**

$\Theta_G \equiv \{\boldsymbol{\mu}|\ 1$ つ以上の帰無仮説 $H_{(i,i')}$ が真 $\},\ \boldsymbol{\mu}_0 \in \Theta_G$ とする.この $\boldsymbol{\mu}_0 \equiv (\mu_{01}, \ldots, \mu_{0k})$ を与えたとき,任意の $(i, i') \in \mathcal{A} \subset \mathcal{U}_T$ に対して帰無仮説 $H_{(i,i')}$ が真 $(\mu_{0i} = \mu_{0i'})$ で,任意の $(i, i') \in \mathcal{A}^c \cap \mathcal{U}_T$ に対して帰無仮説 $H_{(i,i')}$ が偽 $(\mu_{0i} \neq \mu_{0i'})$ となるように $\mathcal{A}\ (\neq \varnothing)$ を決める.$\boldsymbol{\mu} \equiv (\mu_1, \ldots, \mu_k)$ に対して

$$B_{i'i}(\boldsymbol{\mu}) \equiv \{|T_{i'i}^G(\boldsymbol{\mu})| \geqq ta(k, \widehat{m}_{i'i}; \alpha)\}, \quad B_{i'i} \equiv \{|T_{i'i}^G| \geqq ta(k, \widehat{m}_{i'i}; \alpha)\}$$

とすると, $(i, i') \in \mathcal{A}$ と $\boldsymbol{\mu}_0$ に対して

$$\begin{aligned} B_{i'i} &\subset \bigcup_{(i,i') \in \mathcal{A}} B_{i'i} = \bigcup_{(i,i') \in \mathcal{A}} B_{i'i}(\boldsymbol{\mu}_0) \\ &\subset \bigcup_{(i,i') \in \mathcal{U}_T} B_{i'i}(\boldsymbol{\mu}_0) = \bigcup_{(i,i') \in \mathcal{U}_T} \{|T_{i'i}^G(\boldsymbol{\mu}_0)| \geqq ta(k, \widehat{m}_{i'i}; \alpha)\} \end{aligned} \quad (2.53)$$

が成り立つ.

$\Theta_1 \equiv \{\boldsymbol{\mu} | (i, i') \in \mathcal{A}$ に対して $\mu_i = \mu_{i'}$, $(i, i') \in \mathcal{A}^c \cap \mathcal{U}_T$ に対して $\mu_i \neq \mu_{i'}\}$

とおく. $\boldsymbol{\mu}_0 \in \Theta_1$ に対して

$$\begin{aligned} P_{\boldsymbol{\mu}_0}\left(\bigcup_{(i,i') \in \mathcal{A}} B_{i'i}(\boldsymbol{\mu}_0)\right) &= P_{\boldsymbol{\mu}_0}\left(\bigcup_{(i,i') \in \mathcal{A}} B_{i'i}\right) \\ &\leqq P_0\left(\bigcup_{(i,i') \in \mathcal{U}_T} \{|T_{i'i}^G| \geqq ta(k, \widehat{m}_{i'i}; \alpha)\}\right) \end{aligned} \quad (2.54)$$

が示される. ただし, $P_0(\cdot)$ は (1.3) の一様性の帰無仮説 H_0 の下での確率測度とする. (2.53) と (2.54) より, ゲイムス・ハウエル法では

$$\begin{aligned} &P_0\left(\bigcup_{(i,i') \in \mathcal{U}_T} \{|T_{i'i}^G| \geqq ta(k, \widehat{m}_{i'i}; \alpha)\}\right) \lesssim \alpha \\ &\iff P_0\left(\bigcap_{(i,i') \in \mathcal{U}_T} \{|T_{i'i}^G| < ta(k, \widehat{m}_{i'i}; \alpha)\}\right) \gtrsim 1 - \alpha \end{aligned} \quad (2.55)$$

が成り立つ必要がある. ただし, $p_0 \lesssim \alpha$ は, 「近似的に $p_0 \leqq \alpha$ が成り立つ」の意味である. さらに任意の $\boldsymbol{\mu}$ に対して

$$P_{\boldsymbol{\mu}}\left(\bigcup_{(i,i') \in \mathcal{U}_T} B_{i'i}(\boldsymbol{\mu})\right) = P_0\left(\bigcup_{(i,i') \in \mathcal{U}_T} B_{i'i}\right) \lesssim \alpha \quad (2.56)$$

である.

2.2.4 閉検定手順

$\varnothing \subsetneq V \subset \mathcal{U}_T$ を満たす V に対して，$\bigwedge_{v \in V} H_v$ は k 個の母平均に関していくつかが等しいという仮説となる．$I_1, \ldots, I_J$ $(I_j \neq \varnothing, \ j = 1, \ldots, J)$ を添え字 $1, \ldots, k$ の互いに素な部分集合の組とし，同じ I_j $(j = 1, \ldots, J)$ に含まれる添え字をもつ母平均は等しいという帰無仮説を $H(I_1, \ldots, I_J)$ で表す．このとき，$\varnothing \subsetneq V \subset \mathcal{U}_T$ を満たす任意の V に対して，ある自然数 J と上記のある $I_1, \ldots, I_J$ が存在して

$$\bigwedge_{v \in V} H_v = H(I_1, \ldots, I_J)$$

が成り立つ．$M \equiv M(I_1, \ldots, I_J) \equiv \sum_{j=1}^{J} \ell_j, \ \ell_j \equiv \#(I_j)$ とする．

[2.6] 検出力の高い閉検定手順

(a) $J \geqq 2$ のとき，$\ell = \ell_1, \ldots, \ell_J$ に対して $\alpha(M, \ell)$ を (2.24) で定義する．$1 \leqq j \leqq J$ となる整数 j と $i, i' \in I_j$ となる $i < i'$ が存在して $ta(\ell_j, \widehat{m}_{i'i}; \alpha(M, \ell_j)) \leqq |T^G_{i'i}|$ ならば帰無仮説 $\bigwedge_{v \in V} H_v$ を棄却する．

(b) $J = 1$ $(M = \ell_1)$ のとき，$i, i' \in I_1$ となる $i < i'$ が存在して $ta(M, \widehat{m}_{i'i}; \alpha) \leqq |T^G_{i'i}|$ ならば帰無仮説 $\bigwedge_{v \in V} H_v$ を棄却する．

(a), (b) の方法で，$(i, i') \in V \subset \mathcal{U}_T$ を満たす任意の V に対して，$\bigwedge_{v \in V} H_v$ が棄却されるとき，$\left\{ 帰無仮説\ H_{(i,i')}\ \text{vs.}\ 対立仮説\ H^A_{(i,i')} \mid 1 \leqq i < i' \leqq k \right\}$ に対する多重比較検定として，$H_{(i,i')}$ を棄却する．∎

【定理 2.6】 [2.6] の閉検定手順は近似的に水準 α の多重比較検定である．

証明 (a) の検定の近似的な有意水準は α であることを示せばよい．

$$P_0(\text{ある } j \text{ と } i,i' \in I_j \text{ が存在して}, |T_{i'i}^G| \geqq ta(\ell_j, \widehat{m}_{i'i}; \alpha(M, \ell_j)))$$
$$= 1 - P_0\bigl(\text{任意の } j \text{ と } i,i' \in I_j \text{ となる任意の } i,i' \text{ に対して}$$
$$|T_{i'i}^G| < ta(\ell_j, \widehat{m}_{i'i}; \alpha(M, \ell_j))) \qquad (2.57)$$

である.

補事象の確率は

$$P_0\bigl(\text{任意の } j \text{ と } i,i' \in I_j \text{ となる任意の } i,i' \text{ に対して}$$
$$|T_{i'i}^G| < ta(\ell_j, \widehat{m}_{i'i}; \alpha(M, \ell_j)))$$
$$= P_0\left(\bigcap_{j=1}^{J}\left[\bigcap_{i,i' \in I_j}\{|T_{i'i}^G| < ta(\ell_j, \widehat{m}_{i'i}; \alpha(M, \ell_j))\}\right]\right)$$

ここで $\bigcap_{i,i' \in I_j}\{|T_{i'i}^G| < ta(\ell, \widehat{m}_{i'i}; \alpha(M, \ell_j))\}$ は $C_j \equiv \{X_{im}|m = 1,\ldots,n_i,\ i \in I_j\}$ の関数で $I_1 \cup \cdots \cup I_J \subset \{1,\ldots,k\}$, $I_j \cap I_{j'} = \varnothing \ (j \neq j')$ であるから $C_1,\ldots,C_J$ は互いに独立である. このことと (2.55) により

$$P_0(\text{任意の } j \text{ と } i,i' \in I_j \text{ となる任意の } i,i' \text{ に対して } |T_{i'i}^G| < ta(k, \widehat{m}_{i'i}; \alpha))$$
$$= \prod_{j=1}^{J} P_0\left(\bigcap_{i,i' \in I_j}\{|T_{i'i}^G| < ta(\ell_j, \widehat{m}_{i'i}; \alpha(M, \ell_j))\}\right)$$
$$\gtrsim \prod_{j=1}^{J}(1 - \alpha(M, \ell_j)) = \prod_{j=1}^{J}(1 - \alpha)^{\ell_j/M} = 1 - \alpha \qquad (2.58)$$

となる.

式 (2.57), (2.58) より

$$P_0(\text{ある } j \text{ と } i,i' \in I_j \text{ が存在して}, |T_{i'i}^G| \geqq ta(\ell_j, \widehat{m}_{i'i}; \alpha(M, \ell_j))) \lesssim \alpha$$

が成り立ち, 結論を得る. □

$k = 4$ とした場合を考える. 表 2.1 により, 次の (c-1) から (c-5) すべてが成立するならば, [2.6] の閉検定手順により水準 α の多重比較検定として, 帰無仮説 $H_{(1,2)}$ が棄却される.

(c-1) $1 \leqq i < i' \leqq 4$ となるある i, i' が存在して $|T^G_{i'i}| \geqq ta(4, \widehat{m}_{i'i}; \alpha)$

(c-2) $|T^G_{21}| \geqq ta(2, \widehat{m}_{21}; \alpha(4,2))$ または $|T^G_{43}| \geqq ta(2, \widehat{m}_{43}; \alpha(4,2))$

(c-3) $1 \leqq i < i' \leqq 3$ となるある i, i' が存在して $|T^G_{i'i}| \geqq ta(3, \widehat{m}_{i'i}; \alpha)$

(c-4) $|T^G_{21}| \geqq ta(3, \widehat{m}_{21}; \alpha)$ または $|T^G_{41}| \geqq ta(3, \widehat{m}_{41}; \alpha)$
   または $|T^G_{42}| \geqq ta(3, \widehat{m}_{42}; \alpha)$

(c-5) $|T^G_{21}| \geqq ta(2, \widehat{m}_{21}; \alpha)$

2.2.5 漸近理論

ゲイムス・ハウエル法の標本サイズが大きい場合を考える.

(条件 2.1) $$\lim_{n \to \infty} (n_i/n) = \lambda_i > 0 \quad (1 \leqq i \leqq k) \tag{2.59}$$

を仮定する. 統計量 $T^G_{i'i}$ について次の補題 2.7 が得られる.

【補題 2.7】 条件 2.1 の下で

$$\max_{1 \leqq i < i' \leqq k} \left| T^G_{i'i}(\boldsymbol{\mu}) \right| \xrightarrow{\mathcal{L}} \max_{1 \leqq i < i' \leqq k} \frac{|Y_{i'} - Y_i|}{\sqrt{\frac{\sigma_i^2}{\lambda_i} + \frac{\sigma_{i'}^2}{\lambda_{i'}}}}$$

が成り立つ. ただし, $Y_1, \ldots, Y_k$ は互いに独立で $Y_i \sim N(0, \sigma_i^2/\lambda_i)$ とする.

証明 中心極限定理により,

$$\sqrt{n_i}(\bar{X}_{i \cdot} - \mu_i) \xrightarrow{\mathcal{L}} \sigma_i Z_i \sim N(0, \sigma_i^2)$$

が成り立つ. ここで, $Z_i \sim N(0,1), Z_1, \ldots, Z_k$ は互いに独立である. これにより,

$$\sqrt{n}(\bar{X}_{i \cdot} - \mu_i) = \left(\frac{\sqrt{n}}{\sqrt{n_i}}\right) \sqrt{n_i}(\bar{X}_{i \cdot} - \mu_i) \xrightarrow{\mathcal{L}} \frac{\sigma_i}{\sqrt{\lambda_i}} Z_i \sim N\left(0, \frac{\sigma_i^2}{\lambda_i}\right)$$

である. 大数の法則より, $\tilde{\sigma}_i^2 \xrightarrow{P} \sigma_i^2$ が成り立つ. ここで, スラツキーの定理より,

$$T^G_{i'i}(\boldsymbol{\mu}) = \frac{\sqrt{n}(\bar{X}_{i' \cdot} - \mu_{i'}) - \sqrt{n}(\bar{X}_{i \cdot} - \mu_i)}{\sqrt{\frac{n}{n_i}\tilde{\sigma}_i^2 + \frac{n}{n_{i'}}\tilde{\sigma}_{i'}^2}} \xrightarrow{\mathcal{L}} \frac{\frac{\sigma_{i'}}{\sqrt{\lambda_{i'}}} Z_{i'} - \frac{\sigma_i}{\sqrt{\lambda_i}} Z_i}{\sqrt{\frac{\sigma_i^2}{\lambda_i} + \frac{\sigma_{i'}^2}{\lambda_{i'}}}} \sim N(0,1)$$

を得る．ゆえに補題の主張

$$\max_{1\leqq i<i'\leqq k}\left|T_{i'i}^{G}(\boldsymbol{\mu})\right| \xrightarrow{\mathcal{L}} \max_{1\leqq i<i'\leqq k} \frac{\left|\frac{\sigma_{i'}}{\sqrt{\lambda_{i'}}}Z_{i'} - \frac{\sigma_i}{\sqrt{\lambda_i}}Z_i\right|}{\sqrt{\frac{\sigma_i^2}{\lambda_i} + \frac{\sigma_{i'}^2}{\lambda_{i'}}}}$$

$$\iff \max_{1\leqq i<i'\leqq k}\left|T_{i'i}^{G}(\boldsymbol{\mu})\right| \xrightarrow{\mathcal{L}} \max_{1\leqq i<i'\leqq k} \frac{|Y_{i'} - Y_i|}{\sqrt{\frac{\sigma_i^2}{\lambda_i} + \frac{\sigma_{i'}^2}{\lambda_{i'}}}} \qquad (2.60)$$

が示される． □

補題 2.7 の条件 $X_{ij} \sim N(\mu_i, \sigma_i^2)$ の替わりに，$F(x)$ を連続型の分布の分布関数とし，一般的な

(条件 2.2) $P(X_{ij} \leqq x) = F\left(\dfrac{x - \mu_i}{\sigma_i}\right)$, $\displaystyle\int_{-\infty}^{\infty} x dF(x) dx = 0$,
$\displaystyle\int_{-\infty}^{\infty} x^2 dF(x) dx = 1$

に変えても補題 2.7 は成り立つ．すなわち，連続型の分布ならば正規分布でなくても補題 2.7 は成り立つ．

補題 2.7 から次の命題 2.8 を得る．

【命題 2.8】 補題 2.7 の条件の下で，

$$A(t) \leqq \lim_{n\to\infty} P\left(\max_{1\leqq i<i'\leqq k} |T_{i'i}^{G}(\boldsymbol{\mu})| \leqq t\right) \leqq A^*(t)$$

が成り立つ．ただし，$A(t)$ は (2.9) で与えられ，

$$A^*(t) \equiv \int_{-\infty}^{\infty} \sum_{i'=1}^{k} \prod_{\substack{i=1 \\ i \neq i'}}^{k} \left\{ \Phi\left(\sqrt{\frac{\lambda_i \sigma_{i'}^2}{\lambda_{i'} \sigma_i^2}} \cdot x\right) \right. $$
$$\left. - \Phi\left(\sqrt{\frac{\lambda_i \sigma_{i'}^2}{\lambda_{i'} \sigma_i^2}} \cdot x - \sqrt{\frac{\lambda_i \sigma_{i'}^2 + \lambda_{i'} \sigma_i^2}{\lambda_{i'} \sigma_i^2}} \cdot t\right) \right\} d\Phi(x)$$

とする．$\sigma_1^2/\lambda_1 = \cdots = \sigma_k^2/\lambda_k$ が満たされるとき，上の不等式で等号が成り立つ．

証明 任意の $t \geqq 0$ に対して,

$$\lim_{n \to \infty} P\left(\max_{1 \leqq i < i' \leqq k} |T^G_{i'i}(\boldsymbol{\mu})| \leqq t\right) = P\left(\max_{1 \leqq i < i' \leqq k} \frac{|Y_i - Y_{i'}|}{\sqrt{\frac{\sigma_i^2}{\lambda_i} + \frac{\sigma_{i'}^2}{\lambda_{i'}}}} \leqq t\right)$$

が補題 2.7 より成り立つ. ただし, $Y_i \sim N(0, \sigma_i^2/\lambda_i)$ とする.
σ_i^2 を σ_i^2/λ_i として,(著1)の付録の定理 A.5 を適用すると,

$$A(t) \leqq \lim_{n \to \infty} P\left(\max_{1 \leqq i < i' \leqq k} |T^G_{i'i}(\boldsymbol{\mu})| \leqq t\right) \leqq A^*(t)$$

が導かれる. □

$n_1, \ldots, n_k$ が大きいとき命題 2.8 より,次のシングルステップの漸近的多重比較法を得る.

[2.7] ゲイムス・ハウエルの漸近的多重比較法

$\{$帰無仮説 $H_{(i,i')}$ vs. 対立仮説 $H^A_{(i,i')} | 1 \leqq i < i' \leqq k\}$ に対する水準 α の多重比較検定は,次で与えられる.

(i) $|T^G_{i'i}| \geqq a(k; \alpha)$ となる i, i' に対して帰無仮説 $H_{(i,i')}$ を棄却し,対立仮説 $H^A_{(i,i')}$ を受け入れ,$\mu_i \neq \mu_{i'}$ と判定する.

(ii) $|T^G_{i'i}| < a(k; \alpha)$ となる i, i' に対して帰無仮説 $H_{(i,i')}$ を棄却しない.

ただし,$a(k; \alpha)$ は (2.17) で定義されている. ■

$\mu_{i'} - \mu_i$ $(1 \leqq i < i' \leqq k)$ についての信頼係数 $1-\alpha$ の漸近的な同時信頼区間は,

$$\bar{X}_{i'\cdot} - \bar{X}_{i\cdot} - a(k; \alpha) \cdot \sqrt{\frac{\tilde{\sigma}_i^2}{n_i} + \frac{\tilde{\sigma}_{i'}^2}{n_{i'}}} < \mu_{i'} - \mu_i$$
$$< \bar{X}_{i'\cdot} - \bar{X}_{i\cdot} + a(k; \alpha) \cdot \sqrt{\frac{\tilde{\sigma}_i^2}{n_i} + \frac{\tilde{\sigma}_{i'}^2}{n_{i'}}} \quad (1 \leqq i < i' \leqq k)$$

で与えられる.

この同時信頼区間と次は同値である.

$\mu_i - \mu_{i'}$ $(1 \leqq i < i' \leqq k)$ についての信頼係数 $1-\alpha$ の漸近的な同時信頼区間は,

$$\bar{X}_{i\cdot} - \bar{X}_{i'\cdot} - a(k;\alpha) \cdot \sqrt{\frac{\tilde{\sigma}_i^2}{n_i} + \frac{\tilde{\sigma}_{i'}^2}{n_{i'}}} < \mu_i - \mu_{i'}$$

$$< \bar{X}_{i\cdot} - \bar{X}_{i'\cdot} + a(k;\alpha) \cdot \sqrt{\frac{\tilde{\sigma}_i^2}{n_i} + \frac{\tilde{\sigma}_{i'}^2}{n_{i'}}} \quad (1 \leqq i < i' \leqq k)$$

で与えられる.

[2.8] 検出力の高い漸近的な閉検定手順

$T^G(I_j) \equiv \max\limits_{i<i', i,i' \in I_j} |T^G_{i'i}|$ とする.

(a) $J \geqq 2$ のとき,式 (2.24) で $\alpha(M, \ell)$ を定義する.$1 \leqq j \leqq J$ となる整数 j と $i, i' \in I_j$ となる $i < i'$ が存在して $a(\ell_j; \alpha(M, \ell_j)) \leqq T^G(I_j)$ ならば帰無仮説 $\bigwedge\limits_{v \in V} H_v$ を棄却する.

(b) $J = 1$ $(M = \ell_1)$ のとき,$i, i' \in I_1$ となる $i < i'$ が存在して $a(M; \alpha) \leqq T^G(I_1)$ ならば帰無仮説 $\bigwedge\limits_{v \in V} H_v$ を棄却する.

ただし,$a(\ell_j; \alpha(M, \ell_j))$ は付表 4, 5 で与えられている.

(a), (b) の方法で,$(i, i') \in V \subset \mathcal{U}_T$ を満たす任意の V に対して,$\bigwedge\limits_{v \in V} H_v$ が棄却されるとき,$\left\{ 帰無仮説\ H_{(i,i')}\ \text{vs.}\ 対立仮説\ H^A_{(i,i')} \,\middle|\, 1 \leqq i < i' \leqq k \right\}$ に対する漸近的な多重比較検定として,$H_{(i,i')}$ を棄却する. ∎

【定理 2.9】 (2.59) の条件 2.1 の下で,[2.8] の閉検定手順は水準 α の漸近的な多重比較検定である.

証明 (a) の検定の漸近的な有意水準が α であることを示せばよい. $T^G(I_1), \ldots, T^G(I_J)$ は互いに独立より,

$$\lim_{n\to\infty} P_0\left(T^G(I_j) < a(\ell_j; \alpha(M, \ell_j)), j = 1, \ldots, J\right)$$
$$= \prod_{j=1}^{J}\left\{\lim_{n\to\infty} P_0(T^G(I_j) < a(\ell_j; \alpha(M, \ell_j)))\right\} \quad (2.61)$$

が成り立つ．

命題 2.8 より

$$(2.61) \geqq \prod_{j=1}^{J} A(a(\ell_j; \alpha(M, \ell_j))|\ell_j)$$
$$= \prod_{j=1}^{J}(1 - \alpha(M, \ell_j)) = \prod_{j=1}^{J}\left\{(1-\alpha)^{\frac{\ell_j}{M}}\right\} = 1 - \alpha \quad (2.62)$$

を得る．

式 (2.62) より

$$\lim_{n\to\infty} P_0\left(\text{ある } j \text{ が存在して } T^G(I_j) \geqq a(\ell_j; \alpha(M, \ell_j))\right)$$
$$= 1 - \lim_{n\to\infty} P_0\left(T^G(I_j) < a(\ell_j; \alpha(M, \ell_j)), j = 1, \ldots, J\right) \leqq \alpha$$

が示される．ここで，(a) の検定は，漸近的に有意水準 α である． □

$k = 4$ とした場合を考える．表 2.1 により，次の (d-1) から (d-5) すべてが成立するならば，[2.8] の漸近的な閉検定手順により水準 α の多重比較検定として，帰無仮説 $H_{(1,2)}$ が棄却される．

(d-1) $T^G(\{1,2,3,4\}) = \max\limits_{1 \leqq i < i' \leqq 4} |T^G_{i'i}| \geqq a(4; \alpha)$

(d-2) $T^G(\{1,2\}) = |T^G_{21}| \geqq a(2; \alpha(4,2))$
または $T^G(\{3,4\}) = |T^G_{43}| \geqq a(2; \alpha(4,2))$

(d-3) $T^G(\{1,2,3\}) = \max\limits_{1 \leqq i < i' \leqq 3} |T^G_{i'i}| \geqq a(3; \alpha)$

(d-4) $T^G(\{1,2,4\}) = \max\{|T^G_{21}|, |T^G_{41}|, |T^G_{42}|\} \geqq a(3; \alpha)$

(d-5) $T^G(\{1,2\}) = |T^G_{21}| \geqq a(2; \alpha)$

2.2.6 データ解析例

$k = 4, n_1 = n_2 = n_3 = n_4 = 30$ とした等しい標本サイズ 30 の 4 群モデルの表 2.6 のデータを使って，2.2 節で紹介した手法を用いて解析してみる．表 2.6 のデータは正規乱数から生成した．標本平均と標本平均がそれぞれ

$$\bar{X}_{1\cdot} = 5.0, \ \tilde{\sigma}_1^2 = 1.0, \ \bar{X}_{2\cdot} = 5.9, \ \tilde{\sigma}_2^2 = 2.5,$$

$$\bar{X}_{3\cdot} = 7.0, \ \tilde{\sigma}_3^2 = 6.0, \ \bar{X}_{4\cdot} = 8.8, \ \tilde{\sigma}_4^2 = 10.0$$

となるように観測値を調整している．

水準 0.05 の [2.5] のゲイムス・ハウエルの多重比較検定を用いると，$|T_{i'i}^G| >$

表 **2.6** 分散が不揃いの正規母集団からのデータ

群	サイズ	観測値						$\bar{X}_{i\cdot}, \tilde{\sigma}_i^2$
第 1 群	30	5.14	4.57	6.06	3.51	6.39	5.89	
		5.77	5.61	6.71	5.35	5.63	4.47	
		4.82	4.45	4.23	5.86	3.57	5.16	$\bar{X}_{1\cdot} = 5.0$
		4.95	3.61	3.61	4.32	6.33	4.93	$\tilde{\sigma}_1^2 = 1.0$
		4.52	2.49	5.21	6.18	5.27	5.39	
第 2 群	30	4.42	7.41	3.82	6.16	5.69	4.06	
		5.44	9.17	7.58	4.83	6.81	8.91	
		6.34	6.16	8.78	6.65	6.01	3.49	$\bar{X}_{2\cdot} = 5.9$
		3.41	6.66	5.21	5.36	6.10	5.33	$\tilde{\sigma}_2^2 = 2.5$
		7.74	5.47	3.58	4.05	6.33	6.05	
第 3 群	30	8.32	8.02	4.31	11.37	7.50	5.55	
		6.83	5.82	6.05	1.62	6.36	8.06	
		8.56	4.77	10.93	5.84	10.13	8.14	$\bar{X}_{3\cdot} = 7.0$
		8.42	8.30	3.65	4.64	6.00	9.71	$\tilde{\sigma}_3^2 = 6.0$
		2.43	7.92	7.34	7.90	4.44	11.04	
第 4 群	30	10.53	8.56	4.52	9.97	10.60	10.59	
		8.28	3.41	14.34	4.63	10.59	12.64	
		9.63	3.40	5.26	5.08	15.20	7.81	$\bar{X}_{4\cdot} = 8.8$
		10.52	5.87	4.43	12.45	10.10	7.96	$\tilde{\sigma}_4^2 = 10.0$
		10.55	10.42	7.70	7.50	12.29	9.18	

$ta(4, \widehat{m}_{i'i}; 0.05)$ を満たす $i < i'$ に対して $H_{(i,i')}$ が棄却される．自由度の推定値は

$$\widehat{m}_{21} = 49, \ \widehat{m}_{31} = 38, \ \widehat{m}_{41} = 35, \ \widehat{m}_{32} = 50, \ \widehat{m}_{42} = 43, \ \widehat{m}_{43} = 55$$

となる．

$ta(4, \widehat{m}_{i'i}; 0.05)$ の値は，付録 A.1.1.1 の表 A.4 の C 関数 taFun を使用することによって得られる．表 2.6 のデータからウェルチの t 検定統計量の値と $ta(4, \widehat{m}_{i'i}; 0.05)$ の値の関係は，

$$|T^G_{21}| = 2.637 < 2.659 = ta(4, 49; 0.05),$$
$$|T^G_{31}| = 4.139 > 2.686 = ta(4, 38; 0.05),$$
$$|T^G_{41}| = 6.276 > 2.697 = ta(4, 35; 0.05),$$
$$|T^G_{32}| = 2.064 < 2.658 = ta(4, 50; 0.05),$$
$$|T^G_{42}| = 4.492 > 2.672 = ta(4, 43; 0.05),$$
$$|T^G_{43}| = 2.467 < 2.649 = ta(4, 55; 0.05)$$

となり，帰無仮説

$$H_{(1,3)}, \ H_{(1,4)}, \ H_{(2,4)} \tag{2.63}$$

が棄却され，他の帰無仮説は棄却されない．

[2.3] の閉検定手順を用い，水準 0.05 の多重比較検定を行う．(2.25) より，水準 0.05 のゲイムス・ハウエルの多重比較検定で棄却された (2.63) の帰無仮説は棄却される．他の帰無仮説については以下のとおりである．2.2.4 項の最後に述べた (c-1) から (c-5) は

(c-1) $|T^G_{31}| = 4.139 > 2.686 = ta(4, 38; 0.05)$

(c-2) $|T^G_{21}| = 2.637 > 2.307 = ta(2, 49; \alpha(4, 2))$

(c-3) $|T^G_{31}| = 4.139 > 2.439 = ta(3, 38; 0.05)$

(c-4) $|T^G_{21}| = 2.637 > 2.417 = ta(3, 49; 0.05)$

(c-5) $|T^G_{21}| = 2.637 > 2.010 = ta(2, 49; 0.05)$

となるので,帰無仮説 $H_{(1,2)}$ は棄却される.同様に $H_{(2,3)}$ と $H_{(3,4)}$ も棄却される.すなわち,[2.3] の閉検定手順を用い,水準 0.05 の多重比較検定を行うとすべての帰無仮説が棄却される.

[2.5] のゲイムス・ハウエルの同時信頼区間を用いると,$\{\mu_{i'} - \mu_i \mid 1 \leqq i < i' \leqq 4\}$ に対する信頼係数 95% の同時信頼区間は

$$-0.01 < \mu_2 - \mu_1 < 1.80, \quad 0.70 < \mu_3 - \mu_1 < 3.30,$$
$$2.17 < \mu_4 - \mu_1 < 5.43, \quad -0.32 < \mu_3 - \mu_2 < 2.51,$$
$$1.18 < \mu_4 - \mu_2 < 4.62, \quad -0.13 < \mu_4 - \mu_3 < 3.74$$

となる.

水準 0.05 の [2.7] の漸近的なゲイムス・ハウエルの多重比較検定を用いると,$|T_{i'i}^G| > a(4; 0.05)$ を満たす $i < i'$ に対して $H_{(i,i')}$ が棄却される.付表 3 より $a(4, 0.05) = 2.569$ を得る.ここで,帰無仮説

$$H_{(1,2)}, \ H_{(1,3)}, \ H_{(1,4)}, \ H_{(2,4)} \tag{2.64}$$

が棄却され,2 つの帰無仮説 $H_{(2,3)}$, $H_{(3,4)}$ は棄却されない.

[2.8] の漸近的な閉検定手順を用い,水準 0.05 の多重比較検定を行う.(2.25) より,水準 0.05 のゲイムス・ハウエルの多重比較検定で棄却された (2.64) の帰無仮説は棄却される.他の帰無仮説 $H_{(2,3)}$ と $H_{(3,4)}$ も棄却される.すなわち,[2.8] の閉検定手順を用い,水準 0.05 の多重比較検定を行うとすべての帰無仮説が棄却される.

[2.7] のゲイムス・ハウエルの漸近的な同時信頼区間を用いると,$\{\mu_{i'} - \mu_i \mid 1 \leqq i < i' \leqq 4\}$ に対する信頼係数 95% の同時信頼区間は

$$0.02 < \mu_2 - \mu_1 < 1.78, \quad 0.76 < \mu_3 - \mu_1 < 3.24,$$
$$2.24 < \mu_4 - \mu_1 < 5.36, \quad -0.27 < \mu_3 - \mu_2 < 2.47,$$
$$1.24 < \mu_4 - \mu_2 < 4.56, \quad -0.07 < \mu_4 - \mu_3 < 3.68$$

となる.

2.3 ノンパラメトリック法

(1.17) の設定で表 1.4 のモデルを考える．X_{ij} は互いに独立であるとする．$j = 1, \ldots, n_i$, $i = 1, \ldots, k$ に対して

$$P(X_{ij} \leqq x) = F(x - \mu_i), \quad E(X_{ij}) = \mu_i$$

である．分布関数 $F(x)$ は未知でもかまわないとする．正確な方法は (著 1) に書かれているので，漸近的な方法を論述する．

2.3.1 スティール・ドゥワス (Steel-Dwass) の順位検定法

2 群間の標本観測値の中で順位をつける順位検定が，スティール・ドゥワスによって提案されている．$n_i + n_{i'}$ 個の観測値 $X_{i1}, \ldots, X_{in_i}, X_{i'1}, \ldots, X_{i'n_{i'}}$ を小さい方から並べたときの $X_{i'\ell}$ の順位を，$R_{i'\ell}^{(i',i)}$ とする．$N_{i'i} \equiv n_{i'} + n_i$ とおき，

$$\widehat{T}_{i'i} \equiv \sum_{\ell=1}^{n_{i'}} R_{i'\ell}^{(i',i)} - \frac{n_{i'}(N_{i'i} + 1)}{2}$$

とおく．このとき，(著 2) の定理 6.3 より，(1.3) の H_0 の下での $\widehat{T}_{i'i}$ の平均と分散は

$$E_0(\widehat{T}_{i'i}) = 0, \quad V_0(\widehat{T}_{i'i}) = \frac{n_i n_{i'}(N_{i'i} + 1)}{12}$$

で与えられる．ここで，

$$\widehat{Z}_{i'i} \equiv \frac{\widehat{T}_{i'i}}{\sigma_{i'in}}, \quad \sigma_{i'in} \equiv \sqrt{\frac{n_i n_{i'}(N_{i'i} + 1)}{12}} \tag{2.65}$$

とおく．

【定理 2.10】 (2.59) の条件 2.1 を満たすと仮定するならば，$t \geqq 0$ に対して，

$$A(t) \leqq \lim_{n \to \infty} P_0 \left(\max_{1 \leqq i < i' \leqq k} |\widehat{Z}_{i'i}| \leqq t \right) \leqq A^*(t) \tag{2.66}$$

が成り立ち，

$$\lambda_i = \frac{1}{k} \quad (1 \leqq i \leqq k) \quad \text{すなわち } n_1 = \cdots = n_k$$

のとき，式 (2.66) の等号が成り立つ．ただし，$P_0(\cdot)$ は (1.3) の H_0 の下での確率測度，$A(t)$ は (2.9) で定義したものとし，

$$A^*(t)$$
$$\equiv \int_{-\infty}^{\infty} \sum_{j=1}^{k} \prod_{\substack{i=1 \\ i \neq j}}^{k} \left\{ \Phi\left(\sqrt{\frac{\lambda_i}{\lambda_j}} \cdot x\right) - \Phi\left(\sqrt{\frac{\lambda_i}{\lambda_j}} \cdot x - \sqrt{\frac{\lambda_i + \lambda_j}{\lambda_j}} \cdot t\right) \right\} d\Phi(x)$$
(2.67)

とする．

証明　(著 1) の定理 5.2 を参照．　□

$A(t)$ の上側 $100\alpha\%$ 点が，$a(k;\alpha)$ として (2.17) で定義されている．この $a(k;\alpha)$ を使用して，条件 2.1 を満たすと仮定する．

[2.9] スティール・ドゥワスの多重比較検定
$\left\{ \text{帰無仮説 } H_{(i,i')} \text{ vs. 対立仮説 } H_{(i,i')}^A \mid 1 \leqq i < i' \leqq k \right\}$ に対する水準 α の漸近的な多重比較検定は，次で与えられる．

$|\widehat{Z}_{i'i}| \geqq a(k;\alpha)$ となる i, i' に対して $H_{(i,i')}$ を棄却し，対立仮説 $H_{(i,i')}^A$ を受け入れ，$\mu_i \neq \mu_{i'}$ と判定する．　■

2.3.2　順位に基づく同時信頼区間

$\theta_{i'i} \equiv \mu_{i'} - \mu_i$ とおく．$X_{i1}, \ldots, X_{in_i}, X_{i'1} - \theta_{i'i}, \ldots, X_{i'n_{i'}} - \theta_{i'i}$ の中での $X_{i'\ell} - \theta_{i'i}$ の順位を $R_{i'\ell}^{(i',i)}(\theta_{i'i})$ とする．

$$\widehat{T}_{i'i}(\theta_{i'i}) \equiv \sum_{\ell=1}^{n_{i'}} R_{i'\ell}^{(i',i)}(\theta_{i'i}) - \frac{n_{i'}(N_{i'i}+1)}{2}$$

とおく．さらに，(2.65) に対応して

$$\widehat{Z}_{i'i}(\theta_{i'i}) \equiv \frac{\widehat{T}_{i'i}(\theta_{i'i})}{\sigma_{i'in}} \tag{2.68}$$

とおく．条件 2.1 を満たすと仮定するならば，$t \geqq 0$ に対して，

が成り立つ.

$$\lim_{n\to\infty} P\left(\max_{1\leq i<i'\leq k}|\widehat{Z}_{i'i}(\theta_{i'i})|\leq t\right) = \lim_{n\to\infty} P_0\left(\max_{1\leq i<i'\leq k}|\widehat{Z}_{i'i}|\leq t\right) \tag{2.69}$$

$n_i n_{i'}$ 個の $\{X_{i'\ell'} - X_{i\ell} \mid \ell' = 1,\ldots,n_{i'}, \ell = 1,\ldots,n_i\}$ の順序統計量を

$$\mathcal{D}^{(i',i)}_{(1)} \leq \mathcal{D}^{(i',i)}_{(2)} \leq \cdots \leq \mathcal{D}^{(i',i)}_{(n_{i'}n_i)}$$

とする.

【定理 2.11】 条件 2.1 の仮定の下に，信頼係数 $1-\alpha$ の漸近的な同時信頼区間は，次の2つの表現 (2.70), (2.71) のいずれも可能となる.

$$\mathcal{D}^{(i',i)}_{(\lceil a^*_{i'i}\rceil)} \leq \mu_{i'} - \mu_i < \mathcal{D}^{(i',i)}_{(\lfloor n_{i'}n_i - a^*_{i'i}\rfloor+1)} \quad (1\leq i < i' \leq k), \tag{2.70}$$

$$\mathcal{D}^{(i',i)}_{(\lfloor a^*_{i'i}\rfloor+1)} \leq \mu_{i'} - \mu_i < \mathcal{D}^{(i',i)}_{(n_{i'}n_i - \lfloor a^*_{i'i}\rfloor)} \quad (1\leq i < i' \leq k) \tag{2.71}$$

ただし,

$$a^*_{ii'} \equiv \frac{n_{i'}n_i}{2} - \sigma_{i'in} \cdot a(k;\alpha),$$

$\lceil b \rceil$ を b 以上の最小の整数，$\lfloor b \rfloor$ を b 以下の最大の整数とする. $[\cdot]$ をガウス記号とすると $b > 0$ に対して $\lceil b \rceil = -[-b]$, $\lfloor b \rfloor = [b]$ の関係が成り立つ. (著1) では, (2.70), (2.71) と同等の式が，ガウス記号を使って表現されている.

証明 (著1) の定理 5.5 を参照. □

2.3.3 ノンパラメトリック閉検定手順

$I \subset \{1,\ldots,k\}$ となる任意の I に対して,

$$\widehat{Z}(I) \equiv \max_{i<i',\ i,i'\in I} |\widehat{Z}_{i'i}|$$

とおき，水準 α の帰無仮説 $\bigwedge_{v\in V} H_v$ に対する検定方法を具体的にいくつか論述することができる. (2.59) の条件 2.1 が満たされていると仮定し，以下に漸近的手法を述べる.

[**2.10**] 検出力の高い順位に基づく閉検定手順 ①

I_j $(j=1,\ldots,J)$ を (2.20) で定義されたものとし，M, ℓ_j $(j=1,\ldots,J)$ を (2.22) で定義したものとする．(2.17) の表記の方法より，(2.9) の $A(t)$ に対応して，

$$A(t|\ell) \equiv \ell \int_{-\infty}^{\infty} \{\Phi(x) - \Phi(x - \sqrt{2}\cdot t)\}^{\ell-1} d\Phi(x)$$

とする．この $A(t|\ell)$ に対して，$A(t|\ell) = 1-\alpha$ を満たす t の解は，$a(\ell;\alpha)$ である．

(a) $J \geqq 2$ のとき，$\ell = \ell_1,\ldots,\ell_J$ に対して，$\alpha(M,\ell)$ を (2.24) で定義したものとする．$1 \leqq j \leqq J$ となるある整数 j が存在して $a(\ell_j;\alpha(M,\ell_j)) \leqq \widehat{Z}(I_j)$ ならば (2.20) の帰無仮説 $\bigwedge_{v \in V} H_v$ を棄却する．

(b) $J = 1$ $(M = \ell_1)$ のとき，$a(M;\alpha) \leqq \widehat{Z}(I_1)$ ならば帰無仮説 $\bigwedge_{v \in V} H_v$ を棄却する．

ただし，$a(\ell_j;\alpha(M,\ell_j))$ は付表 4, 5 で与えられている．

(a), (b) の方法で，$(i,i') \in V \subset \mathcal{U}_T$ を満たす任意の V に対して，$\bigwedge_{v \in V} H_v$ が棄却されるとき，$\left\{ \text{帰無仮説 } H_{(i,i')} \text{ vs. 対立仮説 } H_{(i,i')}^A \,\middle|\, 1 \leqq i < i' \leqq k \right\}$ に対する漸近的な多重比較検定として，$H_{(i,i')}$ を棄却する．■

【**定理 2.12**】 [2.10] の検定は，水準 α の漸近的な多重比較検定である．

証明 (著 1) の定理 5.7 を参照． □

定義から，$2 \leqq \ell < k$ となる ℓ に対し $a(\ell;\alpha) < a(k;\alpha)$ であることを数学的に示すことができる．付表 4, 5 から，$\ell < M \leqq k$ となる ℓ に対し，

$$a(\ell;\alpha(M,\ell)) < a(k;\alpha(k,k)) = a(k;\alpha) \tag{2.72}$$

が成り立つ．[2.10] の閉検定手順の構成法により，(2.72) の関係から次の (i) と (ii) を得る．

(i) [2.9] で与えられるスティール・ドゥワスの多重比較検定で棄却される $H_{(i,i')}$ は [2.10] の閉検定手順を使っても棄却される.

(ii) [2.10] の閉検定手順で棄却される $H_{(i,i')}$ は [2.9] のシングルステップ多重比較検定を使っても棄却されるとは限らない.

以上により, $\alpha = 0.05, 0.01, 3 \leqq k \leqq 10$ に対し, [2.10] の閉検定手順はスティール・ドゥワスの多重比較検定よりも一様に検出力が高い.

ここで次の補題 2.13 を得る.

【補題 2.13】 [2.10] の閉検定手順により水準 α の多重比較検定として $H_{(i,i')}$ が棄却される事象を $\widehat{A}_{(i,i')}$ $((i,i') \in \mathcal{U}_T)$ とし, M を (2.22) で定義したものとする. このとき, $4 \leqq M \leqq k$ となる任意の整数 M と $2 \leqq \ell \leqq M-2$ となる任意の整数 ℓ に対して

$$a(\ell; \alpha(M,\ell)) < a(k;\alpha) \tag{2.73}$$

が満たされているならば, 2 つの式

$$\bigcup_{(i,i') \in \mathcal{U}_T} \widehat{A}_{(i,i')} = \left\{ \max_{1 \leqq i < i' \leqq k} |\widehat{Z}_{i'i}| \geqq a(k;\alpha) \right\}, \tag{2.74}$$

$$\widehat{A}_{(i,i')} \supset \left\{ |\widehat{Z}_{i'i}| \geqq a(k;\alpha) \right\} \quad ((i,i') \in \mathcal{U}_T) \tag{2.75}$$

が成立する.

証明 補題 2.4 の証明と同様に示すことができる. □

$k=3$ のとき, (2.74) と (2.75) が成り立つことを容易に示すことができる. 補題 2.13 より, 次の興味深い定理を得る.

【定理 2.14】 補題 2.13 の仮定が満たされるとする. このとき, 2 つの式

$$P\left(\bigcup_{(i,i') \in \mathcal{U}_T} \widehat{A}_{(i,i')} \right) = P\left(\max_{1 \leqq i < i' \leqq k} |\widehat{Z}_{i'i}| \geqq a(k;\alpha) \right), \tag{2.76}$$

$$P\left(\widehat{A}_{(i,i')} \right) \geqq P\left(|\widehat{Z}_{i'i}| \geqq a(k;\alpha) \right) \quad ((i,i') \in \mathcal{U}_T) \tag{2.77}$$

が成立する. □

式 (2.76) の左辺は, [2.10] の閉検定手順により水準 α の多重比較検定として $\mathcal{H}_T$ の帰無仮説のうち 1 つ以上を棄却する確率である. 式 (2.76) の右辺は, [2.9] のスティール・ドゥワスの水準 α の多重比較検定により $\mathcal{H}_T$ の帰無仮説のうち 1 つ以上を棄却する確率である. 式 (2.76) は, これらの確率が等しいことを意味している. [2.10] の閉検定手順により水準 α の多重比較検定として帰無仮説 $H_{(i,i')}$ を棄却する確率が [2.9] のスティール・ドゥワスの水準 α の多重比較検定により帰無仮説 $H_{(i,i')}$ を棄却する確率より高いもしくは等しいことを式 (2.77) は意味している. さらに, 任意の $\boldsymbol{\mu}$ の確率測度に対して式 (2.76) と式 (2.77) が成り立っている. $\bar{B}_{(i,i')} \equiv \left\{ |\widehat{Z}_{i'i}| \geq a(k;\alpha) \right\}$ とおくと, ある $\boldsymbol{x}_0$ が存在して

$$\boldsymbol{x}_0 \in \widehat{A}_{(i,i')} \cap \bar{B}^c_{(i,i')} \tag{2.78}$$

が成り立つならば, $\widehat{Z}_{i'i}$ が離散型確率変数であるので, 式 (2.77) の記号 $\geq$ を $>$ に置き換えた

$$P\left(\widehat{A}_{(i,i')}\right) > P\left(|\widehat{Z}_{i'i}| \geq a(k;\alpha)\right) \quad ((i,i') \in \mathcal{U}_T)$$

が成り立つ. (2.78) を満たす $\boldsymbol{x}_0$ の存在性は, $\boldsymbol{X}$ を生成する乱数によるシミュレーションからも見つかる. $k = 4, 5$, $\alpha = 0.05, 0.01$ とした場合, 調べた限り (2.78) を満たす $\boldsymbol{x}_0$ の存在を確認できた.

[2.10] の閉検定手順から導かれる $\boldsymbol{\mu} \equiv (\mu_1, \ldots, \mu_k)$ に対する信頼係数 $1-\alpha$ の信頼領域を考える. 補題 2.13 の仮定が満たされているものとする. $\boldsymbol{X} \equiv (X_{11}, \ldots, X_{1n_1}, \ldots, X_{k1}, \ldots, X_{kn_k})$ とする. 任意の $(i,i') \in \mathcal{U}_T$ に対して, $\widehat{A}_{(i,i')} = \left\{ \boldsymbol{X} \in \widehat{A}^*_{(i,i')} \right\}$ となる集合 $\widehat{A}^*_{(i,i')}$ が存在する. (2.74) より

$$\bigcup_{(i,i') \in \mathcal{U}_T} \left\{ \boldsymbol{X} \in \widehat{A}^*_{(i,i')} \right\} = \left\{ \max_{1 \leq i < i' \leq k} |\widehat{Z}_{i'i}| \geq a(k;\alpha) \right\} \tag{2.79}$$

であることがわかる. $\boldsymbol{\mu} \otimes \mathbf{1}_n \equiv (\mu_1 \mathbf{1}_{n_1}, \ldots, \mu_k \mathbf{1}_{n_k})$ とし, $\mathbf{1}_{n_i}$ は各成分が 1 の n_i 次元行ベクトルとする. $\widehat{Z}_{i'i}(\theta_{i'i})$ を (2.68) によって定義する. このとき, $\widehat{Z}_{i'i}(\theta_{i'i})$ の性質と [2.10] の閉検定手順の方式により, (2.79) で $\boldsymbol{X}$ を $\boldsymbol{X} - \boldsymbol{\mu} \otimes \mathbf{1}_n$ に替えた

$$\bigcup_{(i,i')\in\mathcal{U}_T}\left\{\boldsymbol{X}-\boldsymbol{\mu}\otimes\boldsymbol{1}_n\in\widehat{A}^*_{(i,i')}\right\}=\left\{\max_{1\leqq i<i'\leqq k}|\widehat{Z}_{i'i}(\theta_{i'i})|\geqq a(k;\alpha)\right\} \quad (2.80)$$

が成立する．H_0 の下での確率測度を $P_0(\cdot)$，$\boldsymbol{\mu}$ が真のときの確率測度を $P_{\boldsymbol{\mu}}(\cdot)$ とする．このとき，(2.80) と (2.76) により

$$P_{\boldsymbol{\mu}}\left(\bigcap_{(i,i')\in\mathcal{U}_T}\left\{\boldsymbol{X}-\boldsymbol{\mu}\otimes\boldsymbol{1}_n\in\left(\widehat{A}^*_{(i,i')}\right)^c\right\}\right)$$
$$=P_{\boldsymbol{\mu}}\left(\max_{1\leqq i<i'\leqq k}|\widehat{Z}_{i'i}(\theta_{i'i})|<a(k;\alpha)\right)=P_0\left(\max_{1\leqq i<i'\leqq k}|\widehat{Z}_{i'i}|<a(k;\alpha)\right)$$

を得る．これにより，

$$\lim_{n\to\infty}P_{\boldsymbol{\mu}}\left(\bigcap_{(i,i')\in\mathcal{U}_T}\left\{\boldsymbol{X}-\boldsymbol{\mu}\otimes\boldsymbol{1}_n\in\left(\widehat{A}^*_{(i,i')}\right)^c\right\}\right)=1-\alpha \quad (2.81)$$

である．ここで，(2.80), (2.81) を使うと，[2.10] の閉検定手順から導かれる $\boldsymbol{\mu}$ に対する信頼係数 $1-\alpha$ の漸近的な信頼領域は

$$\bigcap_{(i,i')\in\mathcal{U}_T}\left\{\boldsymbol{\mu}\;\middle|\;\boldsymbol{X}-\boldsymbol{\mu}\otimes\boldsymbol{1}_n\in\left(\widehat{A}^*_{(i,i')}\right)^c\right\}$$
$$=\left\{\boldsymbol{\mu}\;\middle|\;\max_{1\leqq i<i'\leqq k}|T_{i'i}(\boldsymbol{\mu})|<a(k;\alpha)\right\} \quad (2.82)$$

となる．(2.82) の右辺は定理 2.11 で与えられた順位に基づく漸近的な同時信頼区間となり，[2.10] の閉検定手順から導かれる $\boldsymbol{\mu}$ に対する信頼係数 $1-\alpha$ の漸近的な信頼領域はシングルステップの定理 2.11 で与えられた順位に基づく漸近的な同時信頼区間と同値である．

I_j を (2.20) で定義されているものとする．$\{X_{ij'}\mid j'=1,\ldots,n_i,\;i\in I_j\}$ の中での $X_{ij'}$ の順位を $R_{ij'}(I_j)$ とする．[2.10] の閉検定手順において，$\widehat{Z}(I_j)$ のかわりに

$$\widehat{Z}_S(I_j)\equiv\frac{12}{n(I_j)\{n(I_j)+1\}}\sum_{i\in I_j}n_i\left(\bar{R}_{i\cdot}(I_j)-\frac{n(I_j)+1}{2}\right)^2$$

を使っても閉検定手順が行える．ただし，

$$n(I_j) \equiv \sum_{i \in I_j} n_i, \ \bar{R}_{i\cdot}(I_j) \equiv \frac{1}{n_i} \sum_{j'=1}^{n_i} R_{ij'}(I_j)$$

とする. 一様性の帰無仮説 H_0 の下で, $\widehat{Z}_S(I_j)$ は漸近的に自由度 ℓ_j-1 のカイ自乗分布に分布収束する. $\alpha(M, \ell_j)$ を (2.24) によって定義し, $\chi^2_{\ell_j-1}(\alpha(M, \ell_j))$ を自由度 ℓ_j-1 のカイ自乗分布の上側 $100\alpha(M, \ell_j)\%$ 点とする. このとき, 次の閉検定手順を得る.

[2.11] 検出力の高い順位に基づく閉検定手順 ②

(a) $J \geqq 2$ のとき, $1 \leqq j \leqq J$ となるある整数 j が存在して $\chi^2_{\ell_j-1}(\alpha(M, \ell_j)) \leqq \widehat{Z}_S(I_j)$ ならば (2.20) の帰無仮説 $\bigwedge_{v \in V} H_v$ を棄却する.

(b) $J = 1$ $(M = \ell_1)$ のとき, $\chi^2_{M-1}(\alpha) \leqq \widehat{Z}_S(I_1)$ ならば帰無仮説 $\bigwedge_{v \in V} H_v$ を棄却する.

(a), (b) の方法で, $(i, i') \in V \subset \mathcal{U}_T$ を満たす任意の V に対して, $\bigwedge_{v \in V} H_v$ が棄却されるとき, $\left\{ 帰無仮説\ H_{(i,i')}\ \text{vs.}\ 対立仮説\ H^A_{(i,i')} \mid 1 \leqq i < i' \leqq k \right\}$ に対する漸近的な多重比較検定として, $H_{(i,i')}$ を棄却する. ∎

このとき, 定理 2.12 と同様に, 「[2.11] のノンパラメトリック閉検定手順は水準 α の漸近的な多重比較検定である」ことが示される.

2.3.4 データ解析例

$k=4, n_1 = n_2 = n_3 = n_4 = 16$ とした等しい標本サイズ 16 の 4 群モデルの表 2.5 のデータを使って, ノンパラメトリック法を用いて解析してみる.

順位検定統計量の値は

$$\begin{aligned} &\widehat{Z}_{21} = 2.299, \quad \widehat{Z}_{31} = 3.769, \quad \widehat{Z}_{41} = 3.920, \\ &\widehat{Z}_{32} = 2.111, \quad \widehat{Z}_{42} = 2.940, \quad \widehat{Z}_{43} = 1.470 \end{aligned} \quad (2.83)$$

となる.

水準 $\alpha = 0.05$ のスティール・ドゥワスの多重比較検定を用いると,

$|\widehat{Z}_{i'i}| > a(4; 0.05)$ を満たす $i < i'$ に対して $H_{(i,i')}$ が棄却される．$a(4; 0.05)$ の値は，付表 3 に載せられている．その数表から，$a(4; 0.05) = 2.569$ である．以上により，テューキー・クレーマーの多重比較検定と同じ帰無仮説 (2.40) が棄却され，他の帰無仮説は棄却されない．

[2.10] の閉検定手順を用い，水準 $\alpha = 0.05$ の多重比較検定を行う．(2.25) より，水準 0.05 のスティール・ドゥワスの多重比較検定で棄却された (2.40) の帰無仮説は棄却される．他の帰無仮説については [2.3] の閉検定手順と同じ $H_{(1,2)}$ と $H_{(2,3)}$ が棄却され，$H_{(3,4)}$ だけが棄却されない．帰無仮説 $H_{(3,4)}$ が棄却されるノンパラメトリック閉検定手順を 5.3 節で紹介する．

2.3.2 項のノンパラメトリック同時信頼区間を用いると，$\{\mu_{i'} - \mu_i \mid 1 \leqq i < i' \leqq 4\}$ に対する信頼係数 95% の同時信頼区間は

$$-0.15 \leqq \mu_2 - \mu_1 < 1.92, \quad 0.66 \leqq \mu_3 - \mu_1 < 2.57,$$
$$1.08 \leqq \mu_4 - \mu_1 < 3.38, \quad -0.16 \leqq \mu_3 - \mu_2 < 1.62,$$
$$0.30 \leqq \mu_4 - \mu_2 < 2.51, \quad -0.31 \leqq \mu_4 - \mu_3 < 1.64$$

となる．これにより，(2.41) を得る．

以上により 2.1.4 節のパラメトリック多重比較法による解析結果と同じになった．サイズが不揃いの 5 群モデルにおけるデータ解析例を (著 1) の 9.2 節に載せている．

第3章

対照群の平均との相違に関する多重比較法

分散が共通の正規分布を仮定した多群モデルにおける対照群と処理群の平均の組の多重比較法は，ダネット (Dunnett, 1955) によって提案され，ダネット法とよばれている．第 1 群または第 k 群を対照群，その他の群は処理群と考え，どの処理群と対照群の間に差があるかを調べることである．5.5 節で紹介するウィリアムズの方法 (Williams, 1972) との整合性をとるため，便宜上，本書では，第 1 群を対照群，第 2 群から第 k 群は処理群とする．参考文献 (著 1) では，第 k 群を対照群，第 1 群から第 $k-1$ 群を処理群としたダネットの多重比較法を論じている．

ダネット法は，正規分布の下でのパラメトリック法であるが，このパラメトリック法に対応して，分布に依らない多重比較法として，スティールによって提案された 2 群間のウィルコクソンの順位和に基づく多重比較法 (Steel, 1959) を紹介する．

第 2 章と同様に閉検定手順を紹介する．群サイズが異なっていても，パラメトリックとノンパラメトリックの逐次棄却型検定法が閉検定手順になっていることを定理 3.6 に与える．この逐次棄却型検定法の検出力は，ダネットの方法やスティールの方法よりも一様に高いことを論述する．

3.1 正規分布モデルでのシングルステップ法

標本観測値が正規分布に従う場合のパラメトリック論から述べる．

3.1.1 モデルと考え方

$i = 1, \ldots, k, j = 1, \ldots, n_i$ に対して X_{ij} は正規分布 $N(\mu_i, \sigma^2)$ に従うとし，各確率変数 X_{ij} は互いに独立とする (1.1) および表 1.3 のモデルを考える．このモデルでは，第 1 群を対照群，その他の群を処理群と考え，どの処理群と対照群の間に差があるかを調べることである．

第 1 群の対照群と第 i 群の処理群を比較することを考える．1 つの比較のための検定は，

$$\text{帰無仮説 } H_i : \mu_i = \mu_1$$

に対して 3 種の対立仮説

 ① 両側対立仮説 $H_i^{A\pm} : \mu_i \neq \mu_1$

 ② 片側対立仮説 $H_i^{A+} : \mu_i > \mu_1$

 ③ 片側対立仮説 $H_i^{A-} : \mu_i < \mu_1$

となる．帰無仮説のファミリーを，

$$\mathcal{H}_D \equiv \{H_2, H_3, \ldots, H_k\} \tag{3.1}$$

とおく．定数 α $(0 < \alpha < 1)$ をはじめに決める．

$\boldsymbol{X} \equiv (X_{11}, \ldots, X_{1n_1}, \ldots, X_{k1}, \ldots, X_{kn_k})$ の実現値 $\boldsymbol{x}$ によって，任意の $H_i \in \mathcal{H}_D$ に対して H_i を棄却するかしないかを決める検定方式を $\phi_i(\boldsymbol{x})$ とする．

$\boldsymbol{\mu} \equiv (\mu_1, \ldots, \mu_k)$ とおく．$2 \leqq i \leqq k$ を満たすすべての i に対して，$\mu_i \neq \mu_1$ のときは，有意水準は関係しないので，

$$\Theta_D \equiv \{\boldsymbol{\mu} \mid 1 \text{ つ以上の帰無仮説 } H_i \text{ が真}\}$$
$$= \{\boldsymbol{\mu} \mid 2 \leqq i \leqq k \text{ を満たすある } i \text{ が存在して } \mu_i = \mu_1\} \tag{3.2}$$

とおき，$\boldsymbol{\mu} \in \Theta_D$ とする．このとき，正しい帰無仮説 H_i は 1 つ以上ある．また，確率は $\boldsymbol{\mu}$ に依存するので，確率測度を $P_{\boldsymbol{\mu}}(\cdot)$ で表す．

このとき，任意の $\boldsymbol{\mu} \in \Theta_D$ に対して

$$P_{\boldsymbol{\mu}}(\text{正しい帰無仮説のうち少なくとも 1 つが棄却される}) \leqq \alpha \quad (3.3)$$

を満たす検定方式 $\{\phi_i(\boldsymbol{x}) \mid 2 \leqq i \leqq k\}$ を，$\mathcal{H}_D$ に対する水準 α の多重比較検定法とよんでいる．(3.3) の左辺を，($\boldsymbol{\mu}$ を固定したときの) 第 1 種の過誤の確率またはタイプ I FWER (type I familywise error rate) とよぶ．また，(3.3) の右辺の α は全体としての有意水準である．すなわち，タイプ I FWER の上限が α 以下である必要がある．

$2 \leqq i \leqq k$ を満たすすべての i に対して，$\mu_i - \mu_1$ の区間推定に興味があるものとする．定数 α ($0 < \alpha < 1$) をはじめに決める．任意の i に対して I_i を区間とする．

$$P(2 \leqq i \leqq k \text{ を満たすすべての } i \text{ に対して } \mu_i - \mu_1 \in I_i) \geqq 1 - \alpha$$

となるならば，$\mu_i - \mu_1 \in I_i$ ($2 \leqq i \leqq k$) を，$\{\mu_i - \mu_1 \mid 2 \leqq i \leqq k\}$ に対する信頼係数 $1 - \alpha$ の同時信頼区間とよんでいる．

3.1.2 ダネット (Dunnett) の多重比較検定法

正規分布の下でのパラメトリック手法を紹介する．このとき，両側多重比較と片側多重比較を述べるために次の分布 $TB_1(t)$ と $TB_2(t)$ を紹介する．

$$TB_1(t) \equiv \int_0^\infty \left[\int_{-\infty}^\infty \prod_{i=2}^k \left\{ \Phi\left(\sqrt{\frac{\lambda_{ni}}{\lambda_{n1}}} \cdot x + \sqrt{\frac{\lambda_{ni} + \lambda_{n1}}{\lambda_{n1}}} \cdot ts \right) \right. \right.$$
$$\left. \left. - \Phi\left(\sqrt{\frac{\lambda_{ni}}{\lambda_{n1}}} \cdot x - \sqrt{\frac{\lambda_{ni} + \lambda_{n1}}{\lambda_{n1}}} \cdot ts \right) \right\} d\Phi(x) \right] g(s|m) ds, \quad (3.4)$$

$$TB_2(t) \equiv \int_0^\infty \left\{ \int_{-\infty}^\infty \prod_{i=2}^k \Phi\left(\sqrt{\frac{\lambda_{ni}}{\lambda_{n1}}} \cdot x + \sqrt{\frac{\lambda_{ni} + \lambda_{n1}}{\lambda_{n1}}} \cdot ts \right) \right.$$
$$\left. d\Phi(x) \right\} g(s|m) ds \quad (3.5)$$

ただし，λ_{ni}, $g(s|m)$ は，それぞれ，(2.7), (2.8) で定義したものとする[1]．

---

[1] 式 (3.4), (3.5) の中で，$\lambda_{ni}/\lambda_{n1} = n_i/n_1$, $(\lambda_{ni} + \lambda_{n1})/\lambda_{n1} = (n_i + n_1)/n_1$ の関係が成り立つ．λ_{ni}, λ_{n1} でそれらの式を表現している理由は，定理 3.3 のノンパラメ

α を与え，方程式 $TB_1(t) = 1 - \alpha$ を満たす t を，$tb_1(k, n_1, \ldots, n_k; \alpha)$, 方程式 $TB_2(t) = 1 - \alpha$ を満たす t を，$tb_2(k, n_1, \ldots, n_k; \alpha)$ とおく. $tb_1(k, n_1, \ldots, n_k; \alpha)$ の数表を付表 8, 9 に，$tb_2(k, n_1, \ldots, n_k; \alpha)$ の数表を付表 10, 11 に載せている.

3.1.1 項で述べた帰無仮説 H_i と対立仮説 H_i^{A*} の多重比較検定について述べる. (2.12) の $T_{i'i}$ に対して，

$$T_i \equiv T_{i1} \quad (i = 2, \ldots, k) \tag{3.6}$$

とおく. (1.3) の一様性の帰無仮説 H_0 の下での確率測度を $P_0(\cdot)$ とする.

このとき，定理 3.1 を得る.

【定理 3.1】 すべての $t > 0$ に対して，

$$P_0 \left(\max_{2 \leqq i \leqq k} |T_i| \leqq t \right) = TB_1(t), \tag{3.7}$$

$$P_0 \left(\max_{2 \leqq i \leqq k} T_i \leqq t \right) = TB_2(t) \tag{3.8}$$

が成り立つ.

証明 (著 1) の定理 6.1 を参照. □

[3.1] ダネットの多重比較検定

水準 α の多重比較検定は，次の (1) から (3) で与えられる.

(1) 両側検定：帰無仮説 H_i vs. 対立仮説 $H_i^{A\pm}$ $(i = 2, \ldots, k)$ のとき

$|T_i| \geqq tb_1(k, n_1, \ldots, n_k; \alpha)$ となる i に対して帰無仮説 H_i を棄却し，対立仮説 $H_i^{A\pm}$ を受け入れ，$\mu_i \neq \mu_1$ と判定する.

(2) 片側検定：帰無仮説 H_i vs. 対立仮説 H_i^{A+} $(i = 2, \ldots, k)$ （制約 $\mu_2, \ldots, \mu_k \geqq \mu_1$ がつけられるとき）

$T_i \geqq tb_2(k, n_1, \ldots, n_k; \alpha)$ となる i に対して帰無仮説 H_i を棄却し，対立仮説 H_i^{A+} を受け入れ，$\mu_i > \mu_1$ と判定する.

トリック法の漸近理論の式 (3.11), (3.12) と統一性をもたせるためである.

(3) 片側検定：帰無仮説 H_i vs. 対立仮説 H_i^{A-} $(i = 2, \ldots, k)$ （制約 $\mu_2, \ldots, \mu_k \leqq \mu_1$ がつけられるとき）

$-T_i \geqq tb_2(k, n_1, \ldots, n_k; \alpha)$ となる i に対して帰無仮説 H_i を棄却し，対立仮説 H_i^{A-} を受け入れ，$\mu_i < \mu_1$ と判定する． ∎

上記のダネットの多重比較検定の正当性は，2.1.2 項で述べたテューキー・クレーマーの多重比較検定の正当性と同様にして示せる．

3.1.3 同時信頼区間

定理 3.1 より，次の系を得る．

【系 3.2】 すべての $t > 0$ に対して，

$$P\left(\max_{2 \leqq i \leqq k} \frac{|\bar{X}_{i\cdot} - \bar{X}_{1\cdot} - (\mu_i - \mu_1)|}{\sqrt{V_E\left(\frac{1}{n_i} + \frac{1}{n_1}\right)}} \leqq t\right) = TB_1(t),$$

$$P\left(\max_{2 \leqq i \leqq k} \frac{\bar{X}_{i\cdot} - \bar{X}_{1\cdot} - (\mu_i - \mu_1)}{\sqrt{V_E\left(\frac{1}{n_i} + \frac{1}{n_1}\right)}} \leqq t\right) = TB_2(t)$$

が成り立つ．ただし，V_E は (2.11) で定義したものとする． □

系 3.2 より，つぎの同時信頼区間を得る．

[3.2] ダネットの同時信頼区間

$\mu_i - \mu_1$ $(i = 2, \ldots, k)$ についての信頼係数 $1 - \alpha$ の同時信頼区間は，次の (1) から (3) で与えられる．

(1) 両側信頼区間：

$$\bar{X}_{i\cdot} - \bar{X}_{1\cdot} - tb_1(k, n_1, \ldots, n_k; \alpha)\sqrt{V_E\left(\frac{1}{n_i} + \frac{1}{n_1}\right)}$$
$$< \mu_i - \mu_1 < \bar{X}_{i\cdot} - \bar{X}_{1\cdot} + tb_1(k, n_1, \ldots, n_k; \alpha)\sqrt{V_E\left(\frac{1}{n_i} + \frac{1}{n_1}\right)}$$
$$(i = 2, \ldots, k).$$

(2) 上側信頼区間 （制約 $\mu_2, \ldots, \mu_k \geqq \mu_1$ がつけられるとき）：

$$\bar{X}_{i\cdot} - \bar{X}_{1\cdot} - tb_2(k, n_1, \ldots, n_k; \alpha)\sqrt{V_E\left(\frac{1}{n_i} + \frac{1}{n_1}\right)} < \mu_i - \mu_1 < \infty$$

$$(i = 2, \ldots, k).$$

(3) 下側信頼区間 （制約 $\mu_2, \ldots, \mu_k \leqq \mu_1$ がつけられるとき）：

$$-\infty < \mu_i - \mu_1 < \bar{X}_{i\cdot} - \bar{X}_{1\cdot} + tb_2(k, n_1, \ldots, n_k; \alpha)\sqrt{V_E\left(\frac{1}{n_i} + \frac{1}{n_1}\right)}$$

$$(i = 2, \ldots, k). \blacksquare$$

3.2 シングルステップのノンパラメトリック法

（著1）で述べたクラスカル・ウォリスの順位検定の場合と同じように，すべての観測値の中で順位をつける検定は Dunn (1964) によって提案されているが，多重比較法になっていないことが Hsu (1996) などによって指摘されている．ここでは，2 群間の標本観測値の中で順位をつける手法を紹介する．

3.2.1 スティール (Steel) の順位に基づく多重比較検定法

$X_{i1}, \ldots, X_{in_i}, X_{11}, \ldots, X_{1n_1}$ を小さい方から並べたときの X_{ij} の順位を $R_{ij}^{(i,1)}$ とする．(2.65) の $\widehat{Z}_{i'i}$ に対して

$$\widehat{Z}_i \equiv \frac{1}{\sigma_{in}}\left\{\sum_{j=1}^{n_i} R_{ij}^{(i,1)} - \frac{n_i(N_i + 1)}{2}\right\} = \widehat{Z}_{i1}$$

とおく．ただし，

$$N_i \equiv n_i + n_1, \quad \sigma_{in} \equiv \sqrt{\frac{n_i n_1 (N_i + 1)}{12}}$$

とする．

【定理 3.3】 (2.59) の条件 2.1 を満たすと仮定するならば，$t > 0$ に対して，

$$\lim_{n \to \infty} P_0 \left(\max_{2 \leq i \leq k} |\widehat{Z}_i| \leq t \right) = B_1(t), \tag{3.9}$$

$$\lim_{n \to \infty} P_0 \left(\max_{2 \leq i \leq k} \widehat{Z}_i \leq t \right) = B_2(t) \tag{3.10}$$

が成り立つ．ただし，$P_0(\cdot)$ は H_0 の下での確率測度，

$$B_1(t) \equiv \int_{-\infty}^{\infty} \prod_{i=2}^{k} \left\{ \Phi \left(\sqrt{\frac{\lambda_i}{\lambda_1}} \cdot x + \sqrt{\frac{\lambda_i + \lambda_1}{\lambda_1}} \cdot t \right) \right.$$
$$\left. - \Phi \left(\sqrt{\frac{\lambda_i}{\lambda_1}} \cdot x - \sqrt{\frac{\lambda_i + \lambda_1}{\lambda_1}} \cdot t \right) \right\} d\Phi(x), \tag{3.11}$$

$$B_2(t) \equiv \int_{-\infty}^{\infty} \prod_{i=2}^{k} \Phi \left(\sqrt{\frac{\lambda_i}{\lambda_1}} \cdot x + \sqrt{\frac{\lambda_i + \lambda_1}{\lambda_1}} \cdot t \right) d\Phi(x) \tag{3.12}$$

とする．

証明 (著 1) の補題 6.1 を参照. □

定理 3.3 より，[3.3] のスティールの順位検定を得る．

[3.3] スティールの順位に基づく多重比較検定

α を与え，

$$B_1(t) = 1 - \alpha \text{ を満たす } t \text{ の解を } b_1(k, \lambda_1, \ldots, \lambda_k; \alpha), \tag{3.13}$$

$$B_2(t) = 1 - \alpha \text{ を満たす } t \text{ の解を } b_2(k, \lambda_1, \ldots, \lambda_k; \alpha) \tag{3.14}$$

とする．$b_1(k, \lambda_1, \ldots, \lambda_k; \alpha), b_2(k, \lambda_1, \ldots, \lambda_k; \alpha)$ の数表を，それぞれ，付表 12, 13 に載せている．このとき，平均母数の制約に応じて，水準 α の漸近的な多重比較検定は次の (1) から (3) で与えられる．

(1) 両側検定：帰無仮説 H_i vs. 対立仮説 $H_i^{A\pm}$ ($i = 2, \ldots, k$) のとき

$|\widehat{Z}_i| \geq b_1(k, \lambda_1, \ldots, \lambda_k; \alpha)$ となる i に対して H_i を棄却し，対立仮説 $H_i^{A\pm}$ を受け入れ，$\mu_i \neq \mu_1$ と判定する．

(2) 片側検定：帰無仮説 H_i vs. 対立仮説 H_i^{A+} $(i = 2, \ldots, k)$ （制約 $\mu_2, \ldots, \mu_k \geqq \mu_1$ がつけられるとき）

$\widehat{Z}_i \geqq b_2(k, \lambda_1, \ldots, \lambda_k; \alpha)$ となる i に対して H_i を棄却し，対立仮説 H_i^{A+} を受け入れ，$\mu_i > \mu_1$ と判定する．

(3) 片側検定：帰無仮説 H_i vs. 対立仮説 H_i^{A-} $(i = 2, \ldots, k)$ （制約 $\mu_2, \ldots, \mu_k \leqq \mu_1$ がつけられるとき）

$-\widehat{Z}_i \geqq b_2(k, \lambda_1, \ldots, \lambda_k; \alpha)$ となる i に対して H_i を棄却し，対立仮説 H_i^{A-} を受け入れ，$\mu_i < \mu_1$ と判定する． ∎

3.2.2 同時信頼区間

(著 1) の定理 6.4 と同様に次の同時信頼区間を得る．

[3.4] 順位に基づく同時信頼区間

$n_i n_1$ 個の $\{X_{ij} - X_{1j'} \mid j = 1, \ldots, n_i, j' = 1, \ldots, n_1\}$ の順序統計量を

$$\mathcal{D}_{(1)}^i \leqq \mathcal{D}_{(2)}^i \leqq \cdots \leqq \mathcal{D}_{(n_i n_1)}^i$$

とする．このとき，信頼係数 $1 - \alpha$ の漸近的な同時信頼区間は，次の (1) から (3) で与えられる．

(1) 両側信頼区間：

$$\mathcal{D}_{(\lceil a_i^* \rceil)}^i \leqq \mu_i - \mu_1 < \mathcal{D}_{(\lfloor n_i n_1 - a_i^* \rfloor + 1)}^i \quad (i = 2, \cdots, k)$$

ただし，

$$a_i^* \equiv \frac{n_i n_1}{2} - \sigma_{in} b_1(k, \lambda_1, \ldots, \lambda_k; \alpha) \tag{3.15}$$

とおく．

(2) 上側信頼区間 （制約 $\mu_2, \ldots, \mu_k \geqq \mu_1$ がつけられるとき）：

$$\mathcal{D}_{(\lceil b_i^* \rceil)}^i \leqq \mu_i - \mu_1 < +\infty \quad (i = 2, \cdots, k)$$

ただし，

$$b_i^* \equiv \frac{n_i n_1}{2} - \sigma_{in} b_2(k, \lambda_1, \ldots, \lambda_k; \alpha) \tag{3.16}$$

とおく．

(3) 下側信頼区間 （制約 $\mu_2, \ldots, \mu_k \leqq \mu_1$ がつけられるとき）：

$$-\infty < \mu_i - \mu_1 < \mathcal{D}^i_{(\lfloor n_i n_1 - b_i^* \rfloor + 1)} \quad (i = 2, \cdots, k). \quad \blacksquare$$

3.3 閉検定手順

5.5 節で述べるウィリアムズの方法 (Williams, 1972) との整合性をとるために，第 2 群以降の群サイズが等しい (1.15) の仮定を付加する．以後，第 2 群以降の群サイズを n_2 で表現することにする．群サイズが不揃いの場合は，(著 1) の 6.5 節のように議論すればよい．(3.1) の帰無仮説のファミリーは，$\mathcal{I}_D \equiv \{i \mid 2 \leqq i \leqq k\}$ に対して，

$$\mathcal{H}_D \equiv \{H_i \mid i \in \mathcal{I}_D\}$$

と表現できる．$\mathcal{H}_D$ の要素の仮説 H_i の論理積からなるすべての集合は

$$\overline{\mathcal{H}}_D \equiv \left\{ \bigwedge_{i \in E} H_i \;\middle|\; \varnothing \subsetneq E \subset \mathcal{I}_D \right\}$$

で表される．$E \subset \mathcal{I}_D$ に対して $\bigwedge_{i \in E} H_i$ は $k-1$ 個の母平均 $\mu_2, \ldots, \mu_k$ のうち $\#(E)$ 個が μ_1 に等しいという仮説となる．E に含まれる添え字をもつ母平均は μ_1 に等しいという帰無仮説を $H(E)$ で表すと，

$$\bigwedge_{i \in E} H_i = H(E) \tag{3.17}$$

が成り立つ．

閉検定手順は，特定の帰無仮説を $H_{i_0} \in \mathcal{H}_D$ としたとき，$i_0 \in E \subset \mathcal{I}_D$ を満たす任意の E に対して帰無仮説 $H(E)$ の検定が水準 α で棄却された場合に，H_{i_0} を棄却する方式である．

$$\ell \equiv \ell(E) \equiv \#(E), \quad E \equiv \{i_1, \ldots, i_\ell\} \quad (2 \leqq i_1 < \cdots < i_\ell) \tag{3.18}$$

84 第 3 章 対照群の平均との相違に関する多重比較法

とおき，正規母集団の下でのパラメトリック手順とノンパラメトリック手順を述べる．

3.3.1 正規分布モデルでのパラメトリック手順

$0 < \alpha < 1$ を与えたとき，$tb_1^*(\ell, m, n_2/n_1; \alpha)$ を

$$\int_0^\infty \left[\int_{-\infty}^\infty \left\{ \Phi\left(\sqrt{\frac{n_2}{n_1}} \cdot x + \sqrt{\frac{n_2}{n_1} + 1} \cdot ts\right) \right. \right.$$
$$\left. \left. - \Phi\left(\sqrt{\frac{n_2}{n_1}} \cdot x - \sqrt{\frac{n_2}{n_1} + 1} \cdot ts\right) \right\}^\ell d\Phi(x) \right] g(s|m) ds = 1 - \alpha$$

を満たす t の解とする．ただし，$g(s|m)$ は (2.8) で定義したもので，$m \equiv n - k = n_1 + (k-1)n_2 - k$ となる．さらに，$tb_2^*(\ell, m, n_2/n_1; \alpha)$ を

$$\int_0^\infty \left[\int_{-\infty}^\infty \left\{ \Phi\left(\sqrt{\frac{n_2}{n_1}} \cdot x + \sqrt{\frac{n_2}{n_1} + 1} \cdot ts\right) \right\}^\ell d\Phi(x) \right] g(s|m) ds = 1 - \alpha$$

を満たす t の解とする．ここで

$$tb_i^*(k-1, m, n_2/n_1; \alpha) = tb_i(k, n_1, n_2, \ldots, n_2; \alpha) \quad (i = 1, 2)$$

の関係が成り立つ．

このとき，(3.18) の E に対して，

$$P_0\left(\max_{i \in E} |T_i| \geqq tb_1^*(\ell, m, n_2/n_1; \alpha)\right) = \alpha,$$
$$P_0\left(\max_{i \in E} T_i \geqq tb_2^*(\ell, m, n_2/n_1; \alpha)\right) = \alpha$$

が成り立つ．

平均母数の制約に応じて，以下に帰無仮説 $H(E)$ に対する水準 α の検定方法を具体的に論述する．

(1) 両側検定：帰無仮説 H_i vs. 対立仮説 $H_i^{A\pm}$ $(i = 2, \ldots, k)$ に対する多重比較検定のとき

$\max_{i \in E} |T_i| \geqq tb_1^*(\ell, m, n_2/n_1; \alpha)$ ならば $H(E)$ を棄却する．

(2) 片側検定：帰無仮説 H_i vs. 対立仮説 H_i^{A+} $(i = 2, \ldots, k)$ （制約 $\mu_2, \ldots, \mu_k \geqq \mu_1$ がつけられるとき）

$\max_{i \in E} T_i \geqq tb_2^*(\ell, m, n_2/n_1; \alpha)$ ならば $H(E)$ を棄却する．

(3) 片側検定：帰無仮説 H_i vs. 対立仮説 H_i^{A-} $(i = 2, \ldots, k)$ （制約 $\mu_2, \ldots, \mu_k \leqq \mu_1$ がつけられるとき）

$\max_{i \in E} (-T_i) \geqq tb_2^*(\ell, m, n_2/n_1; \alpha)$ ならば $H(E)$ を棄却する．

3.3.2 ノンパラメトリック手順

(2.59) の条件 2.1 を仮定する．$0 < \alpha < 1$ を与えたとき，$b_1^*(\ell, \lambda_2/\lambda_1; \alpha)$ を

$$\int_{-\infty}^{\infty} \left\{ \varPhi\left(\sqrt{\frac{\lambda_2}{\lambda_1}} \cdot x + \sqrt{\frac{\lambda_2}{\lambda_1} + 1} \cdot t\right) \right. $$
$$\left. - \varPhi\left(\sqrt{\frac{\lambda_2}{\lambda_1}} \cdot x - \sqrt{\frac{\lambda_2}{\lambda_1} + 1} \cdot t\right) \right\}^{\ell} d\varPhi(x) = 1 - \alpha$$

を満たす t の解とする．さらに，$b_2^*(\ell, \lambda_2/\lambda_1; \alpha)$ を

$$\int_{-\infty}^{\infty} \left\{ \varPhi\left(\sqrt{\frac{\lambda_2}{\lambda_1}} \cdot x + \sqrt{\frac{\lambda_2}{\lambda_1} + 1} \cdot t\right) \right\}^{\ell} d\varPhi(x) = 1 - \alpha$$

を満たす t の解とする．ここで

$$b_i^*(k - 1, \lambda_2/\lambda_1; \alpha) = b_i(k, \lambda_1, \lambda_2, \ldots, \lambda_2; \alpha) \quad (i = 1, 2)$$

の関係が成り立つ．

ここで，(2.59) の下で，(3.18) の E に対して，

$$\lim_{n \to \infty} P_0 \left(\max_{i \in E} |\hat{Z}_i| \geqq b_1^*(\ell, \lambda_2/\lambda_1; \alpha) \right) = \alpha,$$
$$\lim_{n \to \infty} P_0 \left(\max_{i \in E} \hat{Z}_i \geqq b_2^*(\ell, \lambda_2/\lambda_1; \alpha) \right) = \alpha$$

が成り立つ．

平均母数の制約に応じて，以下に帰無仮説 $H(E)$ に対する水準 α の漸近的な検定方法を具体的に論述する．

(1) 両側検定：帰無仮説 H_i vs. 対立仮説 $H_i^{A\pm}$ $(i=2,\ldots,k)$ に対する多重比較検定のとき

$$\max_{i\in E}|\widehat{Z}_i| \geqq b_1^*(\ell,\lambda_2/\lambda_1;\alpha) \text{ ならば } H(E) \text{ を棄却する．}$$

(2) 片側検定：帰無仮説 H_i vs. 対立仮説 H_i^{A+} $(i=2,\ldots,k)$ （制約 $\mu_2,\ldots,\mu_k \geqq \mu_1$ がつけられるとき）

$$\max_{i\in E}\widehat{Z}_i \geqq b_2^*(\ell,\lambda_2/\lambda_1;\alpha) \text{ ならば } H(E) \text{ を棄却する．}$$

(3) 片側検定：帰無仮説 H_i vs. 対立仮説 H_i^{A-} $(i=2,\ldots,k)$ （制約 $\mu_2,\ldots,\mu_k \leqq \mu_1$ がつけられるとき）

$$\max_{i\in E}\left(-\widehat{Z}_i\right) \geqq b_2^*(\ell,\lambda_2/\lambda_1;\alpha) \text{ ならば } H(E) \text{ を棄却する．}$$

3.3.3 逐次棄却型検定法

3.4.1 項の正規母集団での手順と 3.4.2 項のノンパラメトリック手順を実行するために逐次棄却型検定法を紹介する．

[3.5] パラメトリック逐次棄却型検定法

統計量 $T_i^\sharp$ を次で定義する．$i=2,\ldots,k$ に対して，

$$T_i^\sharp \equiv \begin{cases} |T_i| & ((\text{a}) \text{ 対立仮説が } H_i^{A\pm} \text{ のとき}) \\ T_i & ((\text{b}) \text{ 対立仮説が } H_i^{A+} \text{ のとき}) \\ -T_i & ((\text{c}) \text{ 対立仮説が } H_i^{A-} \text{ のとき}) \end{cases}$$

とおく．$T_i^\sharp$ を小さい方から並べたものを

$$T_{(1)}^\sharp \leqq T_{(2)}^\sharp \leqq \cdots \leqq T_{(k-1)}^\sharp$$

とする．さらに，$T_{(i)}^\sharp$ に対応する帰無仮説を $H_{(i)}$ で表す．$\ell=1,\ldots,k-1$ に対して

$$tb^\sharp(\ell, m, n_2/n_1; \alpha) \equiv \begin{cases} tb_1^*(\ell, m, n_2/n_1; \alpha) & ((a) \text{のとき}) \\ tb_2^*(\ell, m, n_2/n_1; \alpha) & ((b) \text{のとき}) \\ tb_2^*(\ell, m, n_2/n_1; \alpha) & ((c) \text{のとき}) \end{cases}$$

とおく．

手順 1　$\ell = k - 1$ とする．

手順 2　(i) $T_{(\ell)}^\sharp < tb^\sharp(\ell, m, n_2/n_1; \alpha)$ ならば，$H_{(1)}, \ldots, H_{(\ell)}$ すべてを保留して，検定作業を終了する．

(ii) $T_{(\ell)}^\sharp \geqq tb^\sharp(\ell, m, n_2/n_1; \alpha)$ ならば，$H_{(\ell)}$ を棄却し手順3へ進む．

手順 3　(i) $\ell \geqq 2$ であるならば $\ell - 1$ を新たに ℓ とおいて手順2に戻る．

(ii) $\ell = 1$ であるならば検定作業を終了する． ■

この手順はステップダウン法になっている．ここで述べた逐次棄却型検定法は，ダネットの検定やスティールの順位検定などのシングルステップ法よりも，一様に検出力が高い．

次の定理を得る．

【定理 3.4】　[3.5] の $T_i^\sharp$ に基づいた逐次棄却型検定法は，水準 α の閉検定手順である．

　証明　（著1）の定理6.5を参照すること． □

3.2節のシングルステップ法よりも，本項の逐次棄却型検定法の方が一様に検出力が高い．さらに，シングルステップ法で棄却されない帰無仮説も逐次棄却型検定法を使えば棄却されることがある．ただし，逆はない．

ここで次の補題3.5を得る．

【補題 3.5】　[3.5] の逐次棄却型検定により水準 α の多重比較検定として H_i が棄却される事象を $A_i^\sharp$ $(i \in \mathcal{I}_D)$ とする．このとき，2つの式

$$\bigcup_{i \in \mathcal{I}_D} A_i^\sharp = \left\{ \max_{2 \leqq i \leqq k} T_i^\sharp \geqq tb^\sharp(k, m, n_2/n_1; \alpha) \right\},$$

$$A_i^\sharp \not\supseteq \left\{ T_i^\sharp \geqq tb^\sharp(k, m, n_2/n_1; \alpha) \right\} \quad (i \in \mathcal{I}_D)$$

が成立する．

証明 補題 2.4 の証明と同様に示すことができる． □

補題 3.5 より，次の興味深い定理を得る．

【定理 3.6】 2 つの式

$$P\left(\bigcup_{i \in \mathcal{I}_D} A_i^\sharp\right) = P\left(\max_{2 \leq i \leq k} T_i^\sharp \geq tb^\sharp(k, m, n_2/n_1; \alpha)\right),$$

$$P\left(A_i^\sharp\right) > P\left(T_i^\sharp \geq tb^\sharp(k, m, n_2/n_1; \alpha)\right) \quad (i \in \mathcal{I}_D)$$

が成立する． □

2.1 節の最後の論述と同様の議論により，補題 3.5 と定理 3.6 を使って次が示せる．

[3.5] の閉検定手順から導かれる $\boldsymbol{\mu}$ に対する信頼係数 $1-\alpha$ の信頼領域はシングルステップの [3.2] の同時信頼区間と同値である．

[3.6] ノンパラメトリック逐次棄却型検定法

統計量 $Z_i^\sharp$ を次で定義する．

$i = 2, \ldots, k$ に対して，

$$Z_i^\sharp \equiv \begin{cases} |\widehat{Z}_i| & ((\text{d}) \text{ 対立仮説が } H_i^{A\pm} \text{ のとき}) \\ \widehat{Z}_i & ((\text{e}) \text{ 対立仮説が } H_i^{A+} \text{ のとき}) \\ -\widehat{Z}_i & ((\text{f}) \text{ 対立仮説が } H_i^{A-} \text{ のとき}) \end{cases}$$

とおく．$Z_i^\sharp$ を小さい方から並べたものを

$$Z_{(1)}^\sharp \leq Z_{(2)}^\sharp \leq \cdots \leq Z_{(k-1)}^\sharp$$

とする．さらに，$Z_{(i)}^\sharp$ に対応する帰無仮説を $H_{(i)}$ で表す．$\ell = 1, \ldots, k-1$ に対して

$$b^\sharp(\ell, \lambda_2/\lambda_1; \alpha) \equiv \begin{cases} b_1^*(\ell, \lambda_2/\lambda_1; \alpha) & ((\text{d}) \text{のとき}) \\ b_2^*(\ell, \lambda_2/\lambda_1; \alpha) & ((\text{e}) \text{のとき}) \\ b_2^*(\ell, \lambda_2/\lambda_1; \alpha) & ((\text{f}) \text{のとき}) \end{cases}$$

とおく．

手順 1　$\ell = k-1$ とする．

手順 2　(i) $Z_{(\ell)}^\sharp < b^\sharp(\ell, \lambda_2/\lambda_1; \alpha)$ ならば，$H_{(1)}, \ldots, H_{(\ell)}$ すべてを保留して，検定作業を終了する．
　　　　(ii) $Z_{(\ell)}^\sharp \geqq b^\sharp(\ell, \lambda_2/\lambda_1; \alpha)$ ならば，$H_{(\ell)}$ を棄却し手順 3 へ進む．

手順 3　(i) $\ell \geqq 2$ であるならば $\ell - 1$ を新たに ℓ とおいて手順 2 に戻る．
　　　　(ii) $\ell = 1$ であるならば検定作業を終了する．　■

　この手順はステップダウン法になっている．ここで述べた逐次棄却型検定法は，ダネットの検定やスティールの順位検定などのシングルステップ法よりも，一様に検出力が高い．

【定理 3.7】　[3.6] の $Z_i^\sharp$ に基づいた逐次棄却型検定法は，水準 α の漸近的な閉検定手順である．

　　証明　定理 3.4 と同様．　□

　3.2 節のシングルステップ法よりも，本項の逐次棄却型検定法の方が一様に検出力が高い．さらに，シングルステップ法で棄却されない帰無仮説も逐次棄却型検定法を使えば棄却されることがある．ただし，逆はない．

　ここで次の補題 3.8 を得る．

【補題 3.8】　[3.6] の逐次棄却型検定により水準 α の多重比較検定として H_i が棄却される事象を $\widehat{A}_i^\sharp$ $(i \in \mathcal{I}_D)$ とする．このとき，2 つの式

$$\bigcup_{i \in \mathcal{I}_D} \widehat{A}_i^\sharp = \left\{ \max_{2 \leqq i \leqq k} Z_i^\sharp \geqq b^\sharp(k, \lambda_2/\lambda_1; \alpha) \right\},$$

$$\widehat{A}_i^\sharp \supset \left\{ Z_i^\sharp \geqq b^\sharp(k, \lambda_2/\lambda_1; \alpha) \right\} \quad (i \in \mathcal{I}_D)$$

が成立する．

証明 補題 2.4 の証明と同様に示すことができる. □

補題 3.8 より，次の興味深い定理を得る.

【定理 3.9】 2 つの式

$$P\left(\bigcup_{i\in\mathcal{I}_D} \widehat{A}_i^\sharp\right) = P\left(\max_{2\leq i\leq k} Z_i^\sharp \geq b^\sharp(k, \lambda_2/\lambda_1; \alpha)\right),$$

$$P\left(\widehat{A}_i^\sharp\right) \geq P\left(Z_i^\sharp \geq b^\sharp(k, \lambda_2/\lambda_1; \alpha)\right) \quad (i \in \mathcal{I}_D)$$

が成立する. □

2.1 節の最後の論述と同様の議論により，補題 3.8 と定理 3.9 を使って次が示せる.

[3.6] の閉検定手順から導かれる $\boldsymbol{\mu}$ に対する信頼係数 $1-\alpha$ の信頼領域はシングルステップの [3.4] の同時信頼区間と同値である.

3.4 データ解析例

$k = 4, n_1 = n_2 = n_3 = n_4 = 16$ とした等しい標本サイズ 16 の 4 群モデルの表 3.1 のデータを使って，本章で紹介した手法を用いて解析してみる. 表 3.1 のデータは分散 1 の正規乱数から生成した. 標本平均がそれぞれ

$$\bar{X}_{1\cdot} = 5.0, \ \bar{X}_{2\cdot} = 5.6, \ \bar{X}_{3\cdot} = 5.8, \ \bar{X}_{4\cdot} = 6.0$$

となるように観測値を調整している. 標本分散は $V_E = 0.969$ であった.

3.4.1 パラメトリック法

t 検定統計量の値は

$$T_2 = 1.726, \quad T_3 = 2.297, \quad T_4 = 2.875 \tag{3.19}$$

となる.

水準 $\alpha = 0.05$ のダネットの両側多重比較検定を用いると，

表 **3.1** 正規母集団からのデータ

群	サイズ	観測値						標本平均
第1群	16	4.35	5.08	5.44	5.05	5.51	3.40	5.0
		4.09	3.37	6.70	5.50	5.76	7.05	
		6.01	4.64	4.36	3.68			
第2群	16	6.67	7.23	5.31	5.69	4.98	4.27	5.6
		5.61	5.62	7.08	5.74	4.39	5.46	
		5.19	4.55	4.94	6.87			
第3群	16	6.10	5.17	5.32	4.43	6.46	5.86	5.8
		5.91	5.71	6.12	6.77	4.99	6.14	
		5.03	6.14	5.62	7.01			
第4群	16	6.85	5.35	5.05	5.81	5.43	5.50	6.0
		7.76	7.36	6.56	5.48	7.47	3.71	
		6.27	5.64	7.30	4.46			

$$|T_i| \geqq tb_1(4, 16, 16, 16, 16; 0.05)$$

を満たす i に対して H_i が棄却される．$tb_1(4,16,16,16,16;0.05)$ の値は，付表 8 に載せられている．$m = 60$ のときの数表の値から，$tb_1(4,16,16,16,16;0.05) = 2.410$ である．以上により，帰無仮説 H_4 だけが棄却され，他の帰無仮説は棄却されない．

水準 $\alpha = 0.05$ の [3.5] のパラメトリック逐次棄却型検定法を用いて多重比較検定を行う．(3.19) より，

$$T^\sharp_{(1)} = |T_2| = 1.726 < T^\sharp_{(2)} = |T_3| = 2.297 < T^\sharp_{(3)} = |T_4| = 3.162$$

である．付表 8 より

$$tb_1^*(3, 60, 1; 0.05) = 2.410 < T^\sharp_{(3)}, \quad tb_1^*(2, 60, 1; 0.05) = 2.265 < T^\sharp_{(2)},$$

$$tb_1^*(1, 60, 1; 0.05) = 2.000 > T^\sharp_{(1)}$$

が得られる．これにより，水準 $\alpha = 0.05$ のパラメトリック逐次棄却型検定法を用いると，H_3, H_4 が棄却され，H_2 が棄却されない．

[3.2] のダネットの同時信頼区間を用いると，$\{\mu_{i'} - \mu_i \mid 1 \leqq i < i' \leqq 4\}$

に対する信頼係数 95% の同時信頼区間は

$-0.24 < \mu_2-\mu_1 < 1.44, \quad -0.04 < \mu_3-\mu_1 < 1.64, \quad 0.26 < \mu_4-\mu_1 < 1.94$

となる．これにより，

$$\mu_1 < \mu_4 \tag{3.20}$$

を得る．

3.4.2 ノンパラメトリック法

表 3.1 のデータを使って，ノンパラメトリック法を用いて解析してみる．
順位検定統計量の値は

$$\widehat{Z}_2 = 1.470, \quad \widehat{Z}_3 = 2.299, \quad \widehat{Z}_4 = 2.563 \tag{3.21}$$

となる．

水準 $\alpha = 0.05$ のスティールの多重比較検定を用いると，

$$|\widehat{Z}_i| \geq b_1(4, 0.25, 0.25, 0.25, 0.25; 0.05)$$

を満たす i に対して H_i が棄却される．$b_1(4, 0.25, 0.25, 0.25, 0.25; 0.05)$ の値は，付表 12 に載せられている．その数表から，$b_1(4, 0.25, 0.25, 0.25, 0.25; 0.05)$ = 2.349 である．以上により，ダネットの多重比較検定と同じ帰無仮説 H_4 が棄却され，他の帰無仮説は棄却されない．

水準 $\alpha = 0.05$ の [3.6] のノンパラメトリック逐次棄却型検定法を用いて多重比較検定を行う．(3.21) より，

$$Z^\sharp_{(1)} = |\widehat{Z}_2| = 1.470 < Z^\sharp_{(2)} = |\widehat{Z}_3| = 2.299 < Z^\sharp_{(3)} = |\widehat{Z}_4| = 2.563$$

である．付表 12 より

$$b_1^*(3,1;0.05) = 2.349 < T^\sharp_{(3)}, \quad b_1^*(2,1;0.05) = 2.212 < T^\sharp_{(2)},$$

$$b_1^*(1,1;0.05) = 1.960 > T^\sharp_{(1)}$$

が得られる．これにより，水準 $\alpha = 0.05$ のノンパラメトリック逐次棄却型

検定法を用いると，H_3, H_4 が棄却され，H_2 が棄却されない．

[3.4] のノンパラメトリック同時信頼区間を用いると，$\{\mu_{i'} - \mu_i \mid 1 \leqq i < i' \leqq 4\}$ に対する信頼係数 95% の同時信頼区間は

$$-0.32 \leqq \mu_2-\mu_1 < 1.57, \quad -0.05 \leqq \mu_3-\mu_1 < 1.72, \quad 0.08 \leqq \mu_4-\mu_1 < 2.16$$

となる．これにより，(3.20) を得る．

いずれもパラメトリック法と同じ結論である．

第4章

正規分布モデルでの分散の多重比較法

平均の多重比較法はよく論じられるが，分散の多重比較法が述べられることがなかった．分散は観測されているものの値の安定性を示す指標である．計量経済学では，商品の価格変動はボラティリティーとよばれ分散の平方根で与えられている．ビッグデータの時代に入り，いくつかの商品の価格変動の違いを調べるために分散の多重比較法を活用できる．

4.1 ボンフェローニ (Bonferroni) の方法とホルム (Holm) の方法

分散の多重比較法の正確な理論を平均の場合と同様に論述することは非常に難しい．この場合よく行われる方法は，次のボンフェローニ (Bonferroni) の不等式を使って容易に論じることができる．

K 個の事象 $A_1, A_2, \ldots, A_K$ に対して

$$P\left(\bigcup_{i=1}^{K} A_i\right) \leqq \sum_{i=1}^{K} P(A_i) \tag{4.1}$$

が成り立つ．

(4.1) は，ベン図を描けば理解できるが，厳密には，K に関する数学的帰納法によって証明される．その証明は参考文献 (著2) の命題 2.5(1) にも書かれている．帰無仮説のファミリーを

$$\mathcal{H}_K \equiv \{H_{01}, H_{02}, \ldots, H_{0K}\} \tag{4.2}$$

とする．

●ボンフェローニの方法

$i = 1, \ldots, K$ に対して有意水準 α/K で H_{0i} を棄却する事象を A_i とし，一般性を失うことなく，$\mathcal{H}_K$ の中の最初の L 個の $H_{01}, \ldots, H_{0L}$ が正しい帰無仮説とする．このとき，

$$P(\text{正しい帰無仮説のうち1つ以上を棄却する事象})$$
$$= P\left(\bigcup_{i=1}^{L} A_i\right) \leqq \sum_{i=1}^{L} P(A_i) = L\alpha/K \leqq \alpha \tag{4.3}$$

となる．$L = 1, \ldots, K$ に対し (4.3) は成り立つので，帰無仮説 H_{0i} に対する有意水準 α/K の検定を $i = 1, \ldots, K$ のすべてについて行うことを $\mathcal{H}_K$ に対する多重比較検定とする．このとき，タイプ I FWER が α 以下となり，その多重比較検定の水準は α となる．これをボンフェローニの方法による水準 α の多重比較検定とよぶ．　■

帰無仮説 H_{0i} に対する検定の p 値を p_i とする．このとき，$p_i \leqq \alpha/K$ となる i に対して H_{0i} を棄却することとボンフェローニの方法による水準 α の多重比較検定は同値である．

●ホルムの方法 (Holm, 1979)

K 個の p 値 $p_1, \ldots, p_K$ を小さい方から並べたものを $p_{(1)} \leqq \ldots \leqq p_{(K)}$ とし，対応する帰無仮説を $H_{0(1)}, \cdots, H_{0(K)}$ とする．$H_{0(i)} \in \mathcal{H}_K$ である．ある i が存在して，$1 \leqq j \leqq i$ となるすべての整数 j に対して $p_{(j)} \leqq \alpha/(K+1-j)$ ならば $H_{0(i)}$ を棄却する．　■

ホルムの方法で $H_{0(i)}$ が棄却されれば，$1 \leqq j \leqq i$ となる j に対して $H_{0(j)}$ が棄却される．

$\mathcal{I}_K \equiv \{1, \ldots, K\}$ とする．$\emptyset \subsetneq I_0 \subset \mathcal{I}_K$ を満たす I_0 に対して，$i \in I_0$ ならば帰無仮説 H_{0i} が真で，$i \in I_0^c \cap \mathcal{I}_K$ ならば H_{0i} が偽のとき，1つ以上の真の帰無仮説 H_{0i} $(i \in I_0)$ を棄却する確率が α 以下となる検定方式が水準 α

の多重比較検定である．この定義の I_0 に対して，帰無仮説 $\bigwedge_{i \in I_0} H_{0i}$ に対する水準 α の検定の棄却域を A とし，帰無仮説 H_{0i} に対する水準 α の検定の棄却域を B_i とすると，帰無仮説 $\bigwedge_{i \in I_0} H_{0i}$ の下で，

$$P\left(A \cap \left(\bigcup_{i \in I_0} B_i\right)\right) \leqq P(A) \leqq \alpha \tag{4.4}$$

が成り立つ．

上記の I_0 が未知であることを考慮し，特定の帰無仮説を $H_{0i_0} \in \mathcal{H}_K$ としたとき，$i_0 \in I \subset \mathcal{I}_K$ を満たす任意の I に対して帰無仮説 $\bigwedge_{i \in I} H_{0i}$ の検定が水準 α で棄却された場合に，多重比較検定として H_{0i_0} を棄却する方式が，水準 α の閉検定手順となる．水準 α の閉検定手順は水準 α の多重比較検定である．

【定理 4.1】 ホルムの方法は水準 α の閉検定手順である．

証明 ホルムの方法で $H_{0(1)}, \ldots, H_{0(i_1)}$ が棄却され，$H_{0(i_1+1)}$ は棄却されないとする．さらに一般性を失うことなく，$H_{0(i)} = H_{0i}$, $p_{(i)} = p_i$ ($i = 1, \ldots, K$) とする．このとき，

$$1 \leqq j \leqq i_1 \text{ となるすべての整数 } j \text{ に対して } p_j \leqq \alpha/(K+1-j) \tag{4.5}$$

が成り立ち，

$$\alpha/(K - i_1) < p_{i_1+1} \leqq p_{i_1+2} \leqq \cdots \leqq p_K \tag{4.6}$$

である．

$1 \leqq i_0 \leqq K$ となるような整数 i_0 を与える．I を $i_0 \in I \subset \mathcal{I}_K$ を満たす任意の整数の組とし，$\ell \equiv \#(I)$ とおく．

ある $i_2 \in I$ が存在して $p_{i_2} \leqq \alpha/\ell$ ならば，帰無仮説 $\bigwedge_{i \in I} H_{0i}$ を棄却 (4.7)

することにすると，(4.7) の検定の有意水準は $\ell(\alpha/\ell) = \alpha$ となる．次の (i), (ii) の 2 つの場合に分けて考える．

(i) $1 \leqq i_0 \leqq i_1$ とする.

(4.5) より,
$$p_{i_1} \leqq \alpha/(K+1-i_1) \tag{4.8}$$

である.

$\ell \leqq K+1-i_1$ ならば, $p_{i_0} \leqq p_{i_1} \leqq \alpha/(K+1-i_1) \leqq \alpha/\ell$ より帰無仮説 $\bigwedge_{i \in I} H_{0i}$ は水準 α で棄却される.

$\ell \geqq K+2-i_1$ ならば,
$$1 \leqq i_2 \leqq K-\ell+1 \leqq i_1 - 1 \tag{4.9}$$

かつ $i_2 \in I$ を満たす i_2 が存在する. ここで, (4.5), (4.9) を使って

$$p_{i_2} \leqq \alpha/(K+1-i_2) \leqq \alpha/\{K+1-(K-\ell+1)\} = \alpha/\ell$$

を得る. これにより, 帰無仮説 $\bigwedge_{i \in I} H_{0i}$ は水準 α で棄却される. すなわち, 帰無仮説 $H_{0(i_0)}$ は水準 α の閉検定手順として棄却される.

(ii) $i_1 + 1 \leqq i_0 \leqq K$ とする.

$I \equiv \{i_1+1, i_1+2, \ldots K\}$ とおく. このとき, $\ell = K - i_1$ である. (4.6) を使うと, (4.7) の方式で, 帰無仮説 $\bigwedge_{i \in I} H_{0i}$ は棄却されない. すなわち, 帰無仮説 $H_{0(i_0)}$ は水準 α の閉検定手順として棄却されない.

以上の (i), (ii) により, 定理の主張が導かれた. □

4.2 モデルの設定と統計量の基本的性質

X_{ij} は互いに独立で, $X_{ij} \sim N(\mu_i, \sigma_i^2)$ $(j=1,\ldots,n_i, i=1,\ldots,k)$ とする平均と分散が同一とは限らない表 1.4 のモデルを考える. このとき,

$$P(X_{ij} \leqq x) = \Phi\left(\frac{x-\mu_i}{\sigma_i}\right), \quad E(X_{ij}) = \mu_i, \quad V(X_{ij}) = \sigma_i^2$$

である. 未知母数 σ_i^2 の多重比較法について論じる. 総標本サイズを $n \equiv n_1 + \cdots + n_k$ とおく.

第 i 群の標本分散 $\tilde{\sigma}_i^2 \equiv \{1/(n_i-1)\}\sum_{j=1}^{n_i}(X_{ij}-\bar{X}_{i\cdot})^2$ が，σ_i^2 の一様最小分散不偏推定量である．このとき，

$$\frac{(n_i-1)\tilde{\sigma}_i^2}{\sigma_i^2} \sim \chi_{n_i-1}^2 \quad (i=1,\ldots,k) \tag{4.10}$$

が知られている（例えば，(著2) の系 3.24 を参照）．ただし，$Y \sim \chi_m^2$ は Y が自由度 m のカイ自乗分布に従うことを意味している．漸近理論を述べるために，(2.59) の条件 2.1 を仮定する．このとき，中心極限定理とデルタ法（例えば，(著2) の定理 3.35 を参照）により，

$$\sqrt{\frac{n}{2}}\{\log(\tilde{\sigma}_i^2)-\log(\sigma_i^2)\} \xrightarrow{\mathcal{L}} Y_i \sim N\left(0, \frac{1}{\lambda_i}\right) \quad (i=1,\ldots,k) \tag{4.11}$$

が成り立つ．(4.11) より，$\log(\tilde{\sigma}_i^2)$ は分散安定化変換である．

4.3　すべての分散相違

1 つの比較のための検定は

帰無仮説 $H_{(i,i')}^s : \sigma_i^2 = \sigma_{i'}^2$ vs. 対立仮説 $H_{(i,i')}^{sA} : \sigma_i^2 \neq \sigma_{i'}^2$

となる．帰無仮説のファミリーを，

$$\mathcal{H}_T^s \equiv \{H_{(i,i')}^s \mid 1 \leqq i < i' \leqq k\} \tag{4.12}$$

とおく．

定数 $\alpha\,(0<\alpha<1)$ をはじめに決める．$\boldsymbol{X} \equiv (X_{11},\ldots,X_{1n_1},\ldots,X_{k1},\ldots,X_{kn_k})$ の実現値 $\boldsymbol{x}$ によって，任意の $H_v^s \in \mathcal{H}_T^s$ に対して H_v^s を棄却するかしないかを決める検定方式を $\phi_v(\boldsymbol{x})$ とする．

$\boldsymbol{\sigma}^2 \equiv (\sigma_1^2,\ldots,\sigma_k^2)$ とおく．すべての $1 \leqq i < i' \leqq k$ に対して，$\sigma_i^2 \neq \sigma_{i'}^2$ のときは，有意水準は関係しないので，

$$\begin{aligned}\Theta_s &\equiv \{\boldsymbol{\sigma}^2 \mid 1\text{つ以上の帰無仮説 } H_{(i,i')}^s \text{ が真}\} \\ &= \{\boldsymbol{\sigma}^2 \mid \text{ある } i<i' \text{ が存在して}, \sigma_i^2 = \sigma_{i'}^2\}\end{aligned} \tag{4.13}$$

とおき，$\boldsymbol{\sigma}^2 \in \Theta_s$ とする．このとき，正しい帰無仮説 $H_{(i,i')}^s$ は 1 つ以上ある．また，確率は $\boldsymbol{\sigma}^2$ に依存するので，確率測度を $P_{\boldsymbol{\sigma}^2}(\cdot)$ で表す．

このとき，任意の $\boldsymbol{\sigma}^2 \in \Theta_s$ に対して

$$P_{\boldsymbol{\sigma}^2}(\text{正しい帰無仮説のうち少なくとも 1 つが棄却される}) \leqq \alpha$$

を満たす検定方式 $\{\phi_{\boldsymbol{v}}(\boldsymbol{x}) \mid \boldsymbol{v} \in \mathcal{U}_T\}$ を，$\mathcal{H}_T^s$ に対する水準 α の多重比較検定法とよんでいる．ただし，$\mathcal{U}_T$ は (2.1) で定義されたものとする．

便宜上，一様性の帰無仮説を

$$H_0^s : \sigma_1^2 = \sigma_2^2 = \cdots = \sigma_k^2 \tag{4.14}$$

とする．

定数 α $(0 < \alpha < 1)$ をはじめに決める．帰無仮説のファミリー $\mathcal{H}_T^s$ に対する水準 α の多重比較検定法と分散相違の同時信頼区間を考える．そのため，$i < i'$ と $\boldsymbol{\sigma}^2 \equiv (\sigma_1^2, \ldots, \sigma_k^2)$ に対して，

$$T_{i'i}^e \equiv \frac{\tilde{\sigma}_{i'}^2}{\tilde{\sigma}_i^2}, \qquad T_{i'i}^e(\boldsymbol{\sigma}^2) \equiv \frac{\sigma_i^2 \tilde{\sigma}_{i'}^2}{\sigma_{i'}^2 \tilde{\sigma}_i^2}, \tag{4.15}$$

$$T_{i'i}^s \equiv \frac{\log(\tilde{\sigma}_{i'}^2) - \log(\tilde{\sigma}_i^2)}{\sqrt{\frac{2}{n_i} + \frac{2}{n_{i'}}}}, \tag{4.16}$$

$$T_{i'i}^s(\boldsymbol{\sigma}^2) \equiv \frac{\log(\tilde{\sigma}_{i'}^2) - \log(\tilde{\sigma}_i^2) - \log(\sigma_{i'}^2) + \log(\sigma_i^2)}{\sqrt{\frac{2}{n_i} + \frac{2}{n_{i'}}}} \tag{4.17}$$

とおく．

このとき，(4.10) により，

$$T_{i'i}^e(\boldsymbol{\sigma}^2) \sim F_{n_i-1}^{n_{i'}-1}, \ H_0^s \text{の下で } T_{i'i}^e \sim F_{n_i-1}^{n_{i'}-1} \tag{4.18}$$

を得る．さらに，定理 2.10 と同様の証明により，(4.11) を使って次の定理 4.2 を得る．

【定理 4.2】 条件 2.1 の下で，$t > 0$ に対して，

$$A(t) \leqq \lim_{n \to \infty} P\left(\max_{1 \leqq i < i' \leqq k} |T_{i'i}^s(\boldsymbol{\sigma}^2)| \leqq t\right) \leqq A^*(t) \tag{4.19}$$

が成り立つ．ただし，$A(t)$, $A^*(t)$ はそれぞれ (2.9), (2.67) で定義したものとする．

$$\lambda_1 = \cdots = \lambda_k \tag{4.20}$$

のとき式 (4.19) の両方の等号が成り立つ． □

H_0^s の下での確率測度を P_0 とすると，

$$P_0\left(\max_{1 \leqq i < i' \leqq k} |T_{i'i}^s| \leqq t\right) = P\left(\max_{1 \leqq i < i' \leqq k} |T_{i'i}^s(\boldsymbol{\sigma}^2)| \leqq t\right) \tag{4.21}$$

が成り立つ．

4.3.1 シングルステップの多重比較検定法

ボンフェローニの不等式と (4.18) より，次の正確な方法を得る．

[4.1] ボンフェローニの不等式による水準 α の正確な多重比較検定法

{ 帰無仮説 $H_{(i,i')}^s$ vs. 対立仮説 $H_{(i,i')}^{sA}$ | $1 \leqq i < i' \leqq k$} に対する水準 α の多重比較検定は，「 $i < i'$ となるペア i,i' に対して $T_{i'i}^e \geqq F_{n_i-1}^{n_{i'}-1}(\alpha/\{k(k-1)\})$ または $T_{i'i}^e \leqq F_{n_i-1}^{n_{i'}-1}(1 - \alpha/\{k(k-1)\})$ ならば，帰無仮説 $H_{(i,i')}^s$ を棄却し，対立仮説 $H_{(i,i')}^{sA}$ を受け入れ，$\sigma_i^2 \neq \sigma_{i'}^2$ と判定する」ことである． ■

このとき，定理 4.2 の (4.19) より，(2.17) の $a(k;\alpha)$ を使って，次の漸近的に保守的な多重比較検定法が導かれる．

[4.2] 対数変換を使った漸近的な多重比較検定法

{ 帰無仮説 $H_{(i,i')}^s$ vs. 対立仮説 $H_{(i,i')}^{sA}$ | $1 \leqq i < i' \leqq k$} に対する水準 α の多重比較検定は，次で与えられる．

「 $i < i'$ となるペア i,i' に対して $|T_{i'i}^s| \geqq a(k;\alpha)$ ならば，帰無仮説 $H_{(i,i')}^s$ を棄却し，対立仮説 $H_{(i,i')}^{sA}$ を受け入れ，$\sigma_i^2 \neq \sigma_{i'}^2$ と判定する」 ■

4.3.2 閉検定手順

ボンフェローニの不等式による多重比較検定法は検出力が低いため使いた

くない手法であるが，改良型として，ホルムの方法に基づく次の逐次棄却型検定法を得る．

[4.3] ホルムの方法に基づく水準 α の正確な多重比較検定法

$T^e_{i'i}$ の実現値を $t^e_{i'i}$ とし，$p_{(i,i')} \equiv 2\min\{P(F^{n_{i'}-1}_{n_i-1} \geq t^e_{i'i}), P(F^{n_{i'}-1}_{n_i-1} \leq t^e_{i'i})\}$ とおく．ただし，$F^{\ell_1}_{\ell_2}$ は自由度 (ℓ_1, ℓ_2) の F 分布に従う確率変数とする．$K \equiv k(k-1)/2$ とし，K 個の $p_{(i,i')}$ を小さい方から並べたものを $p^*_{(1)} \leq \cdots \leq p^*_{(K)}$ とし，対応する帰無仮説を $H^*_{(1)}, \ldots, H^*_{(K)}$ とする．$H^*_{(i)} \in \mathcal{H}^s_T$ である． ∎

[4.4] 検出力の高い漸近的な閉検定手順

$\mathcal{U}$ を (2.1) で定義する．このとき，$\emptyset \subsetneq V \subset \mathcal{U}$ を満たす V に対して，

$$\bigwedge_{v \in V} H^s_v : \text{任意の } (i, i') \in V \text{ に対して，} \sigma^2_i = \sigma^2_{i'}$$

は k 個の母分散に関していくつかが等しいという仮説となる．$I_1, \ldots, I_J$ ($I_j \neq \emptyset, \; j = 1, \ldots, J$) を添え字 $\{1, \ldots, k\}$ の互いに素な部分集合の組とし，同じ I_j ($j = 1, \ldots, J$) に含まれる添え字をもつ母分散は等しいという帰無仮説を $H^s(I_1, \ldots, I_J)$ で表す．このとき，$\emptyset \subsetneq V \subset \mathcal{U}$ を満たす V に対して，ある自然数 J と上記のある $I_1, \ldots, I_J$ が存在して，

$$\bigwedge_{v \in V} H^s_v = H^s(I_1, \ldots, I_J) \tag{4.22}$$

が成り立つ．(4.22) の $I_1, \ldots, I_J$ に対して M と ℓ_j を (2.22) で定義する．

$$T^s(I_j) \equiv \max_{i < i', \; i, i' \in I_j} |T^s_{i'i}| \quad (j = 1, \ldots, J)$$

を使って閉検定手順が行える．ただし，$n(I_j) \equiv \sum_{i \in I_j} n_i$ とおく．水準 α の帰無仮説 $\bigwedge_{v \in V} H^s_v$ に対する検定方法として，検出力の高い閉検定手順を論述することができる．(2.17) で定義した $a(k; \alpha)$ の表記法により，

$$\ell \int_{-\infty}^{\infty} \{\Phi(x) - \Phi(x - \sqrt{2} \cdot t)\}^{\ell-1} d\Phi(x) = 1 - \alpha$$

を満たす解 t は，$a(\ell;\alpha)$ である．このとき，2.3.3 項と同様の議論によって，次の閉検定手順を得る．

(a) $J \geqq 2$ のとき，$\ell = \ell_1, \ldots, \ell_J$ に対して

$$\alpha(M, \ell) \equiv 1 - (1-\alpha)^{\ell/M}$$

で $\alpha(M, \ell)$ を定義する．$1 \leqq j \leqq J$ となるある整数 j が存在して $a\left(\ell_j; \alpha(M, \ell_j)\right) \leqq T^s(I_j)$ ならば帰無仮説 $\bigwedge_{v \in V} H_v^s$ を棄却する．

(b) $J = 1$ $(M = \ell_1)$ のとき，$a\left(M; \alpha\right) \leqq T^s(I_1)$ ならば帰無仮説 $\bigwedge_{v \in V} H_v^s$ を棄却する．

(a), (b) の方法で，$(i, i') \in V \subset \mathcal{U}$ を満たす任意の V に対して $\bigwedge_{v \in V} H_v^s$ が棄却されるとき，$\left\{ 帰無仮説\ H_{(i,i')}^s\ \text{vs.}\ 対立仮説\ H_{(i,i')}^{sA} \mid 1 \leqq i < i' \leqq k \right\}$ に対する水準 α の多重比較検定と，$H_{(i,i')}^s$ を棄却する． ∎

4.3.3 同時信頼区間

(4.18) より，次の正確な信頼区間を得る．

[4.5] 正確な同時信頼区間

$\sigma_{i'}^2/\sigma_i^2$ $(1 \leqq i < i' \leqq k)$ についての信頼係数 $1-\alpha$ の同時信頼区間は

$$\frac{\tilde{\sigma}_{i'}^2 F_{n_{i'}-1}^{n_i-1}(1 - \alpha/\{k(k-1)\})}{\tilde{\sigma}_i^2} < \frac{\sigma_{i'}^2}{\sigma_i^2} < \frac{\tilde{\sigma}_{i'}^2 F_{n_{i'}-1}^{n_i-1}(\alpha/\{k(k-1)\})}{\tilde{\sigma}_i^2}$$

$$(1 \leqq i < i' \leqq k)$$

で与えられる．$\sigma_i^2/\sigma_{i'}^2$ の同時信頼区間は上式で，i, i' を交換することによって得られる． ∎

定理 4.2 より，次の漸近的な信頼区間を得る．

[4.6] 対数変換を使った漸近的な同時信頼区間

$\log(\sigma_{i'}^2) - \log(\sigma_i^2)$ $(1 \leqq i < i' \leqq k)$ についての信頼係数 $1-\alpha$ の漸近的な

同時信頼区間は，

$$\log(\tilde{\sigma}_{i'}^2) - \log(\tilde{\sigma}_i^2) - a(k;\alpha) \cdot \sqrt{\frac{2}{n_i} + \frac{2}{n_{i'}}} < \log(\sigma_{i'}^2) - \log(\sigma_i^2)$$

$$< \log(\tilde{\sigma}_{i'}^2) - \log(\tilde{\sigma}_i^2) + a(k;\alpha) \cdot \sqrt{\frac{2}{n_i} + \frac{2}{n_{i'}}} \quad (1 \leqq i < i' \leqq k) \quad (4.23)$$

で与えられる． ∎

4.4 対照群の分散との比較

第 3 章のモデルに対応して，第 1 群を対照群とするダネット型多重比較検定を論じる．

4.4.1 シングルステップの多重比較検定法

第 1 群の対照群と第 i 群の処理群を比較することを考える．1 つの比較のための検定は，

$$\text{帰無仮説 } H_i^s : \sigma_i^2 = \sigma_1^2$$

に対して 3 種の対立仮説

  ① 両側対立仮説 $H_i^{sA\pm} : \sigma_i^2 \neq \sigma_1^2$

  ② 片側対立仮説 $H_i^{sA+} : \sigma_i^2 > \sigma_1^2$

  ③ 片側対立仮説 $H_i^{sA-} : \sigma_i^2 < \sigma_1^2$

となる．帰無仮説のファミリーは，

$$\mathcal{H}_D^s \equiv \{H_2^s, \ldots, H_k^s\} = \{H_i^s \mid 2 \leqq i \leqq k\}$$

である．

(4.15)-(4.17) に対応して

$$T_i^e \equiv \frac{\tilde{\sigma}_i^2}{\tilde{\sigma}_1^2},$$

$$T_i^s \equiv \frac{\log(\tilde{\sigma}_i^2) - \log(\tilde{\sigma}_1^2)}{\sqrt{\frac{2}{n_i} + \frac{2}{n_1}}},$$

$$T_i^s(\boldsymbol{\sigma}^2) \equiv \frac{\log(\tilde{\sigma}_i^2) - \log(\tilde{\sigma}_1^2) - \log(\sigma_i^2) + \log(\sigma_1^2)}{\sqrt{\frac{2}{n_i} + \frac{2}{n_1}}}$$

とおく.

このとき，ボンフェローニの不等式と (4.18) より次の正確な方法を得る．

[4.7] ボンフェローニの不等式による水準 α の正確な多重比較検定法

(1) 両側検定：帰無仮説 H_i^s vs. 対立仮説 $H_i^{sA\pm}$ ($i = 2, \ldots, k$) のとき
$T_i^e \geq F_{n_1-1}^{n_i-1}(\alpha/\{2(k-1)\})$ または $T_i^e \leq F_{n_1-1}^{n_i-1}(1-\alpha/\{2(k-1)\})$ となる i に対して，帰無仮説 H_i^s を棄却し，対立仮説 $H_i^{sA\pm}$ を受け入れ，$\sigma_i^2 \neq \sigma_1^2$ と判定する．

(2) 片側検定：帰無仮説 H_i^s vs. 対立仮説 H_i^{sA+} ($i = 2, \ldots, k$)（制約 $\sigma_2^2, \ldots, \sigma_k^2 \geqq \sigma_1^2$ がつけられるとき）
$T_i^e \geq F_{n_1-1}^{n_i-1}(\alpha/(k-1))$ となる i に対して H_i^s を棄却し，対立仮説 H_i^{sA+} を受け入れ，$\sigma_i^2 > \sigma_1^2$ と判定する．

(3) 片側検定：帰無仮説 H_i^s vs. 対立仮説 H_i^{sA-} ($i = 2, \ldots, k$)（制約 $\sigma_2^2, \ldots, \sigma_k^2 \leqq \sigma_1^2$ がつけられるとき）
$T_i^e \leq F_{n_1-1}^{n_i-1}(1-\alpha/(k-1))$ となる i に対して H_i^s を棄却し，対立仮説 H_i^{sA-} を受け入れ，$\sigma_i^2 < \sigma_1^2$ と判定する． ■

定理 3.3 と同様にして，次の定理 4.3 を得る．

【定理 4.3】 条件 2.1 の下で，$t > 0$ に対して，

$$\lim_{n \to \infty} P_0 \left(\max_{2 \leqq i \leqq k} |T_i^s| \leqq t \right) = B_1(t), \tag{4.24}$$

$$\lim_{n \to \infty} P_0 \left(\max_{2 \leqq i \leqq k} T_i^s \leqq t \right) = B_2(t) \tag{4.25}$$

が成り立つ. ただし, $B_1(t)$, $B_2(t)$ はそれぞれ (3.11), (3.12) で定義したものとする. □

定理 4.3 より, 次の漸近的な多重比較検定法が導かれる.

[4.8] 対数変換を使った漸近的な多重比較検定法

分散母数の制約に応じて, 水準 α の漸近的な多重比較検定は次の (1) から (3) で与えられる.

(1) 両側検定：帰無仮説 H_i vs. 対立仮説 $H_i^{A\pm}$ $(i = 2, \ldots, k)$ のとき

$|T_i^s| \geqq b_1(k, \lambda_1, \ldots, \lambda_k; \alpha)$ となる i に対して H_i を棄却し, 対立仮説 $H_i^{A\pm}$ を受け入れ, $\sigma_i^2 \neq \sigma_1^2$ と判定する.

(2) 片側検定：帰無仮説 H_i vs. 対立仮説 H_i^{A+} $(i = 2, \ldots, k)$ （制約 $\sigma_2^2, \ldots, \sigma_k^2 \geqq \sigma_1^2$ がつけられるとき）

$T_i^s \geqq b_2(k, \lambda_1, \ldots, \lambda_k; \alpha)$ となる i に対して H_i を棄却し, 対立仮説 H_i^{A+} を受け入れ, $\sigma_i^2 > \sigma_1^2$ と判定する.

(3) 片側検定：帰無仮説 H_i vs. 対立仮説 H_i^{A-} $(i = 2, \ldots, k)$ （制約 $\sigma_2^2, \ldots, \sigma_k^2 \leqq \sigma_1^2$ がつけられるとき）

$-T_i^s \geqq b_2(k, \lambda_1, \ldots, \lambda_k; \alpha)$ となる i に対して H_i を棄却し, 対立仮説 H_i^{A-} を受け入れ, $\sigma_i^2 < \sigma_1^2$ と判定する.

ただし, $b_1(k, \lambda_1, \ldots, \lambda_k; \alpha)$, $b_2(k, \lambda_1, \ldots, \lambda_k; \alpha)$ はそれぞれ (3.13), (3.14) で定義したものとする. ■

ボンフェローニの不等式による多重比較検定法の改良型として, ホルムの方法に基づく逐次棄却型検定法を紹介する.

[4.9] ホルムの方法に基づく水準 α の正確な多重比較検定法

T_i^e の実現値を t_i^e とする. p 値 p_i^* を次で定義する.

$$p_i^* \equiv \begin{cases} 2\min\{P(F_{n_1-1}^{n_i-1} \geqq t_i^e),\ P(F_{n_1-1}^{n_i-1} \leqq t_i^e)\} & \text{((a) 対立仮説が } H_i^{sA\pm}) \\ P(F_{n_1-1}^{n_i-1} \geqq t_i^e) & \text{((b) 対立仮説が } H_i^{sA+}) \\ P(F_{n_1-1}^{n_i-1} \leqq t_i^e) & \text{((c) 対立仮説が } H_i^{sA-}) \end{cases}$$

$k-1$ 個の p_i^* を小さい方から並べたものを $p_{(1)}^* \leqq \cdots \leqq p_{(k-1)}^*$ とし,対応する帰無仮説を $H_{(1)}^*, \ldots, H_{(k-1)}^*$ とする. $H_{(i)}^* \in \mathcal{H}_D^s$ である.ある i が存在して,$j = 1, \ldots, i$ に対して $p_{(j)}^* \leqq \alpha/(k-j)$ ならば $H_{(i)}^s$ を棄却する. ■

[4.10] 漸近的な逐次棄却型検定法

第 2 群以降の群サイズが等しい (1.15) の仮定を付加する.以後第 2 群以降の群サイズを n_2 で表現することにする.統計量 $T_i^\sharp$ を次で定義する.

$i = 2, \ldots, k$ に対して,

$$T_i^\sharp \equiv \begin{cases} |T_i^s| & \text{((d) 対立仮説が } H_i^{sA\pm} \text{ のとき)} \\ T_i^s & \text{((e) 対立仮説が } H_i^{sA+} \text{ のとき)} \\ -T_i^s & \text{((f) 対立仮説が } H_i^{sA-} \text{ のとき)} \end{cases}$$

とおく. $T_i^\sharp$ を小さい方から並べたものを

$$T_{(1)}^\sharp \leqq T_{(2)}^\sharp \leqq \cdots \leqq T_{(k-1)}^\sharp$$

とする.さらに,$T_{(i)}^\sharp$ に対応する帰無仮説を $H_{(i)}$ で表す. $\ell = 1, \ldots, k-1$ に対して

$$b^\sharp(\ell, n_2/n_1; \alpha) \equiv \begin{cases} b_1^*(\ell, n_2/n_1; \alpha) & \text{((a) のとき)} \\ b_2^*(\ell, n_2/n_1; \alpha) & \text{((b) のとき)} \\ b_2^*(\ell, n_2/n_1; \alpha) & \text{((c) のとき)} \end{cases}$$

とおく.ただし,$b_1^*(\ell, n_2/n_1; \alpha), b_2^*(\ell, n_2/n_1; \alpha)$ は 3.3.2 項の最初に定義したものと同じとする.

手順 1 $\ell = k - 1$ とする.

手順 2 (i) $T_{(\ell)}^\sharp < b^\sharp(\ell, n_2/n_1; \alpha)$ ならば,$H_{(1)}, \ldots, H_{(\ell)}$ すべてを保留して,検定作業を終了する.

(ii) $T_{(\ell)}^\sharp \geqq b^\sharp(\ell, n_2/n_1; \alpha)$ ならば,$H_{(\ell)}$ を棄却し手順 3 へ進む.

手順 3 (i) $\ell \geqq 2$ であるならば $\ell - 1$ を新たに ℓ とおいて手順 2 に戻る.

(ii) $\ell = 1$ であるならば検定作業を終了する. ∎

4.4.2 同時信頼区間

(4.18) より,次の正確な信頼区間を得る.

[4.11] 正確な同時信頼区間

σ_i^2/σ_1^2 ($i = 2, \ldots, k$) に関する信頼係数 $1 - \alpha$ の同時信頼区間は,次の (i) から (iii) によって与えられる.

(i) 両側信頼区間:

$$\frac{\tilde{\sigma}_i^2 F_{n_i-1}^{n_1-1}(1 - \alpha/\{2(k-1)\})}{\tilde{\sigma}_1^2} < \frac{\sigma_i^2}{\sigma_1^2} < \frac{\tilde{\sigma}_i^2 F_{n_i-1}^{n_1-1}(\alpha/\{2(k-1)\})}{\tilde{\sigma}_1^2}$$
$$(i = 2, \ldots, k)$$

(ii) 上側信頼区間 (制約 $\sigma_2^2, \ldots, \sigma_k^2 \geqq \sigma_1^2$ がつけられるとき):

$$1 \leqq \frac{\sigma_i^2}{\sigma_1^2} < \frac{\tilde{\sigma}_i^2 F_{n_i-1}^{n_1-1}(\alpha/(k-1))}{\tilde{\sigma}_1^2} \quad (i = 2, \ldots, k)$$

(iii) 下側信頼区間 (制約 $\sigma_2^2, \ldots, \sigma_k^2 \leqq \sigma_1^2$ がつけられるとき):

$$\frac{\tilde{\sigma}_i^2 F_{n_i-1}^{n_1-1}(1 - \alpha/(k-1))}{\tilde{\sigma}_1^2} < \frac{\sigma_i^2}{\sigma_1^2} \leqq 1 \quad (i = 2, \ldots, k) \quad ∎$$

(4.21) と同様に

$$P_0\left(\max_{2 \leqq i \leqq k} |T_i^s| \leqq t\right) = P\left(\max_{2 \leqq i \leqq k} |T_i^s(\boldsymbol{\sigma}^2)| \leqq t\right)$$

$$P_0\left(\max_{2 \leqq i \leqq k} T_i^s \leqq t\right) = P\left(\max_{2 \leqq i \leqq k} T_i^s(\boldsymbol{\sigma}^2) \leqq t\right)$$

が成り立つ.ここで定理 4.3 を使って,次の漸近的な同時信頼区間が導かれる.

4.5 すべての分散の比較

[4.12] 対数変換を使った漸近的な同時信頼区間

$\log(\sigma_i^2) - \log(\sigma_1^2)$ に対する信頼係数 $1-\alpha$ の同時信頼区間は，次の (1) から (3) によって与えられる．

(1) 両側信頼区間：

$$\log(\tilde{\sigma}_i^2) - \log(\tilde{\sigma}_1^2) - b_1(k, \lambda_1, \ldots, \lambda_k; \alpha) \cdot \sqrt{\frac{2}{n_i} + \frac{2}{n_1}} < \log(\sigma_i^2) - \log(\sigma_1^2)$$
$$< \log(\tilde{\sigma}_i^2) - \log(\tilde{\sigma}_1^2) + b_1(k, \lambda_1, \ldots, \lambda_k; \alpha) \cdot \sqrt{\frac{2}{n_i} + \frac{2}{n_1}} \quad (i = 2, \ldots, k)$$

(2) 上側信頼区間 （制約 $\sigma_2^2, \ldots, \sigma_k^2 \geqq \sigma_1^2$ がつけられるとき）：

$$\log(\tilde{\sigma}_i^2) - \log(\tilde{\sigma}_1^2) - b_2(k, \lambda_1, \ldots, \lambda_k; \alpha) \cdot \sqrt{\frac{2}{n_i} + \frac{2}{n_1}}$$
$$< \log(\sigma_i^2) - \log(\sigma_1^2) < \infty \quad (i = 2, \ldots, k)$$

(3) 下側信頼区間 （制約 $\sigma_2^2, \ldots, \sigma_k^2 \leqq \sigma_1^2$ がつけられるとき）：

$$-\infty < \log(\sigma_i^2) - \log(\sigma_1^2)$$
$$< \log(\tilde{\sigma}_i^2) - \log(\tilde{\sigma}_1^2) + b_2(k, \lambda_1, \ldots, \lambda_k; \alpha) \cdot \sqrt{\frac{2}{n_i} + \frac{2}{n_1}} \quad (i = 2, \ldots, k)$$
∎

4.5 すべての分散の比較

1.1.3 項の表 1.2 の k 群モデルを考え，すべての母分散 σ_i^2 $(i = 1, \ldots, k)$ の多重比較法を論じる．(1.39), (1.40) の分布関数を使って漸近的な多重比較法を述べることができるが，本書では正確な手法しか述べない．

4.5.1 カイ自乗分布を使った正確なシングルステップ法

正確な多重比較法を構成するために次の定理 4.4 を述べる．

【定理 4.4】 次の 2 つの等式が成り立つ．

$$P\left(\frac{(n_i-1)\tilde{\sigma}_i^2}{\chi_{n_i-1}^2\left(1-(1-\alpha)^{\frac{1}{k}}\right)} < \sigma_i^2,\ i=1,\ldots,k\right) = 1-\alpha,$$

$$P\left(\sigma_i^2 < \frac{(n_i-1)\tilde{\sigma}_i^2}{\chi_{n_i-1}^2\left((1-\alpha)^{\frac{1}{k}}\right)},\ i=1,\ldots,k\right) = 1-\alpha$$

ただし,自然数 m に対して $\chi_m^2(\beta)$ を χ_m^2 の上側 $100\beta\%$ 点とする.

証明 (4.10) より,$i=1,\ldots,k$ に対して,

$$P\left(\frac{(n_i-1)\tilde{\sigma}_i^2}{\sigma_i^2} < \chi_{n_i-1}^2\left(1-(1-\alpha)^{\frac{1}{k}}\right)\right) = (1-\alpha)^{\frac{1}{k}}$$

$$\iff P\left(\frac{(n_i-1)\tilde{\sigma}_i^2}{\chi_{n_i-1}^2\left(1-(1-\alpha)^{\frac{1}{k}}\right)} < \sigma_i^2\right) = (1-\alpha)^{\frac{1}{k}} \quad (4.26)$$

が成り立つ.$X_1,\ldots,X_k$ が互いに独立であることを使うと,最初の等式が導かれる.同様に,

$$P\left(\frac{(n_i-1)\tilde{\sigma}_i^2}{\sigma_i^2} > \chi_{n_i-1}^2\left((1-\alpha)^{\frac{1}{k}}\right)\right) = (1-\alpha)^{\frac{1}{k}}$$

$$\iff P\left(\frac{(n_i-1)\tilde{\sigma}_i^2}{\chi_{n_i-1}^2\left((1-\alpha)^{\frac{1}{k}}\right)} > \sigma_i^2\right) = (1-\alpha)^{\frac{1}{k}} \quad (4.27)$$

により,2 番目の等式が導かれる. □

ここで定理 4.5 を得る.

【定理 4.5】 $i=1,\ldots,k$ に対して,事象 G_i を

$$G_i \equiv \left\{\frac{(n_i-1)\tilde{\sigma}_i^2}{\chi_{n_i-1}^2\left(\left\{1-(1-\alpha)^{\frac{1}{k}}\right\}/2\right)} < \sigma_i^2 < \frac{(n_i-1)\tilde{\sigma}_i^2}{\chi_{n_i-1}^2\left(\left\{1+(1-\alpha)^{\frac{1}{k}}\right\}/2\right)}\right\}$$

とおく.このとき,

$$P\left(\bigcap_{i=1}^{k} G_i\right) = 1 - \alpha$$

が成り立つ．

証明 A_i, B_i をそれぞれ

$$A_i \equiv \left\{ \frac{(n_i - 1)\tilde{\sigma}_i^2}{\chi^2_{n_i-1}\left(\left\{1 - (1-\alpha)^{\frac{1}{k}}\right\}/2\right)} \geq \sigma_i^2 \right\},$$

$$B_i \equiv \left\{ \frac{(n_i - 1)\tilde{\sigma}_i^2}{\chi^2_{n_i-1}\left(\left\{1 + (1-\alpha)^{\frac{1}{k}}\right\}/2\right)} \leq \sigma_i^2 \right\}$$

とおくと，$A_i \cap B_i = \emptyset$, (4.26), (4.27) より，

$$P(A_i \cup B_i) = P(A_i) + P(B_i) = 1 - (1-\alpha)^{\frac{1}{k}} \tag{4.28}$$

を得る．(4.28) より，

$$P(G_i) = (1-\alpha)^{\frac{1}{k}}$$

がわかる．$G_1, \ldots, G_k$ は互いに独立より，

$$P\left(\bigcap_{i=1}^{k} G_i\right) = \prod_{i=1}^{k} P(G_i) = 1 - \alpha$$

である．ゆえに結論を得る． □

$0 < \sigma_{01}^2, \ldots, \sigma_{0k}^2$ となる $\sigma_{01}^2, \ldots, \sigma_{0k}^2$ を与える．このとき，1つの比較のための検定として，考慮されるべき3種の帰無仮説 vs. 対立仮説は

① 帰無仮説 $H_{1i}^s : \sigma_i^2 = \sigma_{0i}^2$ vs. 両側対立仮説 $H_{1i}^{sA} : \sigma_i^2 \neq \sigma_{0i}^2$
② 帰無仮説 $H_{2i}^s : \sigma_i^2 \leq \sigma_{0i}^2$ vs. 上側対立仮説 $H_{2i}^{sA} : \sigma_i^2 > \sigma_{0i}^2$
③ 帰無仮説 $H_{3i}^s : \sigma_i^2 \geq \sigma_{0i}^2$ vs. 下側対立仮説 $H_{3i}^{sA} : \sigma_i^2 < \sigma_{0i}^2$

である．

定理 4.4 と定理 4.5 より，k 個すべての分散の多重比較検定は，以下のとおりとなる．

[4.13] 正確な多重比較検定

水準 α の多重比較検定は，次の (1) から (3) で与えられる．

(1) 両側検定：帰無仮説 H_{1i}^s vs. 対立仮説 H_{1i}^{sA} $(i = 1, \ldots, k)$ のとき

$$\frac{(n_i - 1)\tilde{\sigma}_i^2}{\chi_{n_i-1}^2\left(\left\{1 + (1-\alpha)^{\frac{1}{k}}\right\}/2\right)} \geqq \sigma_{0i}^2$$

または $\quad \dfrac{(n_i - 1)\tilde{\sigma}_i^2}{\chi_{n_i-1}^2\left(\left\{1 - (1-\alpha)^{\frac{1}{k}}\right\}/2\right)} \leqq \sigma_{0i}^2$

となる i に対して H_{1i}^s を棄却し，$\sigma_i^2 \neq \sigma_{0i}^2$ と判定する．

(2) 上側検定：帰無仮説 H_{2i}^s vs. 対立仮説 H_{2i}^{sA} $(i = 1, \ldots, k)$ のとき

$$\frac{(n_i - 1)\tilde{\sigma}_i^2}{\chi_{n_i-1}^2\left(1 - (1-\alpha)^{\frac{1}{k}}\right)} \geqq \sigma_{0i}^2$$

となる i に対して H_{2i}^s を棄却し，$\sigma_i^2 > \sigma_{0i}^2$ と判定する．

(3) 下側検定：帰無仮説 H_{3i}^s vs. 対立仮説 H_{3i}^{sA} $(i = 1, \ldots, k)$ のとき

$$\frac{(n_i - 1)\tilde{\sigma}_i^2}{\chi_{n_i-1}^2\left((1-\alpha)^{\frac{1}{k}}\right)} \leqq \sigma_{0i}^2$$

となる i に対して H_{3i}^s を棄却し，$\sigma_i^2 < \sigma_{0i}^2$ と判定する． ■

[4.14] 正確な同時信頼区間

すべての σ_i^2 $(i = 1, \ldots, k)$ についての信頼係数 $1 - \alpha$ の正確に保守的な同時信頼区間は，次の (1) から (3) で与えられる．

(1) 両側信頼区間：

$$\frac{(n_i - 1)\tilde{\sigma}_i^2}{\chi_{n_i-1}^2\left(\left\{1 - (1-\alpha)^{\frac{1}{k}}\right\}/2\right)} < \sigma_i^2 < \frac{(n_i - 1)\tilde{\sigma}_i^2}{\chi_{n_i-1}^2\left(\left\{1 + (1-\alpha)^{\frac{1}{k}}\right\}/2\right)}$$

$$(i = 1, \ldots, k)$$

(2) 上側信頼区間： $\quad \dfrac{(n_i - 1)\tilde{\sigma}_i^2}{\chi_{n_i-1}^2\left(1 - (1-\alpha)^{\frac{1}{k}}\right)} < \sigma_i^2 < +\infty \quad (i = 1, \ldots, k)$

(3) 下側信頼区間： $\quad 0 < \sigma_i^2 < \dfrac{(n_i-1)\tilde{\sigma}_i^2}{\chi_{n_i-1}^2\left((1-\alpha)^{\frac{1}{k}}\right)} \quad (i=1,\ldots,k) \quad \blacksquare$

4.5.2 閉検定手順

4.5.1 項で考察したすべての帰無仮説 H_{ai}^s $(a=1,2,3)$ を多重比較検定するときの帰無仮説のファミリーは

$$\mathcal{H}_a^* \equiv \{H_{ai}^s \mid 1 \leqq i \leqq k\} = \{H_{ai}^s \mid i \in \mathcal{I}_0\} \quad (a=1,2,3)$$

である．ただし，$\mathcal{I}_0 \equiv \{1,\ldots,k\}$ とする．$\mathcal{I}_0$ に対して，$\mathcal{H}_a^*$ の要素の仮説 H_{ai}^s の論理積からなるすべての集合は

$$\overline{\mathcal{H}}_a^* \equiv \left\{ \bigwedge_{i \in E} H_{ai}^s \,\Big|\, \varnothing \subsetneqq E \subset \mathcal{I}_0 \right\}$$

で表される．$E \subset \mathcal{I}_0$ に対して $\bigwedge_{i \in E} H_{ai}^s$ は，E のすべての要素 j について，(i) $\sigma_j^2 = \sigma_{0j}^2$ $(a=1 \text{ のとき})$，(ii) $\sigma_j^2 \leqq \sigma_{0j}^2$ $(a=2 \text{ のとき})$，(iii) $\sigma_j^2 \geqq \sigma_{0j}^2$ $(a=3 \text{ のとき})$ であるという仮説となる．帰無仮説 $H_a^*(E)$ を，

$H_a^*(E)$：任意の $j \in E$ に対して (i) $\sigma_j^2 = \sigma_{0j}^2 (a=1 \text{ のとき})$,
(ii) $\sigma_j^2 \leqq \sigma_{0j}^2 (a=2 \text{ のとき})$，(iii) $\sigma_j^2 \geqq \sigma_{0j}^2 (a=3 \text{ のとき})$

で定義すると，$a=1,2,3$ に対して

$$\bigwedge_{i \in E} H_{ai}^s = H_a^*(E) \tag{4.29}$$

が成り立つ．

閉検定手順は，特定の帰無仮説を $H_{ai_0}^s \in \mathcal{H}_a^*$ としたとき，$i_0 \in E \subset \mathcal{I}_0$ を満たす任意の E に対して帰無仮説 $H_a^*(E)$ の検定が水準 α で棄却された場合に，$H_{ai_0}^s$ を棄却する方式である．以下に帰無仮説 $H_a^*(E)$ の検定方法を具体的に論述する．

[4.15] 正確な閉検定手順

a を決め，帰無仮説と対立仮説を選ぶ．$i_0 \in E \subset \mathcal{I}_0$ を満たす任意の E に

対して，ある $j \in E$ が存在して，次の (1)〜(3) に応じた 1 つが成り立つならば，帰無仮説 $H_{ai_0}^s$ を棄却する．ただし，$\ell \equiv \ell(E) \equiv \#(E)$ とする．この方式が水準 α の多重比較検定である．

(1) $a = 1$ のときの両側検定：帰無仮説 H_{1i}^s vs. 対立仮説 H_{1i}^{sA} $(i = 1, \ldots, k)$

$$\frac{2n_j \tilde{\sigma}_j^2}{\chi_{2n_j}^2 \left(\left\{ 1 + (1-\alpha)^{\frac{1}{\ell}} \right\}/2 \right)} \geqq \sigma_{0j}^2$$

$$\text{または} \quad \frac{2n_j \tilde{\sigma}_j^2}{\chi_{2n_j}^2 \left(\left\{ 1 - (1-\alpha)^{\frac{1}{\ell}} \right\}/2 \right)} \leqq \sigma_{0j}^2$$

(2) $a = 2$ のときの上側検定：帰無仮説 H_{2i}^s vs. 対立仮説 H_{2i}^{sA} $(i = 1, \ldots, k)$

$$\frac{2n_j \tilde{\sigma}_j^2}{\chi_{2n_j}^2 \left(1 - (1-\alpha)^{\frac{1}{\ell}} \right)} \geqq \sigma_{0j}^2$$

(3) $a = 3$ のときの下側検定：帰無仮説 H_{3i}^s vs. 対立仮説 H_{3i}^{sA} $(i = 1, \ldots, k)$

$$\frac{2n_j \tilde{\sigma}_j^2}{\chi_{2n_j}^2 \left((1-\alpha)^{\frac{1}{\ell}} \right)} \leqq \sigma_{0j}^2 \qquad \blacksquare$$

4.6 データ解析例

$k = 4$, $n_1 = n_2 = n_3 = n_4 = 60$ とした等しい標本サイズ 60 の 4 群モデルの正規乱数データを使って，4.3 節で紹介したすべての分散相違に対する水準 0.05 の多重比較検定法と信頼係数 0.95 の同時信頼区間を用いて解析してみる．標本分散がそれぞれ

$$\tilde{\sigma}_1^2 = 1.0, \ \tilde{\sigma}_2^2 = 1.7, \ \tilde{\sigma}_3^2 = 2.0, \ \tilde{\sigma}_4^2 = 4.0 \tag{4.30}$$

となるように観測値を調整している．本章で述べた手法 [4.1]〜[4.15] は (4.30) を通して観測データに依存する．

まずは，[4.1] のボンフェローニの不等式による多重比較検定を試みる．統計量の値は，(4.30) から，

$$T_{21}^e = 1.705,\ T_{31}^e = 2.005,\ T_{41}^e = 4.009,\ T_{32}^e = 1.176,$$
$$T_{42}^e = 2.351,\ T_{43}^e = 2.000$$

となる.$F_{59}^{59}(0.05/12) = 2.007$ であり,$T_{i'i}^e > 2.007$ となる i', i に対して $H_{(i,i')}^s$ が棄却されるので,帰無仮説

$$H_{(1,4)}^s,\ H_{(2,4)}^s \tag{4.31}$$

が水準 0.05 の多重比較検定として棄却される.[4.3] のホルムの方法を使うと,帰無仮説

$$H_{(1,3)}^s,\ H_{(1,4)}^s,\ H_{(2,4)}^s,\ H_{(3,4)}^s \tag{4.32}$$

が棄却される.[4.5] のボンフェローニの不等式による信頼係数 0.95 の同時信頼区間は

$0.849 < \sigma_2^2/\sigma_1^2 < 3.422,\ 0.999 < \sigma_3^2/\sigma_1^2 < 4.024,\ 1.997 < \sigma_4^2/\sigma_1^2 < 8.046,$
$0.586 < \sigma_3^2/\sigma_2^2 < 2.360,\ 1.172 < \sigma_4^2/\sigma_2^2 < 4.720,\ 0.996 < \sigma_4^2/\sigma_1^2 < 4.014$

となり,

$$\sigma_4^2 > \sigma_1^2 \ \ \text{かつ}\ \ \sigma_4^2 > \sigma_2^2 \tag{4.33}$$

が結論できる.

[4.2] の対数変換を使ったシングルステップの多重比較検定法を用いる.検定統計量の値は

$$T_{21}^s = 2.066,\ T_{31}^s = 2.694,\ T_{41}^s = 5.378,\ T_{32}^s = 0.628,$$
$$T_{42}^s = 3.311,\ T_{43}^s = 2.684$$

付表 3 より $a(4; 0.05) = 2.569$ であるので,帰無仮説

$$H_{(1,3)}^s,\ H_{(1,4)}^s,\ H_{(2,4)}^s,\ H_{(3,4)}^s \tag{4.34}$$

が水準 0.05 の多重比較検定として棄却される.[4.4] の閉検定手順を使うと,帰無仮説

$$H_{(1,2)}^s,\ H_{(1,3)}^s,\ H_{(1,4)}^s,\ H_{(2,4)}^s,\ H_{(3,4)}^s \tag{4.35}$$

が棄却される．

$\{\log(\sigma_{i'}^2/\sigma_i^2) \mid 1 \leqq i < i' \leqq 4\}$ に対する信頼係数 95% の [4.6] の漸近的な同時信頼区間は

$$-0.130 < \log(\sigma_2^2/\sigma_1^2) < 1.197, \quad 0.032 < \log(\sigma_3^2/\sigma_1^2) < 1.359,$$

$$0.725 < \log(\sigma_4^2/\sigma_1^2) < 2.052, \quad -0.501 < \log(\sigma_3^2/\sigma_2^2) < 0.825,$$

$$0.192 < \log(\sigma_4^2/\sigma_2^2) < 1.518, \quad 0.030 < \log(\sigma_4^2/\sigma_3^2) < 1.356$$

となり，

$$\sigma_3^2 > \sigma_1^2, \ \sigma_4^2 > \sigma_1^2, \ \sigma_4^2 > \sigma_2^2, \ \sigma_4^2 > \sigma_3^2 \tag{4.36}$$

の関係を導くことができる．

第5章

平均母数に順序制約がある場合の多重比較法

薬の増量や毒性物質の暴露量の増加により母平均に順序制約を入れることができることが多い．一般に，順序制約のあるモデルで考案された統計手法は，順序制約のないモデルで考案された統計手法を大きく優越する．このため，順序制約のある統計モデルで考察することは非常に有意義である．Kudô (1963) の論文が先駆けとなり順序制約の統計モデルでの数理理論を研究した日本の数理統計学者は非常に多い．

本章を通して，ノンパラメトリック法の漸近的な結果は，すべて (2.59) の条件 2.1 が満たされるものとして導かれている．

5.1 モデルと傾向性制約での極値

$i = 1, \ldots, k$ に対して第 i 標本 $(X_{i1}, X_{i2}, \ldots, X_{in_i})$ は，平均が μ_i である同一の連続型分布関数 $F(x - \mu_i)$ をもつとする．すなわち，

$$P(X_{ij} \leqq x) = F(x - \mu_i), \quad E(X_{ij}) = \mu_i.$$

$f(x) \equiv F'(x)$ とおくと，$\int_{-\infty}^{\infty} x f(x) dx = 0$ が成り立つ．さらにすべての X_{ij} は互いに独立であると仮定する．総標本サイズを $n \equiv n_1 + \cdots + n_k$ とおく．このとき，観測値が連続分布に従う k 群モデルの表 5.1 を得る．これまでは μ_i に制限をおかなかったが，ここでは位置母数に傾向性の制約

$$\mu_1 \leqq \mu_2 \leqq \cdots \leqq \mu_k \tag{5.1}$$

がある場合での統計解析法を論じる．

第 5 章 平均母数に順序制約がある場合の多重比較法

表 5.1 位置母数に順序制約のある k 群モデル

群	サイズ	データ	平均	分布関数
第 1 群	n_1	$X_{11}, \ldots, X_{1n_1}$	μ_1	$F(x - \mu_1)$
第 2 群	n_2	$X_{21}, \ldots, X_{2n_2}$	μ_2	$F(x - \mu_2)$
$\vdots$	$\vdots$	$\vdots$	$\vdots$	$\vdots$
第 k 群	n_k	$X_{k1}, \ldots, X_{kn_k}$	μ_k	$F(x - \mu_k)$

総標本サイズ: $n \equiv n_1 + \cdots + n_k$ (すべての観測値の個数)
$\mu_1, \ldots, \mu_k$ はすべて未知母数であるが $\mu_1 \leqq \mu_2 \leqq \cdots \leqq \mu_k$ の制約
をおく.

手法を論じる前に, $\boldsymbol{X} \equiv (X_{11}, \ldots, X_{1n_1}, \ldots, X_{k1}, \ldots, X_{kn_k})$ の k 個の
関数値 $g_1(\boldsymbol{X}), \ldots, g_k(\boldsymbol{X})$ に対して

$$u_1 \leqq \cdots \leqq u_k \ \text{の下で} \ \sum_{i=1}^{k} \lambda_{ni}\{u_i - g_i(\boldsymbol{X})\}^2 \ \text{を最小}$$

にする $u_1, \ldots, u_k$ を $g_1^*, \ldots, g_k^*$ とする. ただし, λ_{ni} は (2.7) で定義したも
のとする. すなわち

$$\sum_{i=1}^{k} \lambda_{ni}\{g_i^* - g_i(\boldsymbol{X})\}^2 = \min_{u_1 \leqq \cdots \leqq u_k} \sum_{i=1}^{k} \lambda_{ni}\{u_i - g_i(\boldsymbol{X})\}^2$$

である. $g_1^*, \ldots, g_k^*$ を求めるアルゴリズムを紹介する. 関数値 $g_1(\boldsymbol{X}), \ldots, g_k(\boldsymbol{X})$
と標本サイズ $n_1, \ldots, n_k$ に対して p 番目の値 $g_p(\boldsymbol{X})$ から q 番目の値 $g_q(\boldsymbol{X})$
までの n_p から n_q を重みとする重み付き平均を

$$g_{[p,q]} \equiv \frac{\sum_{i=p}^{q} n_i g_i(\boldsymbol{X})}{\sum_{i=p}^{q} n_i} = \frac{\sum_{i=p}^{q} \lambda_{ni} g_i(\boldsymbol{X})}{\sum_{i=p}^{q} \lambda_{ni}} \quad (p \leqq q)$$

とおく. このとき,

$$h_1^* \equiv \min_{1 \leqq m \leqq k} g_{[1,m]}, \quad m_1 \equiv \max\{m \mid g_{[1,m]} = h_1^*, \ 1 \leqq m \leqq k\}$$

とおけば, $g_1^* = \cdots = g_{m_1}^* = h_1^*$ となり, m_1 個の $g_1^*, \ldots, g_{m_1}^*$ が定まる. も

し, $m_1 < k$ ならば,

$$h_2^* \equiv \min_{m_1+1 \leqq m \leqq k} g_{[m_1+1, m]},$$
$$m_2 \equiv \max \{m |\ g_{[m_1+1, m]} = h_2^*,\ m_1 + 1 \leqq m \leqq k\}$$

とおけば, $g_{m_1+1}^* = \cdots = g_{m_2}^* = h_2^*$ となり, $m_2 - m_1$ 個の $g_{m_1+1}^*, \ldots, g_{m_2}^*$ が定まる. $m_2 < k$ ならば, 以下 $3 \leqq r$ に対して順次, 下の枠内を $m_r = k$ となるまで続ける.

$$h_r^* \equiv \min_{m_{r-1}+1 \leqq m \leqq k} g_{[m_{r-1}+1, m]}$$
$$m_r \equiv \max \{m |\ g_{[m_{r-1}+1, m]} = h_r^*,\ m_{r-1} + 1 \leqq m \leqq k\}$$
$$g_{m_{r-1}+1}^* = \cdots = g_{m_r}^* = h_r^*$$

$m_\ell = k$ ならば

$$g_1^* = \cdots = g_{m_1}^* < g_{m_1+1}^* = \cdots = g_{m_2}^* < \cdots < g_{m_{\ell-1}+1}^* = \cdots = g_{m_\ell}^*$$

となり, g_i^* は ℓ 個の異なる値からなる. この場合の興味あるグラフは,

$$W_i \equiv \sum_{j=1}^{i} \lambda_{nj}, \quad G_i \equiv \sum_{j=1}^{i} \lambda_{nj} g_j \quad (i = 1, \ldots, k),$$
$$Q_0 \equiv (0, 0), \quad Q_i \equiv (W_i, G_i) \quad (i = 1, \ldots, k),$$
$$W_i^* \equiv \sum_{j=1}^{m_i} \lambda_{nj}, \quad G_i^* \equiv \sum_{j=1}^{m_i} \lambda_{nj} g_j^* \quad (i = 1, \ldots, \ell),$$
$$Q_0^* \equiv (0, 0), \quad Q_i^* \equiv (W_i^*, G_i^*) \quad (i = 1, \ldots, \ell)$$

とおくと, Q_i^* $(i = 0, 1, \ldots, \ell)$ を結んでできた折れ線は, Q_i $(i = 0, 1, \ldots, k)$ を結んでできた折れ線以下にある下に凸な曲線で最大のものである. 例として, (n_i, g_i) $(i = 1, \ldots, 6)$ が, $(3, 8/3), (2, 1.0), (2, 3.0), (3, 6.0), (2, 1.0), (3, 5.0)$ のときの $Q_0 = (0, 0), Q_1 = (3/15, 8/15), Q_2 = (5/15, 10/15), Q_3 = (7/15, 16/15), Q_4 = (10/15, 34/15), Q_5 = (12/15, 36/15), Q_6 = (1, 51/15)$ を結んでできた折れ線と $Q_0^* = (0, 0), Q_1^* = (5/15, 10/15), Q_2^* = (7/15, 16/15), Q_3^* = (12/15, 36/15), Q_4^* =$

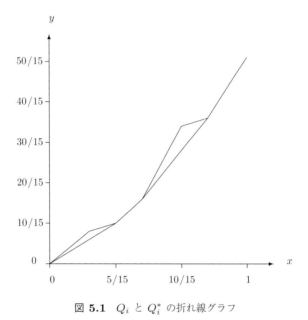

図 5.1　Q_i と Q_i^* の折れ線グラフ

$(1, 51/15)$ を結んでできた折れ線のグラフを図 5.1 に重ね描きしている.

$$g_1^* = g_2^* = 2.0 < g_3^* = 3.0 < g_4^* = g_5^* = 4.0 < g_6^* = 5.0$$

となる. Barlow et al. (1972) により,

$$g_i^* = \max_{1 \leqq p \leqq i} \min_{i \leqq q \leqq k} g_{[p,q]}$$

が成り立つ.

5.2　一様性の帰無仮説の検定と点推定

一様性の帰無仮説と対立仮説は,

$$\begin{cases} 帰無仮説 & H_0 : \mu_1 = \cdots = \mu_k \\ 対立仮説 & H_1^{OA} : \\ & \mu_1 \leqq \mu_2 \leqq \cdots \leqq \mu_k \quad (少なくとも 1 つの不等号は <) \end{cases}$$

である．

　本節では帰無仮説 H_0 vs. 対立仮説 H_1^{OA} に対する検定と傾向性の制約 (5.1) の下での母数 $(\tau_1, \ldots, \tau_k), \nu, (\mu_1, \ldots, \mu_k)$ の点推定について説明する．

5.2.1　正規分布モデルでの最良手法

　$F(x - \mu_i)$ を正規分布 $N(\mu_i, \sigma^2)$ の分布関数とする．

[5.1] 線形統計量に基づく検定

　$c_1, c_2, \ldots, c_k$ を $c_1 \leqq c_2 \leqq \cdots \leqq c_k$ を満たす定数とする．ただし，少なくとも1つの不等式は $<$ である．このとき，

$$T_c \equiv \frac{\sum_{i=1}^{k} \left\{ (c_i - \bar{c}) \sum_{j=1}^{n_i} X_{ij} \right\}}{\sqrt{V_E \sum_{i=1}^{k} n_i (c_i - \bar{c})^2}} \tag{5.2}$$

とおく．ただし，

$$\bar{c} = \frac{1}{n} \sum_{i=1}^{k} n_i c_i \tag{5.3}$$

とし，V_E は (2.11) で定義したものとする．

　このとき，次の定理 5.1 を得る．

【定理 5.1】　H_0 の下に，$T_c \sim t_m$ が成り立つ．ただし，$m \equiv n - k$ とする．

　証明　H_0 の下で，$\sqrt{V_E} T_c \sim N(0, 1)$ である．さらに，$\sqrt{V_E} T_c$ と V_E は独立で，$m V_E \sim \chi_m^2$ であるので，結論を得る． □

　水準 α の検定として，$T_c \geqq t(m; \alpha)$ ならば，H_0 を棄却し，H_1^{OA} を受け入れる．ただし，$t(m; \alpha)$ は自由度 m の t 分布の上側 $100\alpha\%$ 点とする．

　$c_1, c_2, \ldots, c_k$ の与え方として，いくつかの議論がある．単純でよく使われる与え方として $c_i \equiv i \ (i = 1, \ldots, k)$ とすると，統計量 T_c は

$$T_p \equiv \frac{\sum_{i=1}^{k}\left\{\left(i - \frac{1}{n}\sum_{j=1}^{k} jn_j\right)\sum_{j=1}^{n_i} X_{ij}\right\}}{\sqrt{V_E \sum_{i=1}^{k} n_i \left(i - \frac{1}{n}\sum_{j=1}^{k} jn_j\right)^2}} \tag{5.4}$$

となる．このとき，水準 α の検定は，$T_p \geqq t(m;\alpha)$ ならば，H_0 を棄却し，H_1^{OA} を受け入れる方法で与えられる．T_p を使用したこの検定方式は Page (1963) に類似であるので，ページ型検定とよぶことにする．

$\tilde{\mu}_1^*, \ldots, \tilde{\mu}_k^*$ を

$$\sum_{i=1}^{k} \lambda_{ni}\left(\tilde{\mu}_i^* - \bar{X}_{i\cdot}\right)^2 = \min_{u_1 \leqq \cdots \leqq u_k} \sum_{i=1}^{k} \lambda_{ni}\left(u_i - \bar{X}_{i\cdot}\right)^2$$

を満たすものとする．ただし，λ_{ni} は (2.7) で定義する．$\tilde{\mu}_1^*, \ldots, \tilde{\mu}_k^*$ は順序制約 (5.1) の下での最尤推定量で，5.1 節より，

$$\tilde{\mu}_i^* = \max_{1 \leqq p \leqq i} \min_{i \leqq q \leqq k} \frac{\sum_{j=p}^{q} \lambda_{nj} \bar{X}_{j\cdot}}{\sum_{j=p}^{q} \lambda_{nj}} = \max_{1 \leqq p \leqq i} \min_{i \leqq q \leqq k} \frac{\sum_{j=p}^{q} n_j \bar{X}_{j\cdot}}{\sum_{j=p}^{q} n_j} \tag{5.5}$$

を得る．σ^2 を既知としたときの帰無仮説 H_0 vs. 対立仮説 H^A に対する尤度比検定統計量は，$\bar{\chi}^2$ 統計量

$$\bar{\chi}^2 \equiv \frac{\sum_{i=1}^{k} n_i(\tilde{\mu}_i^* - \bar{X}_{\cdot\cdot})^2}{\sigma^2}$$

で与えられる．$P(L,k;\boldsymbol{\lambda}_n)$ を，$\tilde{\mu}_1^*, \ldots, \tilde{\mu}_k^*$ がちょうど L 個の異なる値となる H_0 の下での確率とする．このとき，Robertson et al. (1988) により，H_0 の下で，$t > 0$ に対して

$$P_0(\bar{\chi}^2 \leqq t) = P(1,k;\boldsymbol{\lambda}_n) + \sum_{L=2}^{k} P(L,k;\boldsymbol{\lambda}_n) P\left(\chi_{L-1}^2 \leqq t\right) \tag{5.6}$$

となる．ただし，$P_0(\cdot)$ は H_0 の下での確率測度を表し，$\boldsymbol{\lambda}_n \equiv (\lambda_{n1}, \ldots, \lambda_{nk}) = (n_1/n, \ldots, n_k/n)$．$\chi_{L-1}^2$ を自由度 $L-1$ のカイ自乗分布に従う確率変数と

する.

$$P(1,k;\boldsymbol{\lambda}_n) + \sum_{L=2}^{k} P(L,k;\boldsymbol{\lambda}_n)P\left(\chi^2_{L-1} \leqq t\right) + \sum_{L=2}^{k} P(L,k;\boldsymbol{\lambda}_n)P\left(\chi^2_{L-1} \geqq t\right)$$
$$= \sum_{L=1}^{k} P(L,k;\boldsymbol{\lambda}_n) = 1$$

が成り立つので, (5.6) は, $t>0$ に対して,

$$P_0(\bar{\chi}^2 \geqq t) = \sum_{L=2}^{k} P(L,k;\boldsymbol{\lambda}_n)P\left(\chi^2_{L-1} \geqq t\right) \tag{5.7}$$

と同値である. $P(L,k;\boldsymbol{\lambda}_n)$ の値を求めるアルゴリズムが Miwa et al. (2000) に記述されている. 以下, 本書の表記にそって記述する.

$$P(k,k;\boldsymbol{\lambda}_n) = P_0\left(\sqrt{n}\bar{X}_{1\cdot} < \cdots < \sqrt{n}\bar{X}_{k\cdot}\right)$$
$$= P\left(Y_1 < Y_2 < \cdots < Y_k\right) \tag{5.8}$$

を Hayter and Liu (1996) により 1 次元の数値積分を繰り返すことによって得ることができる. ただし, $Y_1,\ldots,Y_k$ は互いに独立で, 各 Y_i は $N(0, 1/\lambda_{ni})$ に従うものとする.

$\{I_1^d, I_2^d, \ldots, I_L^d\}$ は $\{1,2,\ldots,k\}$ の直和分割で, 次の性質 5.1 を満たす.

(性質 5.1) 各 I_s^d は連続した整数の値からなる $\emptyset$ でない集合とする. さらに, $L \geqq 2$ のとき, $1 \leqq s \leqq L-1$ となる任意の整数 s に対して, I_s^d の要素の最大値は I_{s+1}^d の要素の最小値よりも小さい. □

$\#(I_s^d)$ を I_s^d の要素の個数とし, $\Lambda(I_s^d) \equiv \sum_{i \in I_s^d} \lambda_{ni}$ で定義し, $I_s^d = \{i, i+1, \ldots, j\}$ のとき $\boldsymbol{\lambda}_n(I_s^d) \equiv (\lambda_{ni}, \lambda_{ni+1}, \ldots, \lambda_{nj})$ で定義する. このとき, Robertson et al. (1988) により, $L=2,\ldots,k-1$ に対して

$$P(L,k;\boldsymbol{\lambda}_n) = \sum_{\{I_1^d, I_2^d, \ldots, I_L^d\}} P\left(L,L; \Lambda(I_1^d), \Lambda(I_2^d), \ldots, \Lambda(I_L^d)\right)$$
$$\cdot \prod_{s=1}^{L} P(1, \#(I_s^d); \boldsymbol{\lambda}_n(I_s^d)) \tag{5.9}$$

が成り立つ．ただし，和は，$\{I_1^d, I_2^d, \ldots, I_L^d\}$ が性質 5.1 を満たす $\{1, 2, \ldots, k\}$ の直和分割全体を動く．(5.9) の $\#(I_s^d)$ は $k-1$ 以下となる．

さらに，余事象の関係から

$$P(1, k; \boldsymbol{\lambda}_n) = 1 - \sum_{L=2}^{k} P(L, k; \boldsymbol{\lambda}_n)$$

がわかる．初項は

$$P(1, 1; \lambda_{ni}) = 1 \quad (1 \leqq i \leqq k) \tag{5.10}$$

$$P(1, 2; \lambda_{ni}, \lambda_{nj}) = P(2, 2; \lambda_{ni}, \lambda_{nj}) = \frac{1}{2} \quad (1 \leqq i < j \leqq k) \tag{5.11}$$

である．

$\lambda_{n1} = \cdots = \lambda_{nk} = 1/k$ のとき，すなわち，サイズが等しい $n_1 = \cdots = n_k$ のとき，$P(L, k; \boldsymbol{\lambda}_n)$ は L, k だけに依存するので，これを簡略化して $P(L, k)$ と書くことにする．このとき，Barlow et al. (1972) により次の漸化式を得る．

$$P(1, k) = \frac{1}{k},$$
$$P(L, k) = \frac{1}{k} \{(k-1)P(L, k-1) + P(L-1, k-1)\}, \quad (2 \leqq L \leqq k-1)$$
$$P(k, k) = \frac{1}{k!} \tag{5.12}$$

σ^2 を未知としたとき，帰無仮説 H_0 vs. 対立仮説 H_1^{OA} の尤度比検定統計量は

$$\bar{E}^2 \equiv \frac{\sum_{i=1}^{k} n_i (\tilde{\mu}_i^* - \bar{X}_{..})^2}{(n-1)\tilde{\sigma}_0^2} = \frac{\bar{\chi}^2}{(n-1)\tilde{\sigma}_0^2/\sigma^2}$$

と表される．ただし，$\tilde{\sigma}_0^2 \equiv \frac{1}{n-1} \sum_{i=1}^{k} \sum_{j=1}^{n_i} (X_{ij} - \bar{X}_{..})^2$, $\bar{X}_{..} \equiv \frac{1}{n} \sum_{i=1}^{k} \sum_{j=1}^{n_i} X_{ij}$ とする．$\tilde{\sigma}_0^2$ は H_0 の下での σ^2 の不偏推定量である．H_0 の真偽に関係なく，σ^2 の不偏推定量は (2.11) で定義した V_E で与えられ，多重比較検定統計量の分母や分散分析の F 統計量の分母に使われている．$\bar{E}^2$ の分母にある $(n-1)\tilde{\sigma}_0^2$ を V_E に置き換えた統計量は

$$\bar{B}^2 \equiv \frac{\sum_{i=1}^{k} n_i(\tilde{\mu}_i^* - \bar{X}_{..})^2}{V_E} = \frac{\bar{\chi}^2}{V_E/\sigma^2}$$

と表される.

$\bar{\chi}^2$ と V_E が互いに独立であること, mV_E が自由度 m のカイ自乗分布に従うことと (5.6) を使って, 2 重積分の変数変換の公式により, $t > 0$ に対して

$$P_0(\bar{B}^2 \leqq t) = P(1,k;\boldsymbol{\lambda}_n) + \sum_{L=2}^{k} P(L,k;\boldsymbol{\lambda}_n) P\left((L-1)F_m^{L-1} \leqq t\right) \quad (5.13)$$

となる. ただし, F_m^{L-1} を自由度 $(L-1, m)$ の F 分布に従う確率変数とする.

$$P(1,k;\boldsymbol{\lambda}_n) + \sum_{L=2}^{k} P(L,k;\boldsymbol{\lambda}_n) P\left((L-1)F_m^{L-1} \leqq t\right)$$
$$+ \sum_{L=2}^{k} P(L,k;\boldsymbol{\lambda}_n) P\left((L-1)F_m^{L-1} \geqq t\right)$$
$$= \sum_{L=1}^{k} P(L,k;\boldsymbol{\lambda}_n) = 1$$

が成り立つので, (5.13) は, $t > 0$ に対して,

$$P_0(\bar{B}^2 \geqq t) = \sum_{L=2}^{k} P(L,k;\boldsymbol{\lambda}_n) P\left((L-1)F_m^{L-1} \geqq t\right) \quad (5.14)$$

と同値である. 同様に, $t > 0$ に対して

$$P_0(\bar{E}^2 \leqq t) = P(1,k;\boldsymbol{\lambda}_n) + \sum_{L=2}^{k} P(L,k;\boldsymbol{\lambda}_n) P\left(B_{(L-1)/2,(n-L)/2} \leqq t\right) \quad (5.15)$$

$$\iff P_0(\bar{E}^2 \geqq t) = \sum_{L=2}^{k} P(L,k;\boldsymbol{\lambda}_n) P\left(B_{(L-1)/2,(n-L)/2} \geqq t\right) \quad (5.16)$$

を得る. ただし, $B_{(L-1)/2,(n-L)/2}$ を自由度 $((L-1)/2, (n-L)/2)$ のベータ分布に従う確率変数とする. (5.13) と (5.15) はそれぞれ, Miwa et al. (2000) と Robertson et al. (1988) に記述されている.

[5.2] $\bar{B}^2$ に基づく検定法

$$SB(t) \equiv P_0(\bar{B}^2 \leqq t) \tag{5.17}$$

とおき,

$$\text{方程式 } SB(t) = 1 - \alpha \text{ を満たす } t \text{ の解を } \bar{b}^2(k, \boldsymbol{\lambda}_n, m; \alpha) \tag{5.18}$$

とおく. 水準 α の検定として,

$$\bar{B}^2 \geqq \bar{b}^2(k, \boldsymbol{\lambda}_n, m; \alpha)$$

ならば, H_0 を棄却し, H_1^{OA} を受け入れる. ∎

サイズが等しい $n_1 = \cdots = n_k = n_0$ の場合, $\bar{b}^2(k, \boldsymbol{\lambda}_n, m; \alpha)$ は, $\boldsymbol{\lambda}_n$ に依存せず k, n_0, α だけの関数であるので, 簡略化してこの値を $\bar{b}^{2*}(k, n_0; \alpha)$ で表記する. すなわち,

$$\bar{b}^{2*}(k, n_0; \alpha) = \bar{b}^2(k, \boldsymbol{\lambda}_n, m; \alpha) \tag{5.19}$$

である. ただし, $m = kn_0 - k = k(n_0 - 1)$ である. $\bar{b}^{2*}(k, n_0; \alpha)$ の数表を付表 14, 15 に載せている.

[5.3] $\bar{E}^2$ に基づく尤度比検定法

$$SE(t) \equiv P_0(\bar{E}^2 \leqq t) \tag{5.20}$$

とおき,

$$\text{方程式 } SE(t) = 1 - \alpha \text{ を満たす } t \text{ の解を } \bar{e}^2(k, \boldsymbol{\lambda}_n, m; \alpha) \tag{5.21}$$

とおく. 水準 α の検定として,

$$\bar{E}^2 \geqq \bar{e}^2(k, \boldsymbol{\lambda}_n, m; \alpha)$$

ならば, H_0 を棄却し, H_1^{OA} を受け入れる. ∎

$n \to \infty$ の漸近理論を考える. (2.59) の条件 2.1 の下で, $n \to \infty$ として, V_E は σ^2 に確率収束するので, $t > 0$ に対して

$$\lim_{n\to\infty} P_0(\bar{B}^2 \geqq t) = \lim_{n\to\infty} P_0(\bar{\chi}^2 \geqq t)$$
$$= \sum_{L=2}^{k} P(L, k; \boldsymbol{\lambda}) P\left(\chi_{L-1}^2 \geqq t\right) \quad (5.22)$$

が成り立つ．ただし，$\boldsymbol{\lambda} \equiv (\lambda_1, \ldots, \lambda_k)$, $i = 1, \ldots, k$ に対して Z_i は互いに独立で，各 Z_i が $N(0, 1/\lambda_i)$ に従い，$\breve{\mu}_1^*, \ldots, \breve{\mu}_k^*$ を

$$\sum_{i=1}^{k} \lambda_i \left(\breve{\mu}_i^* - Z_i\right)^2 = \min_{u_1 \leqq \cdots \leqq u_k} \sum_{i=1}^{k} \lambda_i \left(u_i - Z_i\right)^2$$

を満たすものとしたとき，$P(L, k; \boldsymbol{\lambda})$ を，$\breve{\mu}_1^*, \ldots, \breve{\mu}_k^*$ がちょうど L 個の異なる値となる確率とする．

[5.4] 位置母数の点推定量

(1.2) のように X_{ij} を

$$X_{ij} = \mu_i + \varepsilon_{ij} = \nu + \tau_i + \varepsilon_{ij} \quad \text{ただし} \sum_{i=1}^{k} n_i \tau_i = 0 \quad (5.23)$$

と書き直し，ε_{ij} は独立で同一の $N(0, \sigma^2)$ に従うとする．このとき，傾向性の制約 (5.1) の下でのそれぞれの位置母数 τ_i, ν, μ_i の最尤推定量は次のとおりである．

$$\tilde{\tau}_i^* = \tilde{\mu}_i^* - \bar{X}_{..} \ (i = 1, \ldots, k), \quad \tilde{\nu} = \bar{X}_{...}, \quad \tilde{\mu}_i^* \ (i = 1, \ldots, k). \quad (5.24)$$

ただし，$\tilde{\mu}_i^*$ は (5.5) で与えられたものとする． ∎

5.2.2 ノンパラメトリック法

$F(x)$ は，連続型の分布関数であるが未知であってもかまわないものとする．

[5.5] 線形順位検定

n 個すべての観測値 $X_{11}, \ldots, X_{kn_k}$ を小さい方から並べたときの X_{ij} の順位を R_{ij} とする．$c_1, c_2, \ldots, c_k$ を $c_1 \leqq c_2 \leqq \cdots \leqq c_k$ を満たす定数とす

る.ただし,少なくとも1つの不等式は<である.このとき,

$$\widehat{T}_c \equiv \frac{\sum_{i=1}^{k}\left\{(c_i - \bar{c})\sum_{j=1}^{n_i} R_{ij}\right\}}{\sqrt{\dfrac{n(n+1)}{12}\sum_{i=1}^{k} n_i(c_i - \bar{c})^2}} \tag{5.25}$$

とおく.ただし,$\bar{c}$ は (5.3) で定義したものとする.H_0 の下で,$E_0(\widehat{T}_c) = 0$, $V_0(\widehat{T}_c) = 1$ が成り立つ.

ここで,次の定理 5.2 を得る.

【定理 5.2】 (2.59) の条件 2.1 が満たされているとする.このとき,H_0 の下に,$n \to \infty$ として $\widehat{T}_c \xrightarrow{\mathcal{L}} N(0,1)$ が成り立つ.

証明 Hettmansperger (1984) の定理 5.11 を参照. □

水準 α の漸近的な順位検定として,$\widehat{T}_c \geq z(\alpha)$ ならば,H_0 を棄却し,H_1^{OA} を受け入れる.ただし,$z(\alpha)$ は $N(0,1)$ の上側 $100\alpha\%$ 点とする.

$c_1, c_2, \ldots, c_k$ の与え方として,いくつかの議論がある.単純でよく使われる与え方として $c_i \equiv i \ (i = 1, \ldots, k)$ とすると,統計量 T_c は

$$\widehat{T}_p \equiv \frac{\sum_{i=1}^{k}\left\{\left(i - \dfrac{1}{n}\sum_{j=1}^{k} jn_j\right)\sum_{j=1}^{n_i} R_{ij}\right\}}{\sqrt{\dfrac{n(n+1)}{12}\sum_{i=1}^{k} n_i\left(i - \dfrac{1}{n}\sum_{j=1}^{k} jn_j\right)^2}} \tag{5.26}$$

となる.このとき,水準 α の漸近的な検定は,$\widehat{T}_p \geq z(\alpha)$ ならば,H_0 を棄却し,H_1^{OA} を受け入れる方法で与えられる.$\widehat{T}_p$ を使用したこの検定方式は Page (1963) によって提案されている.

[5.6] 尤度比検定に類似の順位検定法

$\bar{R}_{1\cdot}^*, \ldots, \bar{R}_{k\cdot}^*$ を

$$\sum_{i=1}^{k} \lambda_{ni}(\bar{R}_{i\cdot}^* - \bar{R}_{i\cdot})^2 = \min_{u_1 \leqq \cdots \leqq u_k} \sum_{i=1}^{k} \lambda_{ni}(u_i - \bar{R}_{i\cdot})^2$$

を満たすものとする.すなわち,(5.5) と同様に,

$$\bar{R}_{i\cdot}^* = \max_{1 \leqq p \leqq i} \min_{i \leqq q \leqq k} \frac{\sum_{j=p}^{q} n_j \bar{R}_{j\cdot}}{\sum_{j=p}^{q} n_j}$$

である.このとき,帰無仮説 H_0 vs. 対立仮説 H_1^* の検定統計量は

$$T_R^* \equiv \frac{12}{n(n+1)} \sum_{i=1}^{k} n_i \left(\bar{R}_{i\cdot}^* - \frac{n+1}{2} \right)^2$$

と表される.このとき,(5.22) と同様に,条件2.1の下で,$t > 0$ に対して

$$\lim_{n \to \infty} P_0(T_R^* \geqq t) = \sum_{L=2}^{k} P(L, k; \boldsymbol{\lambda}) P\left(\chi_{L-1}^2 \geqq t\right) \quad (5.27)$$

が成り立つ.$t > 0$ に対して

$$SC(t) \equiv P(1, k; \boldsymbol{\lambda}) + \sum_{L=2}^{k} P(L, k; \boldsymbol{\lambda}) P\left(\chi_{L-1}^2 \leqq t\right) \quad (5.28)$$

とおき,

$$\text{方程式 } SC(t) = 1 - \alpha \text{ を満たす } t \text{ の解を } \bar{c}^2(k, \boldsymbol{\lambda}; \alpha) \quad (5.29)$$

とおく.水準 α の検定として,

$$T_R^* \geqq \bar{c}^2(k, \boldsymbol{\lambda}; \alpha)$$

ならば,H_0 を棄却し,H_1^{OA} を受け入れる. ∎

サイズが等しい $n_1 = \cdots = n_k = n_0$ の場合,$\bar{c}^2(k, \boldsymbol{\lambda}; \alpha)$ は,$\boldsymbol{\lambda} = (1/k, \ldots, 1/k)$ に依存せず k, α だけの関数であるので,簡略化してこの値を $\bar{c}^{2*}(k; \alpha)$ で表記する.すなわち,

$$\bar{c}^{2*}(k;\alpha) = \bar{c}^2(k, 1/k, \ldots, 1/k; \alpha)$$

である．(5.19) より，$\lim_{n_0 \to \infty} \bar{b}^{2*}(k, n_0; \alpha) = \bar{c}^{2*}(k;\alpha)$ が成り立つので，$\alpha = 0.05, 0.01$ に対して $\bar{c}^{2*}(k;\alpha)$ は付表 14, 15 の $n_0 = \infty$ の値である．

[5.7] 位置母数の順位推定量

$\hat{\tau}_i$ $(i = 1, \ldots, k)$ と $\hat{\nu}$ をそれぞれ参考文献 (著 1) の 4.3.2 項で紹介した τ_i $(i = 1, \ldots, k)$ と ν の順位推定とする．$\hat{\tau}_1^*, \ldots, \hat{\tau}_k^*$ を

$$\sum_{i=1}^k \lambda_{ni} (\hat{\tau}_i^* - \hat{\tau}_i)^2 = \min_{u_1 \leqq \cdots \leqq u_k} \sum_{i=1}^k \lambda_{ni} (u_i - \hat{\tau}_i)^2$$

を満たすものとする．このとき，傾向性の制約 $\mu_1 \leqq \mu_2 \leqq \cdots \leqq \mu_k$ の下での位置母数 τ_i, ν, μ_i の順位推定量は次のとおりである．

(i) $f(x)$ に対称性を仮定できるとき ($f(x)$ が偶関数であるとき)

$$\hat{\tau}_i^* \ (i = 1, \ldots, k), \quad \hat{\nu}, \quad \hat{\mu}_i^* = \hat{\nu} + \hat{\tau}_i^* \ (i = 1, \ldots, k)$$

(ii) $f(x)$ に対称性を仮定できないとき

$$\hat{\tau}_i^* \ (i = 1, \ldots, k), \quad \tilde{\nu}, \quad \hat{\mu}_i^* = \tilde{\nu} + \hat{\tau}_i^* \ (i = 1, \ldots, k)$$

とすればよい．ただし，$\tilde{\nu}$ は (5.24) で定義したものとする． ∎

5.3 すべての平均相違の多重比較法

標本サイズを同一とした $n_1 = \cdots = n_k$ の場合の表 5.1 のモデルを考える．すなわち，表 5.1 は表 5.2 となる．

i, i' を $1 \leqq i < i' \leqq k$ とする．1 つの比較のための検定は

$$\text{帰無仮説 } H_{(i,i')} : \mu_i = \mu_{i'} \text{ vs. 対立仮説 } H_{(i,i')}^{OA} : \mu_i < \mu_{i'}$$

となる．帰無仮説のファミリーは，

表 5.2 位置母数に順序制約のある k 群モデル

群	サイズ	データ	平均	分布関数
第 1 群	n_1	$X_{11},\dots,X_{1n_1}$	μ_1	$F(x-\mu_1)$
第 2 群	n_1	$X_{21},\dots,X_{2n_1}$	μ_2	$F(x-\mu_2)$
$\vdots$	$\vdots$	$\vdots$	$\vdots$	$\vdots$
第 k 群	n_1	$X_{k1},\dots,X_{kn_1}$	μ_k	$F(x-\mu_k)$

総標本サイズ：$n \equiv kn_1$（すべての観測値の個数）
$\mu_1,\dots,\mu_k$ はすべて未知母数であるが $\mu_1 \leqq \mu_2 \leqq \cdots \leqq \mu_k$ の制約をおく．

$$\mathcal{H}_1 \equiv \{H_{(i,i')} \mid 1 \leqq i < i' \leqq k\} = \mathcal{H}_T$$

で与えられる．

以後，傾向性の制約 (5.1) は成り立っているものとする．

5.3.1 正規分布モデルでのヘイター (Hayter) の方法

$X_{ij} \sim N(\mu_i, \sigma^2)$ とする．ヘイターの方法 (Hayter, 1990) を説明する．統計量 $T_{i'i}(\boldsymbol{\mu})$ と $T_{i'i}$ を，

$$T_{i'i}(\boldsymbol{\mu}) \equiv \frac{\sqrt{n_1}(\bar{X}_{i'\cdot} - \bar{X}_{i\cdot} - \mu_{i'} + \mu_i)}{\sqrt{2V_E}},$$

$$T_{i'i} \equiv T_{i'i}(\boldsymbol{0}) = \frac{\sqrt{n_1}(\bar{X}_{i'\cdot} - \bar{X}_{i\cdot})}{\sqrt{2V_E}} \quad (5.30)$$

で定義する．Z_i を独立で同一の標準正規 $N(0,1)$ に従う確率変数とし，$D_1(t)$ $(t>0)$ を

$$D_1(t) \equiv P\left(\max_{1\leqq i<i'\leqq k} \frac{Z_{i'}-Z_i}{\sqrt{2}} \leqq t\right) \quad (5.31)$$

とおく．U_E は，Z_i とは独立で自由度 m のカイ自乗分布に従う確率変数とし，

$$TD_1(t) \equiv P\left(\max_{1\leqq i<i'\leqq k} \frac{Z_{i'}-Z_i}{\sqrt{2U_E/m}} \leqq t\right) = \int_0^\infty D_1(ts)g(s|m)ds \quad (5.32)$$

とおく．ただし，$g(s|m)$ は (2.8) で定義したものとする．このとき，

$$P\left(\max_{1\leqq i<i'\leqq k} T_{i'i}(\boldsymbol{\mu}) \leqq t\right) = P_0\left(\max_{1\leqq i<i'\leqq k} T_{i'i} \leqq t\right) = TD_1(t) \quad (5.33)$$

が成り立つ. $-Z_i$ と Z_i は同じ $N(0,1)$ に従うので,

$$D_1(t) \equiv P\left(\max_{1\leqq i<i'\leqq k} \frac{Z_i - Z_{i'}}{\sqrt{2}} \leqq t\right)$$

が成り立つ.

$$H_1(t,x) = P\left(\frac{Z_1 - x}{\sqrt{2}} \leqq t\right) = \Phi(\sqrt{2}\cdot t + x) \quad (5.34)$$

$r \geqq 2$ に対して

$$\begin{aligned}
H_r(t,x) &= P\left(\max_{1\leqq i<i'\leqq r+1} \frac{Z_i - Z_{i'}}{\sqrt{2}} \leqq t \,\Big|\, Z_{r+1} = x\right) \\
&= P\Big(\max_{1\leqq i<i'\leqq r}(Z_i - Z_{i'}) \leqq \sqrt{2}t, \\
&\qquad \max_{1\leqq i\leqq r}(Z_i - Z_{r+1}) \leqq \sqrt{2}t \,\Big|\, Z_{r+1} = x\Big) \\
&= P\left(\max_{1\leqq i<i'\leqq r}(Z_i - Z_{i'}) \leqq \sqrt{2}t,\; \max_{1\leqq i\leqq r}(Z_i - x) \leqq \sqrt{2}t\right) \quad (5.35)
\end{aligned}$$

によって r についての漸化式を定義する. (5.35) を 2 度使って,

$$\begin{aligned}
H_r(t,x) &= P\Big(\max_{1\leqq i<i'\leqq r}(Z_i - Z_{i'}) \leqq \sqrt{2}t, \\
&\qquad \max_{1\leqq i\leqq r-1}(Z_i - x) \leqq \sqrt{2}t,\; (Z_r - x) \leqq \sqrt{2}t\Big) \\
&= \int_{-\infty}^{x+\sqrt{2}t} P\Big(\max_{1\leqq i<i'\leqq r}(Z_i - Z_{i'}) \leqq \sqrt{2}t, \\
&\qquad \max_{1\leqq i\leqq r-1}(Z_i - x) \leqq \sqrt{2}t \,\Big|\, Z_r = w\Big)\varphi(w)dw \\
&= \int_{-\infty}^{x+\sqrt{2}t} P\Big(\max_{1\leqq i<i'\leqq r-1}(Z_i - Z_{i'}) \leqq \sqrt{2}t, \\
&\qquad \max_{1\leqq i\leqq r-1} Z_i \leqq \min\left\{x+\sqrt{2}t,\; w+\sqrt{2}t\right\}\Big)\varphi(w)dw
\end{aligned}$$

$$= \int_{-\infty}^{x} P\Bigg(\max_{1\leqq i<i'\leqq r-1}(Z_i - Z_{i'}) \leqq \sqrt{2}t,$$
$$\max_{1\leqq i\leqq r-1} Z_i \leqq w + \sqrt{2}t\Bigg)\varphi(w)dw$$
$$+ \int_{x}^{x+\sqrt{2}t} P\Bigg(\max_{1\leqq i<i'\leqq r-1}(Z_i - Z_{i'}) \leqq \sqrt{2}t,$$
$$\max_{1\leqq i\leqq r-1} Z_i \leqq x + \sqrt{2}t\Bigg)\varphi(w)dw$$
$$= \int_{-\infty}^{x} H_{r-1}(t,w)\varphi(w)dw + H_{r-1}(t,x)\{\Phi(\sqrt{2}\cdot t + x) - \Phi(x)\}$$

である.ここで,$H_r(t,x)$ と $D_1(t)$ は

$$H_r(t,x) = \int_{-\infty}^{x} H_{r-1}(t,y)\varphi(y)dy + H_{r-1}(t,x)\{\Phi(\sqrt{2}\cdot t + x) - \Phi(x)\}$$
$$(2 \leqq r \leqq k-1) \quad (5.36)$$
$$D_1(t) = \int_{-\infty}^{\infty} H_{k-1}(t,x)\varphi(x)dx \quad (5.37)$$

と表現することができる.さらに,(5.32), (5.37) より,

$$TD_1(t) = \int_0^{\infty}\left\{\int_{-\infty}^{\infty} H_{k-1}(ts,x)\varphi(x)dx\right\}g(s|m)ds \quad (5.38)$$

が導かれる.これにより,1 次元の積分の繰り返しによって $H_{k-1}(t,x)$ を求め,その値を使って,2 重積分により,$\max_{1\leqq i<i'\leqq k} T_{i'i}(\boldsymbol{\mu})$ の分布の上側確率を求めることができる.α を与え,

$$\text{方程式 } TD_1(t) = 1 - \alpha \text{ を満たす } t \text{ の解を } td_1(k,m;\alpha) \quad (5.39)$$

とする.漸化式 (5.34), (5.36)-(5.39) により,数値積分を使って $td_1(k,m;\alpha)$ を求める方法を 7.3 節で解説する.$td_1(k,m;\alpha)$ の数表を付表 16, 17 に載せている.

(5.33) を使って,次の同時信頼区間とシングルステップの多重比較検定を得る.

[5.8] 同時信頼区間

$\mu_{i'} - \mu_i \ (1 \leqq i < i' \leqq k)$ についての信頼係数 $1 - \alpha$ の同時信頼区間は,

$$\bar{X}_{i'\cdot} - \bar{X}_{i\cdot} - td_1(k, m; \alpha) \cdot \sqrt{\frac{2V_E}{n_1}} < \mu_{i'} - \mu_i < \infty (1 \leqq i < i' \leqq k) \quad (5.40)$$

で与えられる. ∎

[5.9] シングルステップの多重比較検定

{ 帰無仮説 $H_{(i,i')}$ vs. 対立仮説 $H^{OA}_{(i,i')}$ | $1 \leqq i < i' \leqq k$} に対する水準 α の多重比較検定は, 次で与えられる.

$i < i'$ となるペア i, i' に対して $T_{i'i} \geqq td_1(k, m; \alpha)$ ならば, 帰無仮説 $H_{(i,i')}$ を棄却し, 対立仮説 $H^{OA}_{(i,i')}$ を受け入れ, $\mu_i < \mu_{i'}$ と判定する. ∎

5.3.2 シングルステップのノンパラメトリック法

分布関数 $F(x)$ は未知でもかまわないとする. 2 群間の標本観測値の中で順位をつける順位統計量を使って提案できる. $2n_1$ 個の観測値 $X_{i1}, \ldots, X_{in_1}, X_{i'1}, \ldots, X_{i'n_1}$ を小さい方から並べたときの $X_{i'\ell}$ の順位を, $R^{(i,i')}_{i'\ell}$ とする.

$$\widehat{T}_{i'i} \equiv \sum_{\ell=1}^{n_1} R^{(i,i')}_{i'\ell} - \frac{n_1(2n_1 + 1)}{2}$$

とおく. このとき, H_0 の下での $\widehat{T}_{i'i}$ の平均と分散は

$$E_0(\widehat{T}_{i'i}) = 0, \quad V_0(\widehat{T}_{i'i}) = \frac{n_1^2(2n_1 + 1)}{12}$$

で与えられる. ここで,

$$\widehat{Z}_{i'i} \equiv \frac{\widehat{T}_{i'i}}{\sigma_n}, \quad \sigma_n \equiv \sqrt{\frac{n_1^2(2n_1 + 1)}{12}} \quad (5.41)$$

とおく.

【定理 5.3】 $t > 0$ に対して,

$$\lim_{n \to \infty} P_0 \left(\max_{1 \leqq i < i' \leqq k} \widehat{Z}_{i'i} \leqq t \right) = D_1(t) \tag{5.42}$$

が成り立つ.

証明 (著 1) の定理 5.2 の証明と同様に,

$$\widehat{Z}_{i'i} \xrightarrow{\mathcal{L}} \frac{Z_{i'} - Z_i}{\sqrt{2}} \tag{5.43}$$

を得る. ただし, Z_i は式 (5.31) のものと同じとする. これにより, 定理の主張を得る. □

α を与え,

$$\text{方程式 } D_1(t) = 1 - \alpha \text{ を満たす } t \text{ の解を } d_1(k;\alpha) \tag{5.44}$$

とする. n_1^2 個の $\{X_{i'\ell'} - X_{i\ell} \mid \ell' = 1,\dots,n_1, \ell = 1,\dots,n_1\}$ の順序統計量を

$$\mathcal{D}^{(i',i)}_{(1)} \leqq \mathcal{D}^{(i',i)}_{(2)} \leqq \cdots \leqq \mathcal{D}^{(i',i)}_{(n_1^2)}$$

とする. このとき, 定理 5.2 を使って, (著 1) の 6.3.2 項と同様の議論により, 次の漸近的な同時信頼区間とシングルステップ多重比較検定を得る.

[5.10] 漸近的な同時信頼区間

$\mu_{i'} - \mu_i\ (1 \leqq i < i' \leqq k)$ についての信頼係数 $1 - \alpha$ の同時信頼区間は,

$$\mathcal{D}^{(i',i)}_{(\lceil a_{i'i} \rceil)} \leqq \mu_{i'} - \mu_i < +\infty \quad (1 \leqq i < i' \leqq k) \tag{5.45}$$

で与えられる. ただし,

$$a_{i'i} \equiv -\sigma_n d_1(k;\alpha) + \frac{n_1^2}{2}$$

とする. ∎

[5.11] 漸近的なシングルステップの多重比較検定

{ 帰無仮説 $H_{(i,i')}$ vs. 対立仮説 $H^{OA}_{(i,i')}$ | $1 \leq i < i' \leq k$} に対する水準 α の多重比較検定は, 次で与えられる.

$i < i'$ となるペア i, i' に対して $\widehat{Z}_{i'i} \geq d_1(k; \alpha)$ ならば, 帰無仮説 $H_{(i,i')}$ を棄却し, 対立仮説 $H^{OA}_{(i,i')}$ を受け入れ, $\mu_i < \mu_{i'}$ と判定する. ∎

5.3.3 閉検定手順

$\mathcal{U}_1, \mathcal{H}_1$ をそれぞれ

$$\mathcal{U}_1 \equiv \{(i, i') \mid 1 \leq i < i' \leq k\} \tag{5.46}$$

$$\mathcal{H}_1 \equiv \{H_{(i,i')} \mid 1 \leq i < i' \leq k\} = \{H_v \mid v \in \mathcal{U}_1\} \tag{5.47}$$

で定義する. すなわち, (2.1) の $\mathcal{U}_T$ と (2.2) の $\mathcal{H}_T$ に対して, $\mathcal{U}_1 = \mathcal{U}_T$, $\mathcal{H}_1 = \mathcal{H}_T$ である. $\mathcal{H}_1$ の要素の仮説 $H_{(i,i')}$ の論理積からなるすべての集合は

$$\overline{\mathcal{H}}_1 \equiv \left\{ \bigwedge_{v \in V} H_v \;\middle|\; \emptyset \subsetneq V \subset \mathcal{U}_1 \right\}$$

で表される. $\bigwedge_{v \in \mathcal{U}_1} H_v$ は一様性の帰無仮説 H_0 となる. さらに $\emptyset \subsetneq V \subset \mathcal{U}_1$ を満たす V に対して,

$$\bigwedge_{v \in V} H_v : \text{任意の} (i, i') \in V \text{に対して,} \mu_i = \mu_{i'}$$

は k 個の母平均に関していくつかが等しいという仮説となる.

$I_1, \ldots, I_J$ ($I_j \neq \emptyset$, $j = 1, \ldots, J$) を, 次の性質 5.2 を満たす添え字 $\{1, \ldots, k\}$ の互いに素な部分集合の組とする.

(性質 5.2) ある整数 $\ell_1, \ldots, \ell_J \geq 2$ とある整数 $0 \leq s_1 < \cdots < s_J < k$ が存在して,

$$I_j = \{s_j+1, s_j+2, \ldots, s_j+\ell_j\} \quad (j=1,\ldots,J), \tag{5.48}$$

$s_j + \ell_j \leqq s_{j+1}$ $(j=1,\ldots,J-1)$ かつ $s_J + \ell_J \leqq k$ が成り立つ. □

I_j は連続した整数の要素からなり, $\ell_j = \#I_j \geqq 2$ である. 同じ I_j $(j=1,\ldots,J)$ に含まれる添え字をもつ母平均は等しいという帰無仮説を $H^o(I_1,\ldots,I_J)$ で表す. このとき, $\emptyset \subsetneq V \subset \mathcal{U}_1$ を満たす任意の V に対して, 性質 5.2 で述べたある自然数 J とある $I_1,\ldots,I_J$ が存在して,

$$\bigwedge_{v \in V} H_v = H^o(I_1,\ldots,I_J) \tag{5.49}$$

が成り立つ. さらに仮説 $H^o(I_1,\ldots,I_J)$ は,

$$H^o(I_1,\ldots,I_J): \mu_{s_j+1} = \mu_{s_j+2} = \cdots = \mu_{s_j+\ell_j} \quad (j=1,\ldots,J) \tag{5.50}$$

と表現することができる. $\emptyset \subsetneq V_0 \subset \mathcal{U}_1$ を満たす V_0 に対して, $v \in V_0$ ならば帰無仮説 H_v が真で, $v \in V_0^c \cap \mathcal{U}_1$ ならば H_v が偽のとき, 1 つ以上の真の帰無仮説 H_v $(v \in V_0)$ を棄却する確率が α 以下となる検定方式が水準 α の多重比較検定である. この定義の V_0 に対して, 帰無仮説 $\bigwedge_{v \in V_0} H_v$ に対する水準 α の検定の棄却域を A とし, 帰無仮説 H_v に対する水準 α の検定の棄却域を B_v とすると, 帰無仮説 $\bigwedge_{v \in V_0} H_v$ の下での確率

$$P\left(A \cap \left(\bigcup_{v \in V_0} B_v\right)\right) \leqq P(A) \leqq \alpha \tag{5.51}$$

が成り立つ.

上記の V_0 が未知であることを考慮し, 特定の帰無仮説を $H_{v_0} \in \mathcal{H}_1$ としたとき, $v_0 \in V \subset \mathcal{U}_1$ を満たす任意の V に対して, 帰無仮説 $\bigwedge_{v \in V} H_v$ の検定が水準 α で棄却された場合に, H_{v_0} を棄却する方式を, 閉検定手順とよんでいる. (5.51) より, 閉検定手順による多重比較検定のタイプ I FWER が α 以下となる.

$j = 1, \ldots, J$ に対して,

$$T^o(I_j) \equiv \max_{s_j+1 \leqq i < i' \leqq s_j+\ell_j} T_{i'i}$$

を使って閉検定手順が行える. ただし, I_j は (5.48) によって与えられたものとし, $T_{i'i}$ は (2.12) で定義されたものとする. (5.31), (5.32), (5.39) に対応して, $\ell \leqq k$ となる自然数 ℓ に対して,

$$D_1(t|\ell) = P\left(\max_{1 \leqq i < i' \leqq \ell} \frac{Z_{i'} - Z_i}{\sqrt{2}} \leqq t\right),$$

$$TD_1(t|\ell, m) = P\left(\max_{1 \leqq i < i' \leqq \ell} \frac{Z_{i'} - Z_i}{\sqrt{2U_E/m}} \leqq t\right)$$

とし,

方程式 $TD_1(t|\ell, m) = 1 - \alpha$ を満たす t の解を $td_1(\ell, m; \alpha)$ (5.52)

とする. ただし, Z_i, U_E は (5.32) の中で使われた確率変数と同じとする. このとき, (5.32) と同様に,

$$TD_1(t|\ell, m) = \int_0^\infty D_1(ts|\ell) g(s|m) ds \tag{5.53}$$

が成り立つ.

水準 α の帰無仮説 $\bigwedge_{v \in V} H_v$ に対する検定方法を具体的に論述することができる.

[5.12] パラメトリック手順

$X_{ij} \sim N(\mu_i, \sigma^2)$ とする. (5.50) の $H^o(I_1, \ldots, I_J)$ に対して, M を

$$M \equiv M(I_1, \ldots, I_J) \equiv \sum_{j=1}^J \ell_j \tag{5.54}$$

とする.

(a) $J \geqq 2$ のとき,$\ell = \ell_1, \ldots, \ell_J$ に対して

$$\alpha(M, \ell) \equiv 1 - (1-\alpha)^{\ell/M} \tag{5.55}$$

で $\alpha(M, \ell)$ を定義する.$1 \leqq j \leqq J$ となるある整数 j が存在して $td_1(\ell_j, m; \alpha(M, \ell_j)) \leqq T^o(I_j)$ ならば帰無仮説 $\bigwedge_{v \in V} H_v$ を棄却する.

(b) $J = 1$ $(M = \ell_1)$ のとき,$td_1(M, m; \alpha) \leqq T^o(I_1)$ ならば帰無仮説 $\bigwedge_{v \in V} H_v$ を棄却する.

(a), (b) の方法で,$(i, i') \in V \subset \mathcal{U}_1$ を満たす任意の V に対して,$\bigwedge_{v \in V} H_v$ が棄却されるとき,$\left\{帰無仮説\ H_{(i,i')}\ \text{vs.}\ 対立仮説\ H^{OA}_{(i,i')}\ \middle|\ 1 \leqq i < i' \leqq k \right\}$ に対する多重比較検定として,$H_{(i,i')}$ を棄却する. ∎

【補題 5.4】 $f_1(x)$, $f_2(x) \geqq 0$ で,$f_1(x)$, $f_2(x)$ は連続な単調増加関数とする.X を 0 以上の値をとる連続型分布に従う確率変数とし,$E|f_1(X)|$, $E|f_2(X)| < \infty$ を仮定する.このとき,

$$E\{f_1(X)f_2(X)\} \geqq E\{f_1(X)\}E\{f_2(X)\}$$

が成り立つ.$f_1(x)$, $f_2(x)$ が連続な狭義の単調増加関数ならば,上記の不等号は $>$ である.

証明 (著 1) の補題 5.2 を参照のこと. □

【定理 5.5】 [5.12] の検定は,水準 α の多重比較検定である.

証明 (b) の検定の有意水準が α であることは自明であるので,(a) の検定の有意水準が α であることを示す.一般性を失うことなく $\sigma^2 = 1$ と仮定する.$g(s|m)$ は $\sqrt{V_E}$ の密度関数である.V_E, $\sqrt{V_E} \cdot T^o(I_1), \ldots, \sqrt{V_E} \cdot T^o(I_J)$ は互いに独立より,

$$P_0\left(T^o(I_j) < td_1\left(\ell_j, m; \alpha(M, \ell_j)\right),\ j = 1, \ldots, J\right)$$

$$= \int_0^\infty P_0\Big(T^o(I_j) < td_1\left(\ell_j, m; \alpha(M, \ell_j)\right),\ j = 1, \ldots, J\ \Big|\ \sqrt{V_E} = s\Big)$$
$$\cdot g(s|m)ds$$

$$= \int_0^\infty P_0\Big(\sqrt{V_E} \cdot T^o(I_j) < s \cdot td_1\left(\ell_j, m; \alpha(M, \ell_j)\right),$$
$$j = 1, \ldots, J\ \Big|\ \sqrt{V_E} = s\Big)g(s|m)ds$$

$$= \int_0^\infty \left\{\prod_{j=1}^J P_0\left(\sqrt{V_E} \cdot T^o(I_j) < s \cdot td_1\left(\ell_j, m; \alpha(M, \ell_j)\right)\right)\right\} \cdot g(s|m)ds \tag{5.56}$$

が導かれる.

$$f_1(s) \equiv P_0\left(\sqrt{V_E} \cdot T^o(I_1) < s \cdot td_1\left(\ell_1, m; \alpha(M, \ell_1)\right)\right),$$
$$f_2(s) \equiv \prod_{j=2}^J P_0\left(\sqrt{V_E} \cdot T^o(I_j) < s \cdot td_1\left(\ell_j, m; \alpha(M, \ell_j)\right)\right)$$

とおき, 補題 5.4 を適用すると,

$$(5.56) \geq \int_0^\infty P_0\left(\sqrt{V_E} \cdot T^o(I_1) < s \cdot td_1\left(\ell_1, m; \alpha(M, \ell_1)\right)\right) \cdot g(s|m)ds$$
$$\cdot \int_0^\infty \prod_{j=2}^J P_0\left(\sqrt{V_E} \cdot T^o(I_j) < s \cdot td_1\left(\ell_j, m; \alpha(M, \ell_j)\right)\right) \cdot g(s|m)ds$$

を得る. 以下帰納法的に

$$(5.56) \geq \prod_{j=1}^J \int_0^\infty P_0\left(\sqrt{V_E} \cdot T^o(I_j) < s \cdot td_1\left(\ell_j, m; \alpha(M, \ell_j)\right)\right) \cdot g(s|m)ds \tag{5.57}$$

が導かれる. $\sqrt{V_E} \cdot T^o(I_j)$ の分布関数は $D_1(t|\ell_j)$ であるので,

$$P_0\left(\sqrt{V_E} \cdot T^o(I_j) < s \cdot td_1\left(\ell_j, m; \alpha(M, \ell_j)\right)\right)$$
$$= D_1\left(s \cdot td_1\left(\ell_j, m; \alpha(M, \ell_j)\right) | \ell_j\right)$$

の関係より，(5.57) を使って，

$$\int_0^\infty P_0\left(\sqrt{V_E}\cdot T^o(I_j) < s\cdot td_1\left(\ell_j,m;\alpha(M,\ell_j)\right)\right)\cdot g(s|m)ds$$
$$= \int_0^\infty D_1\left(s\cdot td_1\left(\ell_j,m;\alpha(M,\ell_j)\right)|\ell_j\right)\cdot g(s|m)ds$$
$$= TD_1\left(td_1\left(\ell_j,m;\alpha(M,\ell_j)\right)|\ell_j\right)$$
$$= 1 - \alpha(M,\ell_j) = (1-\alpha)^{\ell_j/M} \tag{5.58}$$

を得る．

(5.57), (5.58) を使って，

$$P_0(\text{ある } j \text{ が存在して,} \quad T^o(I_j) \geqq td_1\left(\ell_j,m;\alpha(M,\ell_j)\right))$$
$$= 1 - P_0\left(T^o(I_j) < td_1\left(\ell_j,m;\alpha(M,\ell_j)\right),\ j=1,\ldots,J\right)$$
$$\leqq 1 - \prod_{j=1}^J\left\{(1-\alpha)^{\ell_j/M}\right\} = \alpha \tag{5.59}$$

が成り立つ．ここで，帰無仮説 $\bigwedge_{v\in V} H_v$ に対する (a) の検定は，有意水準 α である．以上により，定理の主張が導かれた． □

$\alpha = 0.05$ のときの $2 \leqq \ell \leqq M,\ 2 \leqq M \leqq 10$ とした場合の $td_1(\ell, 60;\alpha(M,\ell))$ の数表を表 5.3 に載せ，$\alpha = 0.01$ のときの数表を表 5.4 に載せている．さらに，上記の ℓ と M の範囲で，$\alpha = 0.05$ のときの $d_1(\ell;\alpha(M,\ell))$ の数表を付表 18 に載せ，$\alpha = 0.01$ のときの数表を付表 19 に載せている．

定義から，$2 \leqq \ell < k$ となる ℓ に対し $td_1(\ell,m;\alpha) < td_1(k,m;\alpha)$ であることを数学的に示すことができる．表 5.3, 5.4 から，$2 \leqq \ell < M \leqq k$ となる ℓ に対し，

$$td_1(\ell,m;\alpha(M,\ell)) < td_1(k,m;\alpha(k,k)) = td_1(k,m;\alpha) \tag{5.60}$$

が成り立つ．表 5.3, 5.4 は $m = 60$ の場合であるが，$m = 50(10)150$ に対しても (5.60) が成り立つことを数値計算により確かめた．定義から，$2 \leqq \ell < k$

表 **5.3** $\alpha = 0.05$, $m = 60$ のときの $td_1(\ell, m; \alpha(M, \ell))$ の値

$M \setminus \ell$	2	3	4	5	6	7	8	9	10
10	2.382	2.623	2.755	2.844	2.910	2.963	3.006	◊	3.074
9	2.339	2.582	2.714	2.803	2.870	2.922	◊	3.002	
8	2.291	2.536	2.668	2.758	2.824	◊	2.920		
7	2.236	2.482	2.616	2.705	◊	2.825			
6	2.171	2.420	2.554	◊	2.711				
5	2.093	2.344	◊	2.570					
4	1.995	◊	2.387						
3	◊	2.125							
2	1.671								

◊: $\ell = M - 1$ は起こり得ない.

表 **5.4** $\alpha = 0.01$, $m = 60$ のときの $td_1(\ell, m; \alpha(M, \ell))$ の値

$M \setminus \ell$	2	3	4	5	6	7	8	9	10
10	2.992	3.215	3.339	3.424	3.488	3.540	3.583	◊	3.651
9	2.955	3.179	3.303	3.389	3.453	3.505	◊	3.584	
8	2.913	3.138	3.263	3.349	3.413	◊	3.508		
7	2.865	3.092	3.217	3.303	◊	3.420			
6	2.809	3.037	3.163	◊	3.315				
5	2.743	2.972	◊	3.186					
4	2.659	◊	3.020						
3	◊	2.785							
2	2.390								

◊: $\ell = M - 1$ は起こり得ない.

となる ℓ に対し $d_1(\ell; \alpha) < d_1(k; \alpha)$ であることを数学的に示すことができる. 付表 18, 19 から, $\ell < M \leqq k$ となる ℓ に対し,

$$d_1(\ell; \alpha(M, \ell)) < d_1(k; \alpha(k, k)) = d_1(k; \alpha) \tag{5.61}$$

が成り立つ. [5.12] の閉検定手順の構成法により, 表 5.3, 5.4 と (5.60) の関係から次の (i) と (ii) を得る.

(i) [5.9] のシングルステップ多重比較検定で棄却される $H_{(i,i')}$ は [5.12] の閉検定手順を使っても棄却される.

(ii) [5.12] の閉検定手順で棄却される $H_{(i,i')}$ は [5.9] のシングルステップ多重比較検定を使っても棄却されるとは限らない.

m が十分大きい場合,付表 18, 19 と (5.61) の関係から,上記の (i) と (ii) を得ることができる.以上により,$3 \leqq k \leqq 10$ に対し,$m = 50(10)150$ および m が十分大きいとき,[5.12] の閉検定手順は [5.9] のシングルステップ多重比較検定よりも一様に検出力が高い.

定理 2.5 と同様の興味深い次の定理を得る.

【定理 5.6】 [5.12] の閉検定手順により水準 α の多重比較検定として $H_{(i,i')}$ が棄却される事象を $A_{(i,i')}$ $((i,i') \in \mathcal{U}_1)$ とし,M を (5.54) で定義したものとする.このとき,$4 \leqq M \leqq k$ となる任意の整数 M と $2 \leqq \ell < M-1$ となる任意の整数 ℓ に対して $td_1(\ell, m; \alpha(M, \ell)) < td_1(k, m; \alpha)$ が満たされているならば,2つの式

$$P\left(\bigcup_{(i,i') \in \mathcal{U}_1} A_{(i,i')}\right) = P\left(\max_{1 \leqq i < i' \leqq k} T_{i'i} \geqq td_1(k, m; \alpha)\right),$$
$$P\left(A_{(i,i')}\right) \geqq P\left(T_{i'i} \geqq td_1(k, m; \alpha)\right) \quad ((i,i') \in \mathcal{U}_1)$$

が成立する.

証明 (著 10) の定理 3.3 を参照せよ. □

$j = 1, \ldots, J$ に対して,

$$\widehat{Z}^o(I_j) \equiv \max_{s_j + 1 \leqq i < i' \leqq s_j + \ell_j} \widehat{Z}_{i'i}$$

を使ってノンパラメトリック閉検定手順が行える.ただし,$\widehat{Z}_{i'i}$ は (2.65) で定義したものとする.

[5.13] ノンパラメトリック手順

表 5.2 のモデルで，分布関数 $F(x)$ は未知であってもかまわないものとする．(5.50) の $H^o(I_1, \ldots, I_J)$ に対して，M を (5.54) で定義する．

(a) $J \geqq 2$ のとき，$\ell = \ell_1, \ldots, \ell_J$ に対して $\alpha(M, \ell)$ を (2.24) で定義する．$1 \leqq j \leqq J$ となるある整数 j が存在して $d_1(\ell_j; \alpha(M, \ell_j)) \leqq \widehat{Z}^o(I_j)$ ならば帰無仮説 $\bigwedge_{v \in V} H_v$ を棄却する．

(b) $J = 1$ $(M = \ell_1)$ のとき，$d_1(M; \alpha) \leqq \widehat{Z}^o(I_1)$ ならば帰無仮説 $\bigwedge_{v \in V} H_v$ を棄却する．

(a), (b) の方法で，$(i, i') \in V \subset \mathcal{U}_1$ を満たす任意の V に対して，$\bigwedge_{v \in V} H_v$ が棄却されるとき，$\left\{ \text{帰無仮説 } H_{(i,i')} \text{ vs. 対立仮説 } H_{(i,i')}^{OA} \mid 1 \leqq i < i' \leqq k \right\}$ に対する漸近的な多重比較検定として，$H_{(i,i')}$ を棄却する． ∎

【定理 5.7】 [5.13] の検定は，水準 α の漸近的な多重比較検定である．

証明 (b) の検定の有意水準が α であることは自明であるので，(a) の検定の有意水準が α であることを示す．$\widehat{Z}^o(I_1), \ldots, \widehat{Z}^o(I_J)$ は互いに独立より，

$$\lim_{n \to \infty} P_0 \left(\widehat{Z}^o(I_j) < d_1(\ell_j; \alpha(M, \ell_j)), \ j = 1, \ldots, J \right)$$
$$= \prod_{j=1}^{J} \left\{ \lim_{n \to \infty} P_0 \left(\widehat{Z}^o(I_j) < d_1(\ell_j; \alpha(M, \ell_j)) \right) \right\}$$
$$= \prod_{j=1}^{J} \{1 - \alpha(M, \ell_j)\} = 1 - \alpha$$

を得る．この等式を使って，

$$\lim_{n \to \infty} P_0 \left(\text{ある } j \text{ が存在して，} \widehat{Z}^o(I_j) \geqq d_1(\ell_j; \alpha(M, \ell_j)) \right)$$
$$= 1 - \lim_{n \to \infty} P_0 \left(\widehat{Z}^o(I_j) < d_1(\ell_j; \alpha(M, \ell_j)), \ j = 1, \ldots, J \right)$$
$$= \alpha$$

が成り立つ．ここで，帰無仮説 $\bigwedge_{v \in V} H_v$ に対する (a) の検定は，有意水準 α である．以上により，定理の主張が導かれた． □

[5.13] の閉検定手順の構成法により，(5.61) の関係から次の (i) と (ii) を得る．

(i) [5.11] のシングルステップ多重比較検定で棄却される $H_{(i,i')}$ は [5.13] の閉検定手順を使っても棄却される．

(ii) [5.13] の閉検定手順で棄却される $H_{(i,i')}$ は [5.11] のシングルステップ多重比較検定を使っても棄却されるとは限らない．

以上により，$3 \leqq k \leqq 10$ に対し，[5.13] のノンパラメトリック閉検定手順は [5.11] のシングルステップ多重比較検定よりも漸近的に一様に検出力が高い．

5.3.4 ステップワイズ法

閉検定手順では，特定の帰無仮説 $H_{(i,i')}$ を棄却するには，$(i,i') \in V \subset \mathcal{U}_1$ を満たす任意の V に対して，帰無仮説 $\bigwedge_{v \in V} H_v$ の検定が水準 α で棄却される必要があり，ステップワイズ法とよばれる手順で行うことができる．ステップワイズ法にはステップダウン法とステップアップ法がある．r を $2 \leqq r \leqq k$ となる整数とし，検定 5.1 を次の検定群（$k=3$ または $r=2$ 以外は複数の検定）とする．

(**検定 5.1**) $M=r$ かつ $(i,i') \in V \subset \mathcal{U}_1$ を満たす任意の V に対して，(5.49) の $\bigwedge_{v \in V} H_v = H^o(I_1, \ldots, I_J)$ を水準 α で検定する．ただし，M は (5.54) で定義したものとする． □

$\overline{\mathcal{H}}_1$ 全体で記述すると混乱するので，任意に特定した帰無仮説 $H_{(i,i')}$ について，ステップダウン法を述べる．

●ステップダウン法

手順1 $r = k$ とし，上記の検定 5.1 を行い，棄却されていないものが1つでもあれば $H_{(i,i')}$ を保留し終了する．検定 5.1 がすべて棄却されていれば，手順2に進む．

手順2 $r - 1$ を新たに r とおき，上記の検定 5.1 を行い，手順3に進む．

手順3 (i) 棄却されていないものが1つでもあれば $H_{(i,i')}$ を保留し終了する．

(ii) $r \geqq 3$ かつ検定 5.1 がすべて棄却されていれば，手順2に戻る．

(iii) $r = 2$ かつ $H^o(I_1) = H_{(i,i')}$ が棄却されたならば，多重比較検定として $H_{(i,i')}$ を棄却し終了する． ∎

上記では，特定の $H_{(i,i')}$ に対してのステップダウン法を述べている．実際は，すべての $(i, i') \in \mathcal{U}_1$ に対してステップダウン法が実行されなければならない．

(5.49) より，

$$\overline{\mathcal{H}}_1 = \left\{ H^o(I_1, \ldots, I_J) \,\middle|\, \text{ある } J \text{ が存在して}, \bigcup_{j=1}^J I_j \subset \{1, \ldots, k\}. \right.$$
$$I_j \text{は (5.48) を満たし,} \#(I_j) \geqq 2 \ (1 \leqq j \leqq J).$$
$$\left. J \geqq 2 \text{ のとき } I_j \cap I_{j'} = \emptyset \ (1 \leqq j < j' \leqq J) \right\}$$

となる．$(i, i') \in \mathcal{U}_1$ に対して，

$$\overline{\mathcal{H}}_{1(i,i')} \equiv \left\{ H^o(I_1, \ldots, I_J) \in \overline{\mathcal{H}}_1 \,\middle|\, \text{ある } j \text{ が存在して}, \{i, i'\} \subset I_j \right\}$$

とおく．このとき，

$$\overline{\mathcal{H}}_1 = \bigcup_{(i,i') \in \mathcal{U}_1} \overline{\mathcal{H}}_{1(i,i')}, \quad H_0 \in \overline{\mathcal{H}}_{1(i,i')}$$

が成り立つ．さらに，定義から，$1 \leqq i_1 \leqq i_2 < i_2' \leqq i_1' \leqq k$ に対して

$$\overline{\mathcal{H}}_{1(i_1, i_1')} \subset \overline{\mathcal{H}}_{1(i_2, i_2')} \tag{5.62}$$

表 5.5 $k=4$ のとき,帰無仮説 $H_{(1,2)}$ を多重比較検定する場合に,ステップワイズ法で検定される帰無仮説 $H^o(I_1,\ldots,I_J) \in \overline{\mathcal{H}}_{1(1,2)}$

M の値	$H^o(I_1,\ldots,I_J)$
4	$H^o(\{1,2,3,4\})$, $H^o(\{1,2\},\{3,4\})$
3	$H^o(\{1,2,3\})$
2	$H^o(\{1,2\})$

$H^o(\{1,2,3,4\}): \mu_1=\mu_2=\mu_3=\mu_4;\ J=1,\ s_1=0,\ \ell_1=4$

$H^o(\{1,2\},\{3,4\}): \mu_1=\mu_2,\ \mu_3=\mu_4;\ J=2,\ s_1=0,\ \ell_1=2,\ s_2=2,\ \ell_2=2$

$H^o(\{1,2,3\}): \mu_1=\mu_2=\mu_3;\ J=1,\ s_1=0,\ \ell_1=3$

$H^o(\{1,2\})=H_{(1,2)}: \mu_1=\mu_2;\ J=1,\ s_1=0,\ \ell_1=2$

表 5.6 $k=4$ のときの $H^o(I_1,\ldots,I_J) \in \overline{\mathcal{H}}_{1(1,3)}$

M の値	$H^o(I_1,\ldots,I_J)$
4	$H^o(\{1,2,3,4\})$
3	$H^o(\{1,2,3\})$

表 5.7 $k=4$ のときの $H^o(I_1,\ldots,I_J) \in \overline{\mathcal{H}}_{1(1,4)}$

M の値	$H^o(I_1,\ldots,I_J)$
4	$H^o(\{1,2,3,4\})$

表 5.8 $k=4$ のときの $H^o(I_1,\ldots,I_J) \in \overline{\mathcal{H}}_{1(2,3)}$

M の値	$H^o(I_1,\ldots,I_J)$
4	$H^o(\{1,2,3,4\})$
3	$H^o(\{1,2,3\})$, $H^o(\{2,3,4\})$
2	$H^o(\{2,3\})$

である.

$k=4$ とした場合を例として考える.[5.12] または [5.13] の閉検定手順により多重比較検定として,特定の帰無仮説 $H_{(i,i')}$ が棄却される場合に,検定される帰無仮説 $H^o(I_1,\ldots,I_J)$ を表 5.5〜表 5.10 として挙げている.

表 5.9　$k=4$ のときの $H^o(I_1,\ldots,I_J) \in \overline{\mathcal{H}}_{1(2,4)}$

M の値	$H^o(I_1,\ldots,I_J)$
4	$H^o(\{1,2,3,4\})$
3	$H^o(\{2,3,4\})$

表 5.10　$k=4$ のときの $H^o(I_1,\ldots,I_J) \in \overline{\mathcal{H}}_{1(3,4)}$

M の値	$H^o(I_1,\ldots,I_J)$
4	$H^o(\{1,2,3,4\})$,　$H^o(\{1,2\},\{3,4\})$
3	$H^o(\{2,3,4\})$
2	$H^o(\{3,4\})$

表 5.5 は，$\overline{\mathcal{H}}_{1(1,2)}$ の中の帰無仮説をすべて載せていることになっている．この表から，$H_{(1,2)}$ が多重比較検定として棄却されるためには 4 個の帰無仮説を棄却しなければならない．すなわち，次の (1) から (4) すべてが成立するならば，[5.12] の閉検定手順により水準 α の多重比較検定として，帰無仮説 $H_{(1,2)}$ が棄却される．

(1) $T^o(\{1,2,3,4\}) = \max\limits_{1 \leqq i < i' \leqq 4} T_{i'i} \geqq td_1(4,m;\alpha)$

(2) $T^o(\{1,2\}) = T_{21} \geqq td_1(2,m;\alpha(4,2))$
　　または $T^o(\{3,4\}) = T_{43} \geqq td_1(2,m;\alpha(4,2))$

(3) $T^o(\{1,2,3\}) = \max\limits_{1 \leqq i < i' \leqq 3} T_{i'i} \geqq td_1(3,m;\alpha)$

(4) $T^o(\{1,2\}) = T_{21} \geqq td_1(2,m;\alpha)$

$\mathcal{H}_1$ の中の $H_{(1,3)}$ の帰無仮説が多重比較検定として棄却される場合，検定される帰無仮説 $H^o(I_1,\ldots,I_J)$ は，表 5.6 から 2 個である．

(5.62) より，$1 \leqq i_1 \leqq i_2 < i'_2 \leqq i'_1 \leqq k$ の関係が成り立つとき，水準 α の多重比較検定として閉検定手順を使った場合，$H_{(i_2,i'_2)}$ が棄却されるならば $H_{(i_1,i'_1)}$ は棄却される．具体的な例として，$k=4$ のとき，表 5.5～表 5.7 より，[5.12] または [5.13] を使って $H_{(1,2)}$ が棄却されるならば，$H_{(1,3)}$，$H_{(1,4)}$ が棄却される．

$k=5$ とした場合を考える．多重比較検定として，特定の帰無仮説 $H_{(1,2)}$ が

表 5.11 $k=5$ とし,帰無仮説 $H_{(1,2)}$ を多重比較検定する場合に,ステップワイズ法で検定される帰無仮説 $H^o(I_1,\ldots,I_J) \in \overline{\mathcal{H}}_{1(1,2)}$

r の値	$H^o(I_1,\cdots,I_J)$
5	$H^o(\{1,2,3,4,5\})$, $H^o(\{1,2,3\},\{4,5\})$, $H^o(\{1,2\},\{3,4,5\})$
4	$H^o(\{1,2,3,4\})$, $H^o(\{1,2\},\{3,4\})$, $H^o(\{1,2\},\{4,5\})$
3	$H^o(\{1,2,3\})$
2	$H^o(\{1,2\})$

$H^o(\{1,2,3,4,5\}) = H_0;\ J=1,\ s_1=0,\ \ell_1=5$

$H^o(\{1,2,3\},\{4,5\}):\ \mu_1=\mu_2=\mu_3,\ \mu_4=\mu_5,$
$$J=2,\ s_1=0,\ \ell_1=3,\ s_2=3,\ \ell_2=2$$

$H^o(\{1,2\},\{3,4,5\}):\ \mu_1=\mu_2,\ \mu_3=\mu_4=\mu_5,$
$$J=2,\ s_1=0,\ \ell_1=2,\ s_2=2,\ \ell_2=3$$

$H^o(\{1,2,3\}):\ \mu_1=\mu_2=\mu_3;\ J=1,\ s_1=0,\ \ell_1=3$

棄却される場合に,検定 5.1 で検定される帰無仮説 $H^o(I_1,\ldots,I_J)$ を表 5.11 として挙げている.この表は,$\overline{\mathcal{H}}_{1(1,2)}$ の中の帰無仮説をすべて載せていることになっている.この表から,$H_{(1,2)}$ が多重比較検定として棄却されるためには 8 個の帰無仮説を棄却しなければならない.

5.3.5 データ解析例

$k=4,\ n_1=n_2=n_3=n_4=16$ とした等しい標本サイズ 16 の 4 群モデルの表 2.5 のデータを使って,解析を行う.

●パラメトリック法

[5.4] の順序制約のある場合の点推定量を計算すると,順序制約のない場合の最小自乗推定量と同じで,

$$\tilde{\tau}_1^* = -1.18,\ \tilde{\tau}_2^* = -0.27,\ \tilde{\tau}_3^* = 0.42,\ \tilde{\tau}_4^* = 1.03,\ \tilde{\nu} = 6.17$$
$$\tilde{\mu}_1^* = 5.00,\ \tilde{\mu}_2^* = 5.90,\ \tilde{\mu}_3^* = 6.60,\ \tilde{\mu}_4^* = 7.20$$

である.一様性の帰無仮説 H_0 は,[5.1], [5.2] のいずれの検定法を使っても有意水準 0.05 で棄却される.

[5.9] のシングルステップ法と [5.12] の閉検定手順を使って,水準 0.05 の多重比較検定を行う.$T_{i'i}$ の値は (2.39) で与えられる.

[5.9] のシングルステップのヘイター法を使うと,$T_{i'i} > td_1(4, 60; 0.05)$ を満たす $i < i'$ に対して $H_{(i,i')}$ が棄却される.$td_1(k, 60; 0.05)$ の値は,表 5.3 または付表 16 に載せられている.その数表から,$td_1(4, 60; 0.05) = 2.387$ である.以上により,帰無仮説

$$H_{(1,2)}, \ H_{(1,3)}, \ H_{(1,4)}, \ H_{(2,4)} \tag{5.63}$$

が棄却され,他の帰無仮説は棄却されない.(5.63) は,水準 0.05 のテューキー・クレーマーの多重比較検定で棄却された (2.40) の帰無仮説を含み,テューキー・クレーマーの多重比較検定で棄却されない $H_{(1,2)}$ がヘイター法で棄却される.

[5.12] の閉検定手順を水準 0.05 で行う.表 5.8,表 5.3 と

(1) $T^o(\{1,2,3,4\}) = \max_{1 \leqq i < i' \leqq 4} T_{i'i} = T_{41} = 6.323 > 2.387 = td_1(4, 60; 0.05)$

(2) $T^o(\{1,2,3\}) = T_{31} = 4.595 > 2.125 = td_1(3, 60; 0.05)$

(3) $T^o(\{2,3,4\}) = T_{42} = 3.735 > 2.125 = td_1(3, 60; 0.05)$

(4) $T^o(\{2,3\}) = T_{32} = 2.008 > 1.671 = td_1(2, 60; 0.05)$

より,ヘイター法で棄却されない $H_{(2,3)}$ が棄却される.同様に,$H_{(3,4)}$ も棄却される.すなわち,[5.12] の閉検定手順を水準 0.05 で行うと,すべての帰無仮説が棄却される.

[5.8] によるヘイターの提案した信頼係数 0.95 の同時信頼区間を求めると

$0.070 < \mu_2 - \mu_1 < \infty, \ 0.768 < \mu_3 - \mu_1 < \infty, \ 1.370 < \mu_4 - \mu_1 < \infty,$
$-0.132 < \mu_3 - \mu_2 < \infty, \ 0.469 < \mu_4 - \mu_2 < \infty, \ -0.230 < \mu_4 - \mu_3 < \infty$

である.

● ノンパラメトリック法

[5.7] の順序制約のある場合の順位推定量を計算すると,順序制約のない場合の順位推定量と同じで,

$\hat{\tau}_1^* = -1.19,\ \hat{\tau}_2^* = -0.32,\ \hat{\tau}_3^* = 0.46,\ \hat{\tau}_4^* = 1.04,\ \hat{\nu} = 6.16$

$\hat{\mu}_1^* = 4.97,\ \hat{\mu}_2^* = 5.84,\ \hat{\mu}_3^* = 6.62,\ \hat{\mu}_4^* = 7.20$

である.一様性の帰無仮説 H_0 は,[5.5], [5.6] のいずれの検定法を使っても有意水準 0.05 で棄却される.

5.3 節の [5.11] のシングルステップ法と [5.13] の閉検定手順を使って,水準 0.05 の多重比較検定を行う.$\widehat{Z}_{i'i}$ の値は (2.83) で与えられる.

[5.11] のシングルステップ法を使うと,$\widehat{Z}_{i'i} > d_1(4; 0.05)$ を満たす $i < i'$ に対して $H_{(i,i')}$ が棄却される.$d_1(k; 0.05)$ の値は,付表 16 または付表 18 に載せられている.その数表から,$d_1(4; 0.05) = 2.329$ である.以上により,帰無仮説 (5.63) が棄却され,他の帰無仮説は棄却されない.(5.63) は,水準 0.05 のテューキー・クレーマーの多重比較検定で棄却された (2.40) の帰無仮説を含み,テューキー・クレーマーの多重比較検定で棄却されない $H_{(1,2)}$ が [5.11] の方法で棄却される.

[5.13] の閉検定手順を水準 0.05 で行う.表 5.8,付表 18 と

(1) $\widehat{Z}^o(\{1,2,3,4\}) = \max\limits_{1 \leqq i < i' \leqq 4} \widehat{Z}_{i'i} = \widehat{Z}_{41} = 3.920 > 2.329 = d_1(4; 0.05)$

(2) $\widehat{Z}^o(\{1,2,3\}) = \widehat{Z}_{31} = 3.769 > 2.081 = d_1(3; 0.05)$

(3) $\widehat{Z}^o(\{2,3,4\}) = \widehat{Z}_{42} = 2.940 > 2.081 = d_1(3; 0.05)$

(4) $\widehat{Z}^o(\{2,3\}) = \widehat{Z}_{32} = 2.111 > 1.645 = d_1(2; 0.05)$

より,[5.11] のシングルステップ法で棄却されない $H_{(2,3)}$ が棄却される.$H_{(3,4)}$ は棄却されない.

[5.10] による信頼係数 0.95 の漸近的な同時信頼区間を求めると

$-0.010 < \mu_2 - \mu_1 < \infty,\ 0.760 < \mu_3 - \mu_1 < \infty,\ 1.190 < \mu_4 - \mu_1 < \infty,$

$-0.070 < \mu_3 - \mu_2 < \infty,\ 0.490 < \mu_4 - \mu_2 < \infty,\ -0.260 < \mu_4 - \mu_3 < \infty$

である.

5.4 隣接した平均母数の相違に関する多重比較法

傾向性の制約 (5.1) は成り立っているものとし，隣接した群の平均を比較することを考える．5.3 節のようにサイズ n_i に制約を入れる必要はない．1 つの比較のための検定は

$$\text{帰無仮説 } H_{(i,i+1)}: \mu_i = \mu_{i+1} \text{ vs. 対立仮説 } H_{(i,i+1)}^{OA}: \mu_i < \mu_{i+1}$$

となる．帰無仮説のファミリーを，

$$\mathcal{H}_2 \equiv \{H_{(i,i+1)} \mid 1 \leqq i \leqq k-1\}$$

とおく．

5.4.1 正規分布モデルでのリー・スプーリエル (Lee-Spurrier) の方法

$X_{ij} \sim N(\mu_i, \sigma^2)$ とする．t 統計量 $T_i(\boldsymbol{\mu})$ と T_i $(1 \leqq i \leqq k-1)$ を，

$$T_i(\boldsymbol{\mu}) \equiv \frac{\bar{X}_{i+1\cdot} - \bar{X}_{i\cdot} - \mu_{i+1} + \mu_i}{\sqrt{V_E \left(\frac{1}{n_{i+1}} + \frac{1}{n_i}\right)}},$$

$$T_i \equiv T_i(\boldsymbol{0}) = \frac{\bar{X}_{i+1\cdot} - \bar{X}_{i\cdot}}{\sqrt{V_E \left(\frac{1}{n_{i+1}} + \frac{1}{n_i}\right)}} \qquad (5.64)$$

で定義する．

Lee and Spurrier (1995a) により，$\max\limits_{1 \leqq i \leqq k-1} T_i$ を使ってシングルステップの多重比較法を論じることができる．Y_i を正規分布 $N(0, 1/\lambda_{ni})$ に従う確率変数とし，U_E を自由度 m のカイ自乗分布に従う確率変数とする．ただし，λ_{ni} は (2.7) で定義したものとする．さらに，$Y_1, \ldots, Y_k, U_E$ は互いに独立と仮定する．このとき，$D_{2n}(t)$ と $TD_{2n}(t)$ を

$$D_{2n}(t) \equiv P\left(\max_{1 \leqq i \leqq k-1} \frac{Y_{i+1} - Y_i}{\sqrt{\frac{1}{\lambda_{n i+1}} + \frac{1}{\lambda_{ni}}}} \leqq t\right), \qquad (5.65)$$

$$TD_{2n}(t) \equiv P\left(\max_{1 \leqq i \leqq k-1} \frac{Y_{i+1} - Y_i}{\sqrt{\left(\frac{U_E}{m}\right)\left(\frac{1}{\lambda_{n i+1}} + \frac{1}{\lambda_{n i}}\right)}} \leqq t\right) \quad (5.66)$$

とおく．ここで，

$$TD_{2n}(t) = \int_0^\infty D_{2n}(ts) g(s|m) ds, \quad (5.67)$$

$$P\left(\max_{1 \leqq i \leqq k-1} T_i(\boldsymbol{\mu}) \leqq t\right) = P_0\left(\max_{1 \leqq i \leqq k-1} T_i \leqq t\right) = TD_{2n}(t) \quad (5.68)$$

を得る．ただし，$g(s|m)$ は (2.8) で定義されたものとする．α を与え，

方程式 $TD_{2n}(t) = 1 - \alpha$ を満たす t の解を $td_2(k, n_1, \ldots, n_k; \alpha)$ (5.69)

とおく．このとき，(5.68) を使って，次の同時信頼区間とシングルステップの多重比較検定を得る．

[5.14] 同時信頼区間

$\mu_{i+1} - \mu_i \ (1 \leqq i \leqq k-1)$ についての信頼係数 $1 - \alpha$ の同時信頼区間は，

$$\bar{X}_{i+1\cdot} - \bar{X}_{i\cdot} - td_2(k, n_1, \ldots, n_k; \alpha) \cdot \sqrt{V_E\left(\frac{1}{n_{i+1}} + \frac{1}{n_i}\right)}$$

$$< \mu_{i+1} - \mu_i < \infty \quad (1 \leqq i \leqq k-1) \quad (5.70)$$

で与えられる． ∎

[5.15] リー・スプーリエルの多重比較検定

$\left\{\text{帰無仮説 } H_{(i,i+1)} \text{ vs. 対立仮説 } H_{(i,i+1)}^{OA} \mid 1 \leqq i \leqq k-1\right\}$ に対する水準 α の多重比較検定は，

(1) $T_i \geqq td_2(k, n_1, \ldots, n_k; \alpha)$ となる i に対して 帰無仮説 $H_{(i,i+1)}$ を棄却し，対立仮説 $H_{(i,i+1)}^{OA}$ を受け入れ，$\mu_i < \mu_{i+1}$ と判定する．

(2) $T_i < td_2(k, n_1, \ldots, n_k; \alpha)$ となる i に対して 帰無仮説 $H_{(i,i+1)}$ を棄却しない． ∎

まずは分布論を述べる．$3 \leqq r \leqq k$ に対して，

$$H_r(t,x) \equiv P\left(\max_{1\leq i\leq r-2} \frac{Y_{i+1}-Y_i}{\sqrt{\frac{1}{\lambda_{ni+1}}+\frac{1}{\lambda_{ni}}}} \leq t, \; \frac{x-Y_{r-1}}{\sqrt{\frac{1}{\lambda_{nr}}+\frac{1}{\lambda_{nr-1}}}} \leq t\right)$$

とおくと，

$$\begin{aligned}
H_3(t,x) &= P\left(\frac{Y_2-Y_1}{\sqrt{\frac{1}{\lambda_{n2}}+\frac{1}{\lambda_{n1}}}} \leq t, \; \frac{x-Y_2}{\sqrt{\frac{1}{\lambda_{n3}}+\frac{1}{\lambda_{n2}}}} \leq t\right) \\
&= P\left(\frac{Y_2-Y_1}{\sqrt{\frac{1}{\lambda_{n2}}+\frac{1}{\lambda_{n1}}}} \leq t, \; Y_2 \geq x-t\sqrt{\frac{1}{\lambda_{n3}}+\frac{1}{\lambda_{n2}}} \leq t\right) \\
&= \int_{x-t\sqrt{1/\lambda_{n3}+1/\lambda_{n2}}}^{\infty} P\left(\frac{y_2-Y_1}{\sqrt{\frac{1}{\lambda_{n2}}+\frac{1}{\lambda_{n1}}}} \leq t\right) \sqrt{\lambda_{n2}}\varphi(\sqrt{\lambda_{n2}}y_2)dy_2 \\
&= \int_{x-t\sqrt{1/\lambda_{n3}+1/\lambda_{n2}}}^{\infty} \left\{1-\Phi\left(\sqrt{\lambda_{n1}}\cdot y_2 - t\sqrt{\frac{\lambda_{n1}}{\lambda_{n2}}+1}\right)\right\} \\
&\qquad\qquad \cdot \sqrt{\lambda_{n2}}\varphi(\sqrt{\lambda_{n2}}\cdot y_2)dy_2
\end{aligned}$$

であり，$3 \leq r \leq k-1$ に対して，

$$\begin{aligned}
H_{r+1}(t,x) &= P\left(\max_{1\leq i\leq r-1} \frac{Y_{i+1}-Y_i}{\sqrt{\frac{1}{\lambda_{ni+1}}+\frac{1}{\lambda_{ni}}}} \leq t, \; \frac{x-Y_r}{\sqrt{\frac{1}{\lambda_{nr+1}}+\frac{1}{\lambda_{nr}}}} \leq t\right) \\
&= P\left(\max_{1\leq i\leq r-2} \frac{Y_{i+1}-Y_i}{\sqrt{\frac{1}{\lambda_{ni+1}}+\frac{1}{\lambda_{ni}}}} \leq t, \; \frac{Y_r-Y_{r-1}}{\sqrt{\frac{1}{\lambda_{nr}}+\frac{1}{\lambda_{nr-1}}}} \leq t,\right. \\
&\qquad\qquad\qquad\qquad\qquad \left.\frac{x-Y_r}{\sqrt{\frac{1}{\lambda_{nr+1}}+\frac{1}{\lambda_{nr}}}} \leq t\right) \\
&= P\left(\max_{1\leq i\leq r-2} \frac{Y_{i+1}-Y_i}{\sqrt{\frac{1}{\lambda_{ni+1}}+\frac{1}{\lambda_{ni}}}} \leq t, \; \frac{Y_r-Y_{r-1}}{\sqrt{\frac{1}{\lambda_{nr}}+\frac{1}{\lambda_{nr-1}}}} \leq t,\right. \\
&\qquad\qquad\qquad\qquad\qquad \left.Y_r \geq x-t\cdot\sqrt{\frac{1}{\lambda_{nr+1}}+\frac{1}{\lambda_{nr}}}\right) \\
&= \int_{x-t\sqrt{1/\lambda_{nr+1}+1/\lambda_{nr}}}^{\infty} H_r(t,y_r)\cdot\sqrt{\lambda_{nr}}\varphi(\sqrt{\lambda_{nr}}\cdot y_r)dy_r
\end{aligned}$$

が成り立つ．この繰り返しの積分を $r+1=k$ まで順次行い，

$$D_{2n}(t) = P\left(\max_{1\leq i\leq k-2} \frac{Y_{i+1}-Y_i}{\sqrt{\frac{1}{\lambda_{ni+1}}+\frac{1}{\lambda_{ni}}}} \leq t, \ \frac{Y_k-Y_{k-1}}{\sqrt{\frac{1}{\lambda_{nk}}+\frac{1}{\lambda_{nk-1}}}} \leq t\right)$$

$$= P\left(\max_{1\leq i\leq k-2} \frac{Y_{i+1}-Y_i}{\sqrt{\frac{1}{\lambda_{ni+1}}+\frac{1}{\lambda_{ni}}}} \leq t, \ \frac{x-Y_{k-1}}{\sqrt{\frac{1}{\lambda_{nk}}+\frac{1}{\lambda_{nk-1}}}} \leq t\right)$$

$$\cdot \sqrt{\lambda_{nk}}\varphi(\sqrt{\lambda_{nk}}\cdot x)dx$$

$$= \int_{-\infty}^{\infty} H_k(t,x)\sqrt{\lambda_{nk}}\varphi(\sqrt{\lambda_{nk}}\cdot x)dx$$

を得る．(5.67) より，

$$TD_{2n}(t) = \int_0^{\infty}\left\{\int_{-\infty}^{\infty} H_k(ts,x)\sqrt{\lambda_{nk}}\varphi(\sqrt{\lambda_{nk}}\cdot x)dx\right\}g(s|m)ds \quad (5.71)$$

が成り立つ．

サイズが等しい (1.12) の場合を考える．このときの $D_{2n}(t)$, $TD_{2n}(t)$ は n に依存しないので，それぞれ $D_2^*(t)$, $TD_2^*(t)$ で表記する．Z_i を標準正規分布 $N(0,1)$ に従う確率変数とし，U_E を自由度 m のカイ自乗分布に従う確率変数とし，$Z_1,\ldots,Z_k, U_E$ は互いに独立として，(5.65), (5.66) は

$$D_2^*(t) = P\left(\max_{1\leq i\leq k-1}\frac{Z_{i+1}-Z_i}{\sqrt{2}}\leq t\right),$$

$$TD_2^*(t) = P\left(\max_{1\leq i\leq k-1}\frac{Z_{i+1}-Z_i}{\sqrt{2U_E/m}}\leq t\right)$$

と簡略化され，(5.71) までの分布論は，次のようになる．

$3\leq r\leq k$ に対して，

$$H_r(t,x) \equiv P\left(\max_{1\leq i\leq r-2}\frac{Z_{i+1}-Z_i}{\sqrt{2}}\leq t, \ \frac{x-Z_{r-1}}{\sqrt{2}}\leq t\right)$$

とおくと，

$$H_3(t,x) = \int_{x-t\sqrt{2}}^{\infty}\left\{1-\Phi\left(y-t\sqrt{2}\right)\right\}\varphi(y)dy$$

であり，$3\leq r\leq k-1$ に対して，

が成り立つ．この繰り返しの積分を $r+1=k$ まで順次行い,

$$D_2^*(t) = \int_{-\infty}^{\infty} H_k(t,x)\varphi(x)dx$$

を得る．

$$TD_2^*(t) = \int_0^{\infty} \left\{ \int_{-\infty}^{\infty} H_k(ts,x)\varphi(x)dx \right\} g(s|m)ds \tag{5.72}$$

が成り立つ．

サイズが等しい (1.12) の場合, $td_2(k,n_1,\ldots,n_1;\alpha)$ は, k,m,α の関数であるので, 簡略化してこの値を $td_2^*(k,m;\alpha)$ で表記する．すなわち,

$$td_2^*(k,m;\alpha) = td_2(k,n_1,\ldots,n_1;\alpha) \tag{5.73}$$

である．$td_2^*(k,m;\alpha)$ を求めるための数値解析の方法を 7.3 節で解説する．$td_2^*(k,m;\alpha)$ の数表を付表 20, 21 に載せている．サイズが不揃いの場合を含めた一般の場合でも同様に説明できる．

5.4.2 シングルステップのノンパラメトリック法

分布関数 $F(x)$ は未知でもかまわないとする．2群間の標本観測値の中で順位をつける順位統計量を使って提案できる．$(n_i + n_{i+1})$ 個の観測値 $X_{i1},\ldots,X_{in_i}, X_{i+11},\ldots,X_{i+1n_{i+1}}$ を小さい方から並べたときの $X_{i+1\ell}$ の順位を, $R_{i+1\ell}^{(i,i+1)}$ とする．

$$\widehat{T}_i \equiv \sum_{\ell=1}^{n_{i+1}} R_{i+1\ell}^{(i,i+1)} - \frac{n_{i+1}(n_i + n_{i+1} + 1)}{2}$$

とおく．このとき, H_0 の下での $\widehat{T}_i$ の平均と分散は

$$E_0(\widehat{T}_i) = 0, \quad V_0(\widehat{T}_i) = \frac{n_i n_{i+1}(n_i + n_{i+1} + 1)}{12}$$

で与えられる．ここで,

$$\widehat{Z}_i \equiv \frac{\widehat{T}_i}{\sigma_{in}}, \quad \sigma_{in} \equiv \sqrt{\frac{n_i n_{i+1}(n_i + n_{i+1} + 1)}{12}} \tag{5.74}$$

とおく.λ_i は (2.59) の条件 2.1 で定義したものとする.さらに,$\hat{Y}_i \sim N(0, 1/\lambda_i)$ とし,$\hat{Y}_1, \ldots, \hat{Y}_k$ は互いに独立と仮定する.このとき,$D_2(t)$ を

$$D_2(t) \equiv P\left(\max_{1 \leq i \leq k-1} \frac{\hat{Y}_{i+1} - \hat{Y}_i}{\sqrt{\frac{1}{\lambda_{i+1}} + \frac{1}{\lambda_i}}} \leq t\right) \tag{5.75}$$

とおく.このとき,条件 2.1 の下で,

$$\lim_{n \to \infty} TD_{2n}(t) = \lim_{n \to \infty} D_{2n}(t) = D_2(t)$$

が成り立つ.

【定理 5.8】 条件 2.1 が満たされると仮定する.このとき,$t > 0$ に対して,

$$\lim_{n \to \infty} P_0\left(\max_{1 \leq i \leq k-1} \widehat{Z}_i \leq t\right) = D_2(t) \tag{5.76}$$

が成り立つ.

証明 (著 1) の定理 5.2 の証明と同様に,

$$\widehat{Z}_i \xrightarrow{\mathcal{L}} \frac{\hat{Y}_{i+1} - \hat{Y}_i}{\sqrt{\frac{1}{\lambda_{i+1}} + \frac{1}{\lambda_i}}} \tag{5.77}$$

を得る.ここで,定理の主張を得る. □

α を与え,

方程式 $D_2(t) = 1 - \alpha$ を満たす t の解を $d_2(k, \lambda_1, \ldots, \lambda_k; \alpha)$ (5.78)

とする.$n_i n_{i+1}$ 個の $\{X_{i+1\ell'} - X_{i\ell} \mid \ell' = 1, \ldots, n_1, \ell = 1, \ldots, n_1\}$ の順序統計量を

$$\mathcal{D}^{(i+1,i)}_{(1)} \leq \mathcal{D}^{(i+1,i)}_{(2)} \leq \cdots \leq \mathcal{D}^{(i+1,i)}_{(n_i n_{i+1})}$$

とする.このとき,定理 5.6 を使って,(著 1) の 6.3.2 項と同様の議論により,次の漸近的な同時信頼区間とシングルステップ多重比較検定を得る.

[5.16] 漸近的な同時信頼区間

$\mu_{i+1} - \mu_i$ $(1 \leqq i \leqq k-1)$ についての信頼係数 $1-\alpha$ の同時信頼区間は,

$$\mathcal{D}_{(\lceil a_i \rceil)}^{(i+1,i)} \leq \mu_{i+1} - \mu_i < +\infty \quad (1 \leqq i \leqq k-1) \tag{5.79}$$

で与えられる. ただし,

$$a_i \equiv -\sigma_{in} d_2(k, \lambda_1, \ldots, \lambda_k; \alpha) + \frac{n_{i+1} n_i}{2}$$

とする. ∎

[5.17] 漸近的なシングルステップの多重比較検定

{ 帰無仮説 $H_{(i,i+1)}$ vs. 対立仮説 $H_{(i,i+1)}^{OA}$ | $1 \leqq i \leqq k-1$ } に対する水準 α の多重比較検定は, 次で与えられる.

ある i に対して $\widehat{Z}_i \geqq d_2(k, \lambda_1, \ldots, \lambda_k; \alpha)$ ならば, 帰無仮説 $H_{(i,i+1)}$ を棄却し, 対立仮説 $H_{(i,i+1)}^{OA}$ を受け入れ, $\mu_i < \mu_{i+1}$ と判定する. ∎

サイズが等しい (1.12) の場合, $d_2(k, \lambda_1, \ldots, \lambda_k; \alpha)$ は, k, α だけの関数であるので, 簡略化してこの値を $d_2^*(k; \alpha)$ で表記する. すなわち, (1.12) のとき

$$d_2^*(k; \alpha) = d_2(k, 1/k, \ldots, 1/k; \alpha) \tag{5.80}$$

である. また,

$$\lim_{m \to \infty} td_2^*(k, m; \alpha) = d_2^*(k; \alpha)$$

が成り立つ.

5.4.3 閉検定手順

次に上記のシングルステップ法を改良するマルチステップ法を述べる.

$\mathcal{U}_2 \equiv \{(i, i+1) \mid 1 \leqq i \leqq k-1\}$ に対して, $\mathcal{H}_2$ の要素の仮説 $H_{(i,i+1)}$ の論理積からなるすべての集合は

$$\overline{\mathcal{H}}_2 \equiv \left\{ \bigwedge_{v \in V} H_v \;\middle|\; \emptyset \subsetneq V \subset \mathcal{U}_2 \right\}$$

で表される. $\bigwedge_{v \in \mathcal{U}_2} H_v$ は一様性の帰無仮説 H_0 となる. さらに $\emptyset \subsetneq V \subset \mathcal{U}_2$ を満たす V に対して,

$$\bigwedge_{v \in V} H_v : \text{任意の } (i, i+1) \in V \text{ に対して}, \mu_i = \mu_{i+1}$$

は k 個の母平均に関していくつかが等しいという仮説となる.

$I_1, \ldots, I_J$ $(I_j \neq \emptyset,\; j = 1, \ldots, J)$ を,次の性質 5.3 を満たす添え字 $\{1, \ldots, k\}$ の互いに素な部分集合の組とする.

(性質 5.3) ある整数 $\ell_1, \ldots, \ell_J \geqq 2$ とある整数 $0 \leqq s_1 < \cdots < s_J < k$ が存在して,

$$I_j = \{s_j + 1, s_j + 2, \ldots, s_j + \ell_j\} \;(j = 1, \ldots, J), \tag{5.81}$$

$s_j + \ell_j \leqq s_{j+1}$ $(j = 1, \ldots, J-1)$ かつ $s_J + \ell_J \leqq k$ が成り立つ. □

I_j は連続した整数の要素からなり,$\ell_j = \#I_j \geqq 2$ である. 同じ I_j $(j = 1, \ldots, J)$ に含まれる添え字をもつ母平均は等しいという帰無仮説を $H^o(I_1, \ldots, I_J)$ で表す. このとき,$\emptyset \subsetneq V \subset \mathcal{U}_2$ を満たす任意の V に対して,性質 5.3 で述べたある自然数 J とある $I_1, \ldots, I_J$ が存在して,

$$\bigwedge_{v \in V} H_v = H^o(I_1, \ldots, I_J) \tag{5.82}$$

が成り立つ. さらに仮説 $H^o(I_1, \ldots, I_J)$ は,

$$H^o(I_1, \ldots, I_J): \mu_{s_j+1} = \mu_{s_j+2} = \cdots = \mu_{s_j+\ell_j} \quad (j = 1, \ldots, J) \tag{5.83}$$

と表現することができる. $\emptyset \subsetneq V_0 \subset \mathcal{U}_2$ を満たす V_0 に対して,$\boldsymbol{v} \in V_0$ ならば帰無仮説 H_v が真で,$\boldsymbol{v} \in V_0^c \cap \mathcal{U}_2$ ならば H_v が偽のとき,1 つ以上の真の帰無仮説 H_v ($\boldsymbol{v} \in V_0$) を棄却する確率が α 以下となる検定方式が水準 α の多重比較検定である. この定義の V_0 に対して,帰無仮説 $\bigwedge_{v \in V_0} H_v$ に対す

る水準 α の検定の棄却域を A とし，帰無仮説 H_v に対する水準 α の検定の棄却域を B_v とすると，帰無仮説 $\bigwedge_{v \in V_0} H_v$ の下での確率

$$P\left(A \cap \left(\bigcup_{v \in V_0} B_v\right)\right) \leqq P(A) \leqq \alpha \tag{5.84}$$

が成り立つ．

上記の V_0 が未知であることを考慮し，特定の帰無仮説を $H_{v_0} \in \mathcal{H}_2$ としたとき，$v_0 \in V \subset \mathcal{U}_2$ を満たす任意の V に対して，帰無仮説 $\bigwedge_{v \in V} H_v$ の検定が水準 α で棄却された場合に，H_{v_0} を棄却する方式を，閉検定手順とよんでいる．(5.84) より，閉検定手順による多重比較検定のタイプ I FWER が α 以下となる．

$j = 1, \ldots, J$ に対して，

$$T^o(I_j) \equiv \max_{s_j+1 \leqq i \leqq s_j+\ell_j-1} T_i$$

を使って閉検定手順が行える．ただし，I_j は (5.48) によって与えられたものとする．(5.65), (5.66), (5.69) に対応して，(5.48) の I_j に対して

$$D_{2n}(t|I_j) \equiv P\left(\max_{s_j+1 \leqq i \leqq s_j+\ell_j-1} \frac{Y_{i+1} - Y_i}{\sqrt{\frac{1}{\lambda_{ni+1}} + \frac{1}{\lambda_{ni}}}} \leqq t\right), \tag{5.85}$$

$$TD_{2n}(t|I_j) \equiv P\left(\max_{s_j+1 \leqq i \leqq s_j+\ell_j-1} \frac{Y_{i+1} - Y_i}{\sqrt{\frac{U_E}{m}\left(\frac{1}{\lambda_{ni+1}} + \frac{1}{\lambda_{ni}}\right)}} \leqq t\right) \tag{5.86}$$

とし，

方程式 $TD_{2n}(t|I_j) = 1 - \alpha$ を満たす t の解を $td_2(\ell_j, m, I_j; \alpha)$ \tag{5.87}

とする．ただし，Y_i, U_E は (5.66) の中で使われた確率変数と同じとする．このとき，(5.71) と同様に，

$$TD_{2n}(t|I_j) = \int_0^\infty D_{2n}(ts|I_j) g(s|m) ds \tag{5.88}$$

が成り立つ. $TD_{2n}(t|I_j)$ と $td_2(\ell_j, m, I_j; \alpha)$ は, $\{n_i \mid i \in I_j\}$ にも依存する. 水準 α の帰無仮説 $\bigwedge_{v \in V} H_v$ に対する検定方法を具体的に論述することができる.

[5.18] パラメトリック手順

$X_{ij} \sim N(\mu_i, \sigma^2)$ とする. (5.83) の $H^o(I_1, \ldots, I_J)$ に対して, M を

$$M \equiv M(I_1, \ldots, I_J) \equiv \sum_{j=1}^{J} \ell_j \tag{5.89}$$

とする.

(a) $J \geqq 2$ のとき, $\ell = \ell_1, \ldots, \ell_J$ に対して $\alpha(M, \ell)$ を (5.55) で定義する. $1 \leqq j \leqq J$ となるある整数 j が存在して $td_2(\ell_j, m, I_j; \alpha(M, \ell_j)) < T^o(I_j)$ ならば帰無仮説 $\bigwedge_{v \in V} H_v$ を棄却する.

(b) $J = 1$ $(M = \ell_1)$ のとき, $td_2(M, m, I_1; \alpha) < T^o(I_1)$ ならば帰無仮説 $\bigwedge_{v \in V} H_v$ を棄却する.

(a), (b) の方法で, $(i, i+1) \in V \subset \mathcal{U}_2$ を満たす任意の V に対して, $\bigwedge_{v \in V} H_v$ が棄却されるとき, $\left\{\text{帰無仮説 } H_{(i,i+1)} \text{ vs. 対立仮説 } H_{(i,i+1)}^{OA} \mid 1 \leqq i \leqq k-1\right\}$ に対する多重比較検定として, $H_{(i,i+1)}$ を棄却する. ∎

【定理 5.9】 [5.18] の検定は, 水準 α の多重比較検定である.

証明 定理 5.4 と同様に証明される. □

サイズが等しい (1.12) の場合を考える. $td_2(\ell_j, m, I_j; \alpha(M, \ell_j))$ は, I_j と $\{n_i \mid i \in I_j\}$ に依存せず, ℓ_j, m, α の関数であるので, それを $td_2^*(\ell_j, m; \alpha(M, \ell_j))$ で表記する. すなわち, (1.12) のとき $td_2^*(\ell_j, m; \alpha(M, \ell_j)) = td_2(\ell_j, m, I_j; \alpha(M, \ell_j))$ である. (1.12) のとき, $2 \leqq \ell \leqq M$, $2 \leqq M \leqq 10$ とした場合の ℓ と M の範囲で, $\alpha = 0.05$ のときの $td_2^*(\ell, m; \alpha(M, \ell))$ の数表を表 5.12 に載せ, $\alpha = 0.01$ のときの数表を表 5.13 に載せている.

表 5.12 $\alpha = 0.05$, $m = 60$ のときの $td_2^*(\ell, m; \alpha(M, \ell))$ の値

$M \setminus \ell$	2	3	4	5	6	7	8	9	10
10	2.382	2.497	2.543	2.568	2.583	2.593	2.601	◊	2.610
9	2.339	2.456	2.502	2.527	2.542	2.553	◊	2.566	
8	2.291	2.410	2.456	2.481	2.497	◊	2.515		
7	2.236	2.356	2.404	2.429	◊	2.455			
6	2.171	2.294	2.342	◊	2.383				
5	2.093	2.219	◊	2.294					
4	1.995	◊	2.175						
3	◊	2.000							
2	1.671								

◊ : $\ell = M - 1$ は起こり得ない.

表 5.13 $\alpha = 0.01$, $m = 60$ のときの $td_2^*(\ell, m; \alpha(M, \ell))$ の値

$M \setminus \ell$	2	3	4	5	6	7	8	9	10
10	2.992	3.093	3.133	3.155	3.168	3.178	3.185	◊	3.194
9	2.955	3.056	3.097	3.119	3.132	3.142	◊	3.154	
8	2.913	3.015	3.056	3.078	3.092	◊	3.108		
7	2.865	2.968	3.010	3.032	◊	3.055			
6	2.809	2.914	2.955	◊	2.992				
5	2.743	2.848	◊	2.913					
4	2.659	◊	2.810						
3	◊	2.660							
2	2.390								

◊ : $\ell = M - 1$ は起こり得ない.

次に, $F(x)$ は, 連続型の分布関数であるが未知であってもかまわない場合のノンパラメトリック閉検定手順を述べる.

$j = 1, \ldots, J$ に対して,

$$\widehat{Z}^o(I_j) \equiv \max_{s_j + 1 \leqq i \leqq s_j + \ell_j - 1} \widehat{Z}_i$$

を使ってノンパラメトリック閉検定手順が行える. ただし, $\widehat{Z}_i$ は (5.74) で定義したものとする. (5.75) に対応して, (5.81) の I_j に対して

$$D_2(t|I_j) \equiv P\left(\max_{s_j+1 \leqq i \leqq s_j+\ell_j-1} \frac{\hat{Y}_{i+1} - \hat{Y}_i}{\sqrt{\frac{1}{\lambda_{i+1}} + \frac{1}{\lambda_i}}} \leq t\right)$$

とし,

方程式 $D_2(t|I_j) = 1 - \alpha$ を満たす t の解を $d_2(\ell_j, I_j; \alpha)$ (5.90)

とする. ただし, $\hat{Y}_i$ は (5.75) の中で使われた確率変数と同じとする. $D_2(t|I_j)$ と $d_2(\ell_j, I_j; \alpha)$ は, $\{\lambda_i \mid i \in I_j\}$ にも依存する.

水準 α の帰無仮説 $\bigwedge_{v \in V} H_v$ に対する検定方法を具体的にいくつか論述することができる.

[5.19] ノンパラメトリック手順

(5.83) の $H^o(I_1, \ldots, I_J)$ に対して, M を (5.89) で定義する.

(a) $J \geqq 2$ のとき, $\ell = \ell_1, \ldots, \ell_J$ に対して $\alpha(M, \ell)$ を (2.24) で定義する. $1 \leqq j \leqq J$ となるある整数 j が存在して $d_2(\ell_j, I_j; \alpha(M, \ell_j)) \leqq \widehat{Z}^o(I_j)$ ならば帰無仮説 $\bigwedge_{v \in V} H_v$ を棄却する.

(b) $J = 1$ $(M = \ell_1)$ のとき, $d_2(M, I_1; \alpha) \leqq \widehat{Z}^o(I_1)$ ならば帰無仮説 $\bigwedge_{v \in V} H_v$ を棄却する.

(a), (b) の方法で, $(i, i+1) \in V \subset \mathcal{U}_2$ を満たす任意の V に対して, $\bigwedge_{v \in V} H_v$ が棄却されるとき, $\left\{帰無仮説\ H_{(i,i+1)}\ \text{vs. 対立仮説}\ H^{OA}_{(i,i+1)} \mid 1 \leqq i \leqq k-1\right\}$ に対する多重比較検定として, $H_{(i,i+1)}$ を棄却する. ∎

【定理 5.10】 [5.19] の検定は, 漸近的に水準 α の多重比較検定である.

証明 定理 5.6 と同様に証明される. □

サイズが等しい (1.12) の場合を考える. $d_2(\ell_j, I_j; \alpha(M, \ell_j))$ は, I_j と $\{\lambda_i \mid i \in I_j\}$ に依存せず, ℓ_j, α の関数であるので, それを $d_2^*(\ell_j; \alpha(M, \ell_j))$ で表記する. すなわち, (1.12) のとき $d_2^*(\ell_j; \alpha(M, \ell_j)) = d_2(\ell_j, I_j; \alpha(M, \ell_j))$

である. (1.12) のとき, $2 \leqq \ell \leqq M, 2 \leqq M \leqq 10$ とした場合の ℓ と M の範囲で, $\alpha = 0.05$ のときの $d_2^*(\ell; \alpha(M,\ell))$ の数表を付表 22 に載せ, $\alpha = 0.01$ のときの数表を付表 23 に載せている.

定義から, $2 \leqq \ell < k$ となる ℓ に対し $td_2^*(\ell, m; \alpha) < td_2^*(k, m; \alpha)$ であることを数学的に示すことができる. 表 5.12, 5.13 から, $2 \leqq \ell < M \leqq k$ となる ℓ に対し,

$$td_2^*(\ell, m; \alpha(M,\ell)) < td_2^*(k, m; \alpha(k,k)) = td_2^*(k, m; \alpha) \tag{5.91}$$

が成り立つ. 表 5.12, 5.13 は $m = 60$ の場合であるが, $m = 50(10)150$ に対しても (5.91) が成り立つことを数値計算により確かめた. 定義から, $2 \leqq \ell < k$ となる ℓ に対し $d_2^*(\ell; \alpha) < d_2^*(k; \alpha)$ であることを数学的に示すことができる. 付表 22, 23 から, $\ell < M \leqq k$ となる ℓ に対し,

$$d_2^*(\ell; \alpha(M,\ell)) < d_2^*(k; \alpha(k,k)) = d_2^*(k; \alpha) \tag{5.92}$$

が成り立つ. [5.18] の閉検定手順の構成法により, 表 5.12, 5.13 と (5.91) の関係から次の (i) と (ii) を得る.

(i) [5.15] のシングルステップ多重比較検定で棄却される $H_{(i,i+1)}$ は [5.18] の閉検定手順を使っても棄却される.

(ii) [5.18] の閉検定手順で棄却される $H_{(i,i+1)}$ は [5.15] のシングルステップ多重比較検定を使っても棄却されるとは限らない.

m が十分大きい場合, 付表 22, 23 と (5.92) の関係から, 上記の (i) と (ii) を得ることができる. 以上により, $3 \leqq k \leqq 10$ に対し, $m = 50(10)150$ および m が十分大きいとき, [5.18] の閉検定手順は [5.15] のシングルステップ多重比較検定よりも一様に検出力が高い. 同様に, 付表 22, 23 と (5.92) の関係から, $3 \leqq k \leqq 10$ に対し [5.19] のノンパラメトリック閉検定手順は [5.17] のシングルステップ多重比較検定よりも漸近的に一様に検出力が高い.

5.4.4 ステップワイズ法

閉検定手順では, 特定の帰無仮説 $H_{(i,i+1)}$ を棄却するには, $(i,i+1) \in V \subset$

$\mathcal{U}_2$ を満たす任意の V に対して,帰無仮説 $\bigwedge_{v\in V} H_v$ の検定が水準 α で棄却される必要があり,ステップワイズ法とよばれる手順で行うことができる.r を $2 \leqq r \leqq k$ となる整数とし,検定 5.2 を次の検定群 ($k = 3$ または $r = 2$ 以外は複数の検定) とする.

(検定 5.2)　$M = r$ かつ $(i, i+1) \in V \subset \mathcal{U}_2$ を満たす任意の V に対して,(5.83) の $H^o(I_1, \ldots, I_J)$ を水準 α で検定する.ただし,M は (5.89) で定義したものとする.　□

$\overline{\mathcal{H}}_2$ 全体で記述すると混乱するので,任意に特定した帰無仮説 $H_{(i,i+1)}$ について,ステップダウン法を述べる.

●ステップダウン法

手順 1　$r = k$ とし,上記の検定 5.2 を行い,棄却されていないものが 1 つでもあれば $H_{(i,i+1)}$ を保留し終了する.検定 5.2 がすべて棄却されていれば,手順 2 に進む.

手順 2　$r - 1$ を新たに r とおき,上記の検定 5.2 を行い,手順 3 に進む.

手順 3　(i) 棄却されていないものが 1 つでもあれば $H_{(i,i+1)}$ を保留し終了する.
　　　(ii) $r \geqq 3$ かつ検定 5.2 がすべて棄却されていれば,手順 2 に戻る.
　　　(iii) $r = 2$ かつ $H^o(I_1) = H_{(i,i+1)}$ が棄却されたならば,多重比較検定として $H_{(i,i+1)}$ を棄却し終了する.　■

上記では,特定の $H_{(i,i+1)}$ に対してのステップダウン法を述べている.実際は,すべての $(i, i+1) \in \mathcal{U}_2$ に対してステップダウン法が実行されなければならない.

(5.82) より,

$$\overline{\mathcal{H}}_2 = \left\{ H^o(I_1, \ldots, I_J) \,\middle|\, \text{ある } J \text{ が存在して,} \bigcup_{j=1}^{J} I_j \subset \{1, \ldots, k\}. \right.$$
$$I_j \text{ は (5.81) を満たし,} \#(I_j) \geqq 2\ (1 \leqq j \leqq J).$$
$$\left. J \geqq 2 \text{ のとき } I_j \cap I_{j'} = \emptyset\ (1 \leqq j < j' \leqq J) \right\}$$

となる. $(i, i+1) \in \mathcal{U}_2$ に対して,

$$\overline{\mathcal{H}}_{2(i,i+1)} \equiv \left\{ H^o(I_1, \ldots, I_J) \in \overline{\mathcal{H}}_2 \mid \text{ある } j \text{ が存在して, } \{i, i+1\} \subset I_j \right\}$$

とおく. このとき,

$$\overline{\mathcal{H}}_2 = \bigcup_{(i,i+1) \in \mathcal{U}_2} \overline{\mathcal{H}}_{2(i,i+1)}, \quad H_0 \in \overline{\mathcal{H}}_{2(i,i+1)}$$

が成り立つ.

5.4.5 データ解析例

$k = 4$, $n_1 = n_2 = n_3 = n_4 = 16$ とした等しい標本サイズ 16 の 4 群モデルの表 2.5 のデータを使って, 解析を行う.

●パラメトリック法

5.4 節の [5.15] のシングルステップ法と [5.18] の閉検定手順を使って, 水準 0.05 の多重比較検定を行う. $T_i = T_{i+1,i}$ の値は (2.39) より

$$T_1 = 2.588, \quad T_2 = 2.008, \quad T_3 = 1.728 \tag{5.93}$$

で与えられる.

[5.15] のシングルステップのリー・スプーリエルの多重比較検定法を使うと, $T_i > td_2^*(4, 60; 0.05)$ を満たす i に対して $H_{(i,i+1)}$ が棄却される. $td_2^*(k, 60; 0.05)$ の値は, 表 5.12 または付録の付表 20 に載せられている. その数表から, $td_2^*(4, 60; 0.05) = 2.175$ である. 以上により, 帰無仮説 $H_{(1,2)}$ だけが棄却され, 他の帰無仮説は棄却されない.

[5.18] の閉検定手順を水準 0.05 で行う. 表 5.12 と (5.93) を使って $\mathcal{H}_2$ のすべての帰無仮説 $H_{(1,2)}$, $H_{(2,3)}$, $H_{(3,4)}$ が棄却される.

[5.14] による信頼係数 0.95 の同時信頼区間を求めると

$$0.144 < \mu_2 - \mu_1 < \infty, \ -0.058 < \mu_3 - \mu_2 < \infty, \ -0.156 < \mu_4 - \mu_3 < \infty$$

である.

●ノンパラメトリック法

5.4 節の [5.17] のシングルステップ法と [5.19] の閉検定手順を使って，水準 0.05 の多重比較検定を行う．$\widehat{Z}_i = \widehat{Z}_{i+1,i}$ の値は (2.83) より

$$\widehat{Z}_1 = 2.299, \quad \widehat{Z}_2 = 2.111, \quad \widehat{Z}_3 = 1.470 \tag{5.94}$$

で与えられる．

[5.17] のシングルステップのリー・スプーリエルの漸近的な多重比較検定法を使うと，$\widehat{Z}_i > d_2^*(4; 0.05)$ を満たす i に対して $H_{(i,i+1)}$ が棄却される．$d_2^*(k; 0.05)$ の値は，付表 20 または付表 22 に載せられている．その数表から，$d_2^*(4; 0.05) = 2.126$ である．以上により，帰無仮説 $H_{(1,2)}$ だけが棄却され，他の帰無仮説は棄却されない．[5.19] の閉検定手順を水準 0.05 で行う．付表 22 と (5.94) を使って帰無仮説 $H_{(1,2)}, H_{(2,3)}$ が棄却される．

[5.16] による信頼係数 0.95 のノンパラメトリック同時信頼区間を求めると

$0.100 < \mu_2 - \mu_1 < \infty, \ -0.020 < \mu_3 - \mu_2 < \infty, \ -0.220 < \mu_4 - \mu_3 < \infty$

である．

5.5 対照群との多重比較検定法

このモデルでは，第 1 群または第 k 群を対照群，その他の群は処理群と考え，どの処理群と対照群の間に差があるかを調べることである．便宜上，本書では，第 1 群を対照群，第 2 群から第 k 群は処理群とし，

$$n_2 = \cdots = n_k \tag{5.95}$$

の制限をおく．n_1 は他のサイズ n_2 と等しい必要はない．表 5.14 のモデルについて考察する．

傾向性の制約 (5.1) は成り立っているものとする．i を $2 \leqq i \leqq k$ とする．1 つの比較のための検定は

帰無仮説 $H_i : \mu_1 = \mu_i$ vs. 対立仮説 $H_i^{OA} : \mu_1 < \mu_i$

となる．帰無仮説のファミリーを，

表 5.14　k 群モデル

水準	群	サイズ	データ	平均
対照	第 1 群	n_1	$X_{11},\ldots,X_{1n_1}$	μ_1
処理 1	第 2 群	n_2	$X_{21},\ldots,X_{2n_2}$	μ_2
$\vdots$	$\vdots$	$\vdots$	$\vdots$ $\vdots$ $\vdots$	$\vdots$
処理 $k-1$	第 k 群	n_2	$X_{k1},\ldots,X_{kn_2}$	μ_k

総標本サイズ：$n \equiv n_1 + (k-1)n_2$（すべての観測値の個数）
$P(X_{ij} \leqq x) = F(x - \mu_i)$ $(i = 1,\ldots,k)$, $\mu_1,\ldots,\mu_k$ はすべて未知パラメータとする．

$$\mathcal{H}_3 \equiv \{H_i \mid i \in \mathcal{I}_3\}$$

とおく．ただし，$\mathcal{I}_3 \equiv \{i \mid 2 \leqq i \leqq k\}$ とする．すなわち，$\mathcal{I}_3$ は 3.3 節の $\mathcal{I}_D$ と同じである．

定数 α $(0 < \alpha < 1)$ をはじめに決める．

$\boldsymbol{X} \equiv (X_{11},\ldots,X_{1n_1},\ldots,X_{k1},\ldots,X_{kn_k})$ の実現値 $\boldsymbol{x}$ によって，任意の $H_i \in \mathcal{H}_3$ に対して H_i を棄却するかしないかを決める検定方式を $\phi_i(\boldsymbol{x})$ とする．

$\boldsymbol{\mu} \equiv (\mu_1,\ldots,\mu_k)$ とおく．$\mu_1 < \mu_2$ のときは，有意水準は関係しないので，

$$\begin{aligned}\Theta_0 &\equiv \{\boldsymbol{\mu} \mid 1\,\text{つ以上の帰無仮説}\ H_i\,\text{が真}\}\\ &= \{\boldsymbol{\mu} \mid \text{ある}\ i \in \mathcal{I}_3\,\text{が存在して},\mu_1 = \mu_i\} \end{aligned} \quad (5.96)$$

とおき，$\boldsymbol{\mu} \in \Theta_0$ とする．このとき，正しい帰無仮説 H_i は 1 つ以上ある．また，確率は $\boldsymbol{\mu}$ に依存するので，確率測度を $P_{\boldsymbol{\mu}}(\cdot)$ で表す．

このとき，任意の $\boldsymbol{\mu} \in \Theta_0$ に対して

$$P_{\boldsymbol{\mu}}(\text{正しい帰無仮説のうち少なくとも 1 つが棄却される}) \leqq \alpha \quad (5.97)$$

を満たす検定方式 $\{\phi_i(\boldsymbol{x}) \mid i \in \mathcal{I}_3\}$ を，$\mathcal{H}_3$ に対する水準 α の多重比較検定法とよんでいる．(5.97) の左辺を，($\boldsymbol{\mu}$ を固定したときの) 第 1 種の過誤の確率またはタイプ I FWER とよぶ．また，(5.97) の右辺の α は全体としての有意水準である．

5.5.1 正規分布モデルでのウィリアムズ (Williams) の方法

$X_{ij} \sim N(\mu_i, \sigma^2)$ の正規モデルを仮定し，ウィリアムズの方法 (Williams, 1971, 1972) を説明する．$2 \leqq \ell \leqq k$ となる ℓ に対して，統計量 T_ℓ と $\tilde{\mu}_\ell^o$ を，

$$T_\ell^o \equiv \frac{\tilde{\mu}_\ell^o - \bar{X}_{1\cdot}}{\sqrt{\left(\dfrac{1}{n_2} + \dfrac{1}{n_1}\right) V_E}}, \quad \tilde{\mu}_\ell^o = \max_{2 \leqq s \leqq \ell} \frac{\sum_{i=s}^\ell \bar{X}_{i\cdot}}{\ell - s + 1} \tag{5.98}$$

で定義する．このとき，$\tilde{\mu}_\ell^o$ は，$\mu_2 \leqq \mu_3 \leqq \cdots \leqq \mu_\ell$ の下での，μ_ℓ の最尤推定量である．

H_0 の下で，T_ℓ^o の分布を与えることを考える．$\tilde{\mu}_\ell^o, \bar{X}_{1\cdot}, V_E$ は互いに独立で，$Z_i \equiv \sqrt{n_i}(\bar{X}_{i\cdot} - \mu_i)/\sigma \sim N(0,1)$，$mV_E/\sigma^2 \sim \chi_m^2$ である．一般性を失うことなく，$\sigma^2 = 1, \mu_i = 0$ と仮定する．このとき，(5.98) は

$$T_\ell^o = \frac{\breve{\mu}_\ell^o - Y_1}{\sqrt{\left(1 + \dfrac{n_2}{n_1}\right)\left(\dfrac{U_E}{m}\right)}}, \quad \breve{\mu}_\ell^o = \max_{2 \leqq s \leqq \ell} \frac{\sum_{i=s}^\ell Z_i}{\ell - s + 1} \tag{5.99}$$

と表現できる．ただし，$Y_1, Z_2, \ldots, Z_k, U_E$ は互いに独立な確率変数で，$Y_1 \sim N(0, n_2/n_1)$，$Z_i \sim N(0,1)$，$U_E \sim \chi_m^2$ である．$TD_3(t|\ell, m, n_2/n_1)$，$D_3(t|\ell, n_2/n_1)$ を，それぞれ，

$$TD_3(t|\ell, m, n_2/n_1) \equiv P_0\left(\frac{\breve{\mu}_\ell^o - Y_1}{\sqrt{(U_E/m)(1 + n_2/n_1)}} \leqq t\right),$$

$$D_3(t|\ell, n_2/n_1) \equiv P_0\left(\frac{\breve{\mu}_\ell^o - Y_1}{\sqrt{1 + n_2/n_1}} \leqq t\right)$$

とおく．

$TD_3(t|\ell, m, n_2/n_1) = 1 - \alpha$ を満たす t の解を $td_3(\ell, m, n_2/n_1; \alpha)$, (5.100)

$D_3(t|\ell, n_2/n_1) = 1 - \alpha$ を満たす t の解を $d_3(\ell, n_2/n_1; \alpha)$ (5.101)

とする．$\breve{\mu}_\ell^o$ の分布がわかれば，上側 $100\alpha\%$ 点 $td_3(\ell, m, n_2/n_1; \alpha)$ を求め

ることができる．$\alpha = 0.05,\ 0.025,\ 0.01$ とし，サイズがすべて等しい場合 $n_1 = n_2 = \cdots = n_k$ の $td_3(\ell, m, 1; \alpha)$ の数表が Williams (1971) の数表 1, 2 に掲載されている．本書では，$td_3(\ell, m, 1; \alpha)$ の数表を付表 24, 25 に載せている．

$$
\begin{aligned}
& D_3(t|\ell, n_2/n_1) \\
&= \int_{-\infty}^{\infty} P\left(\frac{\breve{\mu}_\ell^o - Y_1}{\sqrt{1 + \frac{n_2}{n_1}}} \leq t \middle| Y_1 = y\right) \sqrt{n_1/n_2} \varphi\left(\sqrt{n_1/n_2} \cdot y\right) dy \\
&= \int_{-\infty}^{\infty} P\left(\breve{\mu}_\ell^o \leq y + t\sqrt{1 + \frac{n_2}{n_1}}\right) \sqrt{n_1/n_2} \varphi\left(\sqrt{n_1/n_2} \cdot y\right) dy \quad (5.102)
\end{aligned}
$$

と表現される．

$$
\begin{aligned}
P(\breve{\mu}_\ell^o \leq s) &= P(Z_\ell + Z_{\ell-1} + \cdots + Z_2 \leq (\ell-1)s, \\
& \quad Z_\ell + Z_{\ell-1} + \cdots + Z_3 \leq (\ell-2)s, \ldots, Z_\ell \leq s) \\
&= P(Z_1 + Z_2 + \cdots + Z_{\ell-1} \leq (\ell-1)s, \\
& \quad Z_2 + Z_3 + \cdots + Z_{\ell-1} \leq (\ell-2)s, \ldots, Z_{\ell-1} \leq s) \quad (5.103)
\end{aligned}
$$

とも表現することができる．ただし，Z_1 は $N(0,1)$ に従い，$Z_1, \ldots, Z_k$ は互いに独立とする．ここで，

$$
\begin{aligned}
H_i(s, x) &\equiv P(Z_1 + Z_2 + \cdots + Z_i \leq i \cdot x, \\
& \quad Z_2 + Z_3 + \cdots + Z_i \leq (i-1)s, \ldots, Z_i \leq s) \quad (5.104)
\end{aligned}
$$

とおく．このとき，(5.103) より

$$
H_{\ell-1}(s, s) = P(\breve{\mu}_\ell^o \leq s) \quad (5.105)
$$

が成り立つ．

$$
H_i(s, x) = \int_{-\infty}^{\infty} P(Z_1 + Z_2 + \cdots + Z_i \leq i \cdot x,
$$

$$\begin{aligned}
&Z_2 + Z_3 + \cdots + Z_i \leqq (i-1)s, \ldots, Z_i \leqq s | Z_1 = z_1) \varphi(z_1) dz_1 \\
&= \int_{-\infty}^{\infty} P(Z_2 + \cdots + Z_i \leqq i \cdot x - z_1, \\
&\qquad Z_2 + Z_3 + \cdots + Z_i \leqq (i-1)s, \ldots, Z_i \leqq s) \varphi(z_1) dz_1
\end{aligned}$$

と書ける.

$$\begin{aligned}
&\{Z_2 + \cdots + Z_i \leqq i \cdot x - z_1, \ Z_2 + \cdots + Z_i \leqq (i-1)s\} \\
&= \begin{cases} \{Z_2 + \cdots + Z_i \leqq (i-1)s\} & (z_1 \leqq i \cdot x - (i-1)s \text{ のとき}) \\ \{Z_2 + \cdots + Z_i \leqq i \cdot x - z_1\} & (z_1 > i \cdot x - (i-1)s \text{ のとき}) \end{cases}
\end{aligned}$$

であるので,

$$\begin{aligned}
H_i(s,x) &= P(Z_2 + \cdots + Z_i \leqq (i-1)s, \ldots, Z_i \leqq s) \cdot \Phi(i \cdot x - (i-1)s) \\
&\quad + \int_{i \cdot x - (i-1)s}^{\infty} P(Z_2 + \cdots + Z_i \leqq i \cdot x - z_1, \\
&\qquad Z_3 + \cdots + Z_i \leqq (i-2)s, \ldots, Z_i \leqq s) \varphi(z_1) dz_1 \\
&= H_{i-1}(s,s) \cdot \Phi(i \cdot x - (i-1)s) \\
&\quad + \int_{i \cdot x - (i-1)s}^{\infty} H_{i-1}\left(s, \frac{i \cdot x - z_1}{i-1}\right) \varphi(z_1) dz_1
\end{aligned}$$

が成り立つ. すなわち,

$$\begin{aligned}
H_i(s,x) =& H_{i-1}(s,s) \cdot \Phi(i \cdot x - (i-1)s) \\
&+ \int_{i \cdot x - (i-1)s}^{\infty} H_{i-1}\left(s, \frac{i \cdot x - z}{i-1}\right) \varphi(z) dz
\end{aligned} \tag{5.106}$$

を得る.

$$\begin{aligned}
H_2(s,x) &= P(Z_1 + Z_2 \leqq 2x, \ Z_2 \leqq s) \\
&= \int_{-\infty}^{\infty} P(Z_2 \leqq 2x - z_1, \ Z_2 \leqq s) \varphi(z_1) dz_1 \\
&= \int_{-\infty}^{2x-s} P(Z_2 \leqq s) \varphi(z_1) dz_1 + \int_{2x-s}^{\infty} P(Z_2 \leqq 2x - z_1) \varphi(z_1) dz_1 \\
&= \Phi(s)\Phi(2x-s) + \int_{2x-s}^{\infty} \Phi(2x-z) \varphi(z) dz \tag{5.107}
\end{aligned}$$

である．

(5.102), (5.105) より，

$$D_3(t|\ell, n_2/n_1) = \int_{-\infty}^{\infty} H_{\ell-1}\left(x + t\sqrt{1 + \frac{n_2}{n_1}}, x + t\sqrt{1 + \frac{n_2}{n_1}}\right)$$
$$\cdot \sqrt{\frac{n_1}{n_2}} \varphi\left(\sqrt{\frac{n_1}{n_2}} \cdot x\right) dx \qquad (5.108)$$

が成り立つ．

[5.20] パラメトリック手順

$i \leq \ell \leq k$ となる任意の ℓ に対して，$td_3(\ell, m, n_2/n_1; \alpha) \leq T_\ell^o$ ならば，$\{$帰無仮説 H_i vs. 対立仮説 $H_i^{OA} | 2 \leq i \leq k\}$ に対する多重比較検定として，帰無仮説 H_i を棄却し，対立仮説 H_i^{OA} を受け入れ $\mu_1 < \mu_i$ と判定する．

【定理 5.11】 [5.20] の検定方式は水準 α の多重比較検定である．

証明 (5.96) で定義された Θ_0 に対し $\boldsymbol{\mu} = (\mu_1, \ldots, \mu_k) \in \Theta_0$ とする．このとき，正しい帰無仮説 H_i は 1 つ以上ある．$\mu_i = \mu_1$ を満たす最大の自然数 i を i_0 とする．事象 E_ℓ を

$$E_\ell \equiv \{td_3(\ell, m, n_2/n_1; \alpha) \leq T_\ell^o\}$$

とおく．$2 \leq i \leq i_0$ を満たす整数 i に対して，[5.20] の方法で正しい帰無仮説 H_i を棄却する事象は，$\bigcap_{\ell=i}^{k} E_\ell$ であるので，[5.20] の方法で 1 つ以上の正しい帰無仮説 H_i を棄却する確率は，

$$P_\mu\left(\bigcup_{i=2}^{i_0}\left\{\bigcap_{\ell=i}^{k} E_\ell\right\}\right) \leq P_\mu(E_{i_0}) = P_0(E_{i_0}) \leq \alpha$$

である．ゆえに定理の主張は証明された． □

5.5.2 順位に基づくシャーリー・ウィリアムズ (Shirley-Williams) の方法

分布関数 $F(x)$ は未知でもかまわないとする．$2 \leq \ell \leq k$ となる ℓ に対して，$\{n_1 + (\ell-1)n_2\}$ 個の観測値 $\{X_{ij}| j = 1, \ldots, n_i, i = 1, \ldots, \ell\}$ を小さ

い方から並べたときの X_{ij} の順位を，$R_{ij}^{(\ell)}$ とする．

$$\widehat{T}_1^{(\ell)} \equiv \frac{1}{n_1}\sum_{j=1}^{n_1} R_{1j}^{(\ell)}, \quad \widehat{T}_i^{(\ell)} \equiv \frac{1}{n_2}\sum_{j=1}^{n_2} R_{ij}^{(\ell)} \quad (2 \leq i \leq \ell)$$

とおく．このとき，H_0 の下での $\widehat{T}_i^{(\ell)}$ の平均は

$$E_0(\widehat{T}_i^{(\ell)}) = \frac{n_1 + (\ell-1)n_2 + 1}{2}$$

で与えられる．

$$\sigma_n^{(\ell)} \equiv \sqrt{\frac{n_1 + (\ell-1)n_2 + 1}{12}}$$

とおく．$2 \leq \ell \leq k$ となる ℓ に対して，統計量 $\widehat{Z}_\ell^o$ と $\hat{\mu}_\ell^o$ を，

$$\widehat{Z}_\ell^o \equiv \frac{\hat{\mu}_\ell^o - \widehat{T}_1^{(\ell)}}{\sigma_n^{(\ell)}\sqrt{\frac{n_1+(\ell-1)n_2}{n_2} + \frac{n_1+(\ell-1)n_2}{n_1}}}, \quad \hat{\mu}_\ell^o = \max_{2\leq s\leq \ell}\frac{\sum_{i=s}^{\ell}\widehat{T}_i^{(\ell)}}{\ell-s+1} \quad (5.109)$$

で定義する．ここで，

(条件 5.1) $$\lim_{n\to\infty}(n_2/n_1) = \lambda_{12} > 0$$

を仮定する．λ_i を (2.59) の条件 2.1 で定義したものとすれば，$\lambda_{12} = \lambda_2/\lambda_1$ である．さらに，$Z_i \sim N(0,1)$ $(i=2,\ldots,k)$, $Y_1 \sim N(0,\lambda_{12})$ とし，$Z_2,\ldots,Z_k, Y_1$ は互いに独立と仮定する．このとき，確率変数 Z_ℓ^* を

$$Z_\ell^* \equiv \frac{\hat{\mu}_\ell^* - Y_1}{\sqrt{1+\lambda_{12}}}, \quad \hat{\mu}_\ell^* = \max_{2\leq s\leq \ell}\frac{\sum_{i=s}^{\ell} Z_i}{\ell-s+1} \quad (5.110)$$

とおく．Z_ℓ^* の分布関数を $D_3(t|\ell,\lambda_{12}) \equiv P(Z_\ell^* \leq t)$ とする．

【定理 5.12】 条件 5.1 が満たされると仮定する．このとき，

$$\lim_{n\to\infty} P_0\left(\widehat{Z}_\ell^o \leq t\right) = D_3(t|\ell,\lambda_{12}) \quad (5.111)$$

が成り立つ．

証明 (著 1) の定理 4.2 の証明と同様に,$\widehat{Z}_\ell^o \xrightarrow{\mathcal{L}} Z_\ell^*$ を得る.ここで,定理の主張を得る. □

α を与え,

$$方程式 \ D_3(t|\ell,\lambda_{12}) = 1 - \alpha \ を満たす \ t \ の解を \ d_3(\ell,\lambda_{12};\alpha) \quad (5.112)$$

とする.

[5.21] 漸近的なノンパラメトリック手順

$i \leq \ell \leq k$ となる任意の ℓ に対して,$d_3(\ell,\lambda_{12};\alpha) \leq \widehat{Z}_\ell^o$ ならば,{帰無仮説 H_i vs. 対立仮説 H_i^{OA} $|2 \leq i \leq k\}$ に対する水準 α の漸近的な多重比較検定として,帰無仮説 H_i を棄却し,対立仮説 H_i^{OA} を受け入れ $\mu_1 < \mu_i$ と判定する. ∎

5.5.3 データ解析例

$k = 4$, $n_1 = n_2 = n_3 = n_4 = 16$ とした等しい標本サイズ 16 の 4 群モデルの表 3.1 のデータを使って,本章で紹介した手法を用いて解析してみる.

●パラメトリック法

t 検定統計量の値は

$$T_2^o = 1.726, \quad T_3^o = 2.297, \quad T_4^o = 2.875 \quad (5.113)$$

となる.

水準 $\alpha = 0.05$ のウィリアムズの多重比較検定を用いる.付表 24 により,

$$td_3(2,60,1;0.05) = 1.671 < 1.726 = T_2^o,$$
$$td_3(3,60,1;0.05) = 1.746 < 2.297 = T_3^o,$$
$$td_3(4,60,1;0.05) = 1.770 < 2.875 = T_4^o$$

を得る.ここで,帰無仮説 H_2, H_3, H_4 すべてが棄却される.

●ノンパラメトリック法

表 3.1 のデータを使って,ノンパラメトリック法を用いて解析してみる.

順位検定統計量の値は

$$\widehat{Z}_2^o = 1.470, \quad \widehat{Z}_3^o = 2.299, \quad \widehat{Z}_4^o = 2.563 \tag{5.114}$$

となる．

水準 $\alpha = 0.05$ のシャーリー・ウィリアムズの多重比較検定を用いる．$m = \infty$ のときの付表 24 により，

$$d_3(2, 1; 0.05) = 1.645 > 1.470 = \widehat{Z}_2^o,$$
$$d_3(3, 1; 0.05) = 1.716 < 2.299 = \widehat{Z}_3^o,$$
$$d_3(4, 1; 0.05) = 1.739 < 2.563 = \widehat{Z}_4^o$$

を得る．ここで，帰無仮説 H_3，H_4 が棄却され，H_2 が棄却されない．

5.6 サイズが不揃いの場合の多重比較検定法

前節までに，正規分布の下でのパラメトリック法としていくつかの t 検定統計量の最大値を基に多重比較法を解説した．さらに，ノンパラメトリック法としていくつかのウィルコクソンの順位検定統計量の最大値を基に手法を論述した．5.3 節のすべての平均相違の多重比較法の理論では，サイズが同一の場合でしかデータに適用できない．5.5 節の対照群との多重比較法も 2 群以降のサイズの同一性が必要である．サイズが不揃いの場合にも適応できる尤度比検定統計量の分母を調整した $\bar{B}^2$ 統計量と $\bar{\chi}^2$ 統計量に基づく閉検定手順について論述する．なお，Robertson et al. (1988) に紹介されている尤度比検定統計量 $\bar{E}^2$ を使用した閉検定手順も提案することができるが，(著 14)，(著 15) はこの方法よりも $\bar{B}^2$ 統計量に基づく閉検定手順の方が検出力が高いことを検証している．さらに，複雑でない Page (1963) の検定統計量に基づく閉検定手順についても論じる．

5.6.1 すべての平均相違の多重比較検定法

サイズの条件に制限のない表 5.1 のモデルで $F(x - \mu_i)$ が $N(\mu_i, \sigma^2)$ の正

規分布の分布関数であると仮定する．(5.48) の I_j と $j = 1, \ldots, J$ に対して，$\tilde{\mu}^*_{s_j+1}(I_j), \ldots, \tilde{\mu}^*_{s_j+\ell_j}(I_j)$ は

$$\sum_{i \in I_j} \lambda_{ni} \left(\tilde{\mu}^*_i(I_j) - \bar{X}_{i\cdot} \right)^2 = \min_{u_{s_j+1} \leqq \cdots \leqq u_{s_j+\ell_j}} \sum_{i \in I_j} \lambda_{ni} \left(u_i - \bar{X}_{i\cdot} \right)^2$$

を満たすものとする．ただし，I_j, s_j, ℓ_j は性質 5.2 によって与えられたものとする．すなわち，(5.5) と同様に，

$$\tilde{\mu}^*_{s_j+r}(I_j) = \max_{s_j+1 \leqq p \leqq s_j+r} \min_{s_j+r \leqq q \leqq s_j+\ell_j} \frac{\sum_{m=p}^{q} n_m \bar{X}_{m\cdot}}{\sum_{m=p}^{q} n_m} \quad (r = 1, \ldots, \ell_j)$$

を得る．このとき，

$$\bar{B}^2_1(I_j) \equiv \frac{\sum_{i \in I_j} n_i \left(\tilde{\mu}^*_i(I_j) - \bar{X}_{\cdot\cdot}(I_j) \right)^2}{V_E} \tag{5.115}$$

を使って閉検定手順を行う．ただし，

$$\bar{X}_{\cdot\cdot}(I_j) \equiv \frac{\sum_{i \in I_j} \sum_{t=1}^{n_i} X_{it}}{N(I_j)}, \quad N(I_j) \equiv \sum_{i \in I_j} n_i \tag{5.116}$$

とする．$P(L, \ell_j; \boldsymbol{\lambda}_n(I_j))$ を，$\tilde{\mu}^*_{s_j+1}(I_j), \ldots, \tilde{\mu}^*_{s_j+\ell_j}(I_j)$ がちょうど L 個の異なる値となる H_0 の下での確率とする．このとき，(5.14) より，$t > 0$ と (5.50) の $H^o(I_1, \ldots, I_J)$ の下で

$$P(\bar{B}^2_1(I_j) \geqq t) = P_0(\bar{B}^2_1(I_j) \geqq t)$$
$$= \sum_{L=2}^{\ell_j} P(L, \ell_j; \boldsymbol{\lambda}_n(I_j)) P\left((L-1) F^{L-1}_m \geqq t \right) \tag{5.117}$$

が成り立つ．ただし，$\boldsymbol{\lambda}_n(I_j) \equiv (n_{s_j+1}/n, n_{s_j+2}/n, \ldots, n_{s_j+\ell_j}/n)$ とする．$0 < \alpha < 0.5$ となる α に対して，

方程式 $P_0(\bar{B}^2_1(I_j) \geqq t) = \alpha$ を満たす t の解を $\bar{b}^2_1(\ell_j, \boldsymbol{\lambda}_n(I_j), m; \alpha)$
$$\tag{5.118}$$

5.6 サイズが不揃いの場合の多重比較検定法 **177**

とおく．便宜上，

$$\bar{\chi}_1^2(I_j) \equiv \frac{\sum_{i \in I_j} n_i \left(\tilde{\mu}_i^*(I_j) - \bar{X}_{\cdot\cdot}(I_j)\right)^2}{\sigma^2}$$

とおくと，条件 2.1 の下で，$t > 0$ に対して

$$\lim_{n \to \infty} P_0\left(\bar{\chi}_1^2(I_j) \geqq t\right) = \sum_{L=2}^{\ell_j} P(L, \ell_j; \boldsymbol{\lambda}(I_j)) P\left(\chi_{L-1}^2 \geqq t\right) \quad (5.119)$$

が成り立つ．ただし，$\boldsymbol{\lambda}(I_j) \equiv (\lambda_{s_j+1}, \ldots, \lambda_{s_j+\ell_j})$ とおき，$i = 1, \ldots, \ell_j$ に対して Z_i は互いに独立で，各 Z_i が $N(0, 1/\lambda_{\ell_j+i})$ に従い，$\breve{\mu}_1^*, \ldots, \breve{\mu}_{\ell_j}^*$ を

$$\sum_{i=1}^{\ell_j} \lambda_{s_j+i} (\breve{\mu}_i^* - Z_i)^2 = \min_{u_1 \leqq \cdots \leqq u_{\ell_j}} \sum_{i=1}^{\ell_j} \lambda_{s_j+i} (u_i - Z_i)^2$$

を満たすものとしたとき，$P(L, \ell_j; \boldsymbol{\lambda}(I_j))$ は，$\breve{\mu}_1^*, \ldots, \breve{\mu}_{\ell_j}^*$ がちょうど L 個の異なる値となる確率である．

ここで，(5.22) と同様の議論により，条件 2.1 の下で，$t > 0$ に対して

$$\lim_{n \to \infty} P_0(\bar{B}_1^2(I_j) \geqq t) = \lim_{n \to \infty} P_0\left(\bar{\chi}_1^2(I_j) \geqq t\right) \quad (5.120)$$

が成り立つ．$0 < \alpha < 0.5$ となる α に対して，

方程式 $\lim_{n \to \infty} P_0\left(\bar{\chi}_1^2(I_j) \geqq t\right) = \alpha$ を満たす t の解を $\bar{c}_1^2(\ell_j, \boldsymbol{\lambda}(I_j); \alpha)$
(5.121)

とおく．

(5.50) の $H^o(I_1, \ldots, I_J)$ に対して，M と $\alpha(M, \ell)$ をそれぞれ (5.54)，(5.55) で定義する．このとき，水準 α の帰無仮説 $\bigwedge_{v \in V} H_v$ に対する検定方法を具体的に論述することができる．

[5.22] $\bar{B}_1^2$ に基づく閉検定手順

手順 1 $J \geqq 2$ のとき，$1 \leqq j \leqq J$ となるある整数 j が存在して $\bar{b}_1^2(\ell_j, \boldsymbol{\lambda}_n(I_j), m; \alpha(M, \ell_j)) \leqq \bar{B}_1^2(I_j)$ ならば帰無仮説 $\bigwedge_{v \in V} H_v$ を棄却する．

手順 2 $J = 1$ ($M = \ell_1$) のとき，$\bar{b}_1^2(\ell_1, \boldsymbol{\lambda}_n(I_1), m; \alpha) \leqq \bar{B}_1^2(I_1)$ ならば帰無

仮説 $\bigwedge_{v \in V} H_v$ を棄却する.

上記の手順 1, 2 の方法で, $(i, i') \in V \subset \mathcal{U}$ を満たす任意の V に対して, $\bigwedge_{v \in V} H_v$ が棄却されるとき, $\left\{帰無仮説\ H_{(i,i')}\ vs.\ 対立仮説\ H_{(i,i')}^{OA}\ \middle|\ 1 \leq i < i' \leq k\right\}$ に対する多重比較検定として, $H_{(i,i')}$ を棄却する. ∎

このとき,次の定理 5.13 を得る.

【定理 5.13】 [5.22] のパラメトリック閉検定手順は,水準 α の多重比較検定である. □

(5.48) によって与えられた I_j に対して,$N(I_j)$ 個の $\{X_{i\ell} \mid \ell = 1, \ldots, n_i, i \in I_j\}$ の中での $X_{i\ell}$ の順位を $R_{i\ell}(I_j)$ とし,

$$\bar{R}_{i\cdot}(I_j) = \frac{1}{n_i}\sum_{\ell=1}^{n_i} R_{i\ell}(I_j) \quad (i \in I_j)$$

とする. $\bar{R}^*_{s_j+1\cdot}(I_j), \ldots, \bar{R}^*_{s_j+\ell_j\cdot}(I_j)$ を

$$\sum_{i \in I_j} \lambda_{ni}(\bar{R}^*_{i\cdot}(I_j) - \bar{R}_{i\cdot}(I_j))^2 = \min_{u_{s_j+1} \leq \cdots \leq u_{s_j+\ell_j}} \sum_{i \in I_j} \lambda_{ni}(u_i - \bar{R}_{i\cdot}(I_j))^2$$

を満たすものとする. (5.5) と同様に,

$$\bar{R}^*_{s_j+r\cdot}(I_j) = \max_{s_j+1 \leq p \leq s_j+r} \min_{s_j+r \leq q \leq s_j+\ell_j} \frac{\sum_{m=p}^{q} n_m \bar{R}_{m\cdot}(I_j)}{\sum_{m=p}^{q} n_m} \quad (r = 1, \ldots, \ell_j)$$

を得る. このとき,

$$\widehat{Z}_1^2(I_j) \equiv \frac{12}{N(I_j)\{N(I_j)+1\}} \sum_{i \in I_j} n_i \left(\bar{R}^*_{i\cdot}(I_j) - \frac{N(I_j)+1}{2}\right)^2$$

とおく. ただし,$N(I_j)$ は (5.116) で定義されたものとする. $\widehat{Z}_1^2(I_j)$ $(j = 1, \ldots, J)$ を使ってノンパラメトリック閉検定手順が行える.

[**5.23**] ノンパラメトリック閉検定手順

(5.50) の $H^o(I_1, \cdots, I_J)$ に対して，M と $\alpha(M, \ell)$ をそれぞれ (5.54), (5.55) で定義する．

手順 1　$J \geqq 2$ のとき，$1 \leqq j \leqq J$ となるある整数 j が存在して $\vec{c}_1^2(\ell_j, \boldsymbol{\lambda}(I_j); \alpha(M, \ell_j)) \leqq \widehat{Z}_1^2(I_j)$ ならば帰無仮説 $\bigwedge_{v \in V} H_v$ を棄却する．

手順 2　$J = 1$ $(M = \ell_1)$ のとき，$\vec{c}_1^2(\ell_1, \boldsymbol{\lambda}(I_1); \alpha) \leqq \widehat{Z}_1^2(I_1)$ ならば帰無仮説 $\bigwedge_{v \in V} H_v$ を棄却する．

上記の手順 1, 2 の方法で，$(i, i') \in V \subset \mathcal{U}$ を満たす任意の V に対して，$\bigwedge_{v \in V} H_v$ が棄却されるとき，$\Big\{$帰無仮説 $H_{(i,i')}$ vs. 対立仮説 $H_{(i,i')}^{OA} \,\big|\, 1 \leqq i < i' \leqq k \Big\}$ に対する漸近的な多重比較検定として，$H_{(i,i')}$ を棄却する．■

このとき，次の定理 5.14 を得る．

【定理 5.14】　[5.23] のノンパラメトリック閉検定手順は，水準 α の漸近的な多重比較検定である．

証明　手順 2 の検定の有意水準が α であることは自明であるので，手順 1 の検定の有意水準が α であることを示す．$\widehat{Z}_1^2(I_1), \ldots, \widehat{Z}_1^2(I_J)$ は互いに独立より，

$$\lim_{n \to \infty} P_0 \left(\widehat{Z}_1^2(I_j) < \vec{c}_1^2(\ell_j, \boldsymbol{\lambda}(I_j); \alpha(M, \ell_j)), \, j = 1, \ldots, J \right)$$
$$= \prod_{j=1}^{J} \left\{ \lim_{n \to \infty} P_0 \left(\widehat{Z}_1^2(I_j) < \vec{c}_1^2(\ell_j, \boldsymbol{\lambda}(I_j); \alpha(M, \ell_j)) \right) \right\}$$
$$= \prod_{j=1}^{J} \{1 - \alpha(M, \ell_j)\}$$
$$= 1 - \alpha$$

を得る．この等式を使って，

表 5.15 $\alpha = 0.05$, $m = 100$ のときの $\bar{b}_1^{2*}(\ell, m; \alpha(M, \ell))$ の値

$M \setminus \ell$	2	3	4	5	6	7	8	9	10
10	5.552	6.223	6.509	6.652	6.725	6.759	6.769	◊	6.747
9	5.358	6.014	6.290	6.425	6.492	6.521	◊	6.517	
8	5.144	5.781	6.046	6.172	6.233	◊	6.256		
7	4.902	5.519	5.770	5.887	◊	5.956			
6	4.626	5.219	5.455	◊	5.604				
5	4.303	4.868	◊	5.177					
4	3.914	◊	4.637						
3	◊	3.905							
2	2.756								

◊ : $\ell = M - 1$ は起こり得ない．

$$\lim_{n \to \infty} P_0\left(\text{ある } j \text{ が存在して,} \ \widehat{Z}_1^2(I_j) \geq \bar{c}_1^2(\ell_j, \boldsymbol{\lambda}(I_j); \alpha(M, \ell_j))\right)$$
$$= 1 - \lim_{n \to \infty} P_0\left(\widehat{Z}_1^2(I_j) < \bar{c}_1^2(\ell_j, \boldsymbol{\lambda}(I_j); \alpha(M, \ell_j)),\ j = 1, \ldots, J\right)$$
$$= \alpha$$

が成り立つ．ここで，帰無仮説 $\bigwedge_{v \in V} H_v$ に対する手順1の検定は，有意水準 α である．以上により，定理の主張が導かれた．　　□

サイズが等しい $n_1 = \cdots = n_k = n_0$ の場合，$\bar{b}_1^2(\ell_j, \boldsymbol{\lambda}_n(I_j), m; \alpha(M, \ell_j))$ は，$\boldsymbol{\lambda}_n(I_j)$ に依存せず $\ell_j, m, \alpha(M, \ell_j)$ だけの関数であるので，簡略化してこの値を $\bar{b}_1^{2*}(\ell_j, m; \alpha(M, \ell_j))$ で表記する．すなわち，

$$\bar{b}_1^{2*}(\ell_j, m; \alpha(M, \ell_j)) = \bar{b}_1^2(\ell_j, \boldsymbol{\lambda}_n(I_j), m; \alpha(M, \ell_j)) \tag{5.122}$$

である．$\alpha = 0.05$, 0.01, $m = 60$ とした $\bar{b}_1^{2*}(\ell, m; \alpha(M, \ell))$ の数表が (著15) の表7，表8に載せられている．$m = 100$ とした数表を表 5.15, 表 5.16 に載せている．

サイズが等しい $n_1 = \cdots = n_k = n_0$ の場合，$\bar{c}_1^2(\ell_j, \boldsymbol{\lambda}(I_j); \alpha(M, \ell_j))$ は，$\boldsymbol{\lambda}(I_j)$ に依存せず $\ell_j, \alpha(M, \ell_j)$ だけの関数であるので，簡略化してこの値を $\bar{c}_1^{2*}(\ell_j; \alpha(M, \ell))$ で表記する．すなわち，

5.6 サイズが不揃いの場合の多重比較検定法　**181**

表 **5.16** $\alpha = 0.01$, $m = 100$ のときの $\bar{b}_1^{2*}(\ell, m; \alpha(M, \ell))$ の値

$M \setminus \ell$	2	3	4	5	6	7	8	9	10
10	8.673	9.569	10.003	10.258	10.421	10.530	10.604	◇	10.689
9	8.465	9.347	9.772	10.020	10.178	10.282	◇	10.399	
8	8.233	9.100	9.515	9.755	9.906	◇	10.071		
7	7.972	8.821	9.224	9.456	◇	9.693			
6	7.671	8.500	8.890	◇	9.247				
5	7.319	8.123	◇	8.705					
4	6.890	◇	8.017						
3	◇	7.078							
2	5.590								

◇ : $\ell = M - 1$ は起こり得ない.

$$\bar{c}_1^{2*}(\ell_j; \alpha(M, \ell_j)) = \bar{c}_1^2(\ell_j, \boldsymbol{\lambda}(I_j); \alpha(M, \ell_j)) \tag{5.123}$$

である．$\bar{c}_1^{2*}(\ell; \alpha(M, \ell))$ の数表を付表 26, 27 に載せている．また，(1.12) の下で，(5.18) で定義された $\bar{b}^2(k, \boldsymbol{\lambda}_n, m; \alpha)$ は $\bar{b}_1^{2*}(k, m; \alpha)$ となる．

[5.22] の手法よりも統計量の分布が単純なパラメトリック法 [5.24] を紹介する．この方法は $X_{ij} \sim N(\mu_0 + i\Delta, \sigma^2)$ $(\Delta > 0)$ $(i = 1, 2, \ldots, k)$ のときに検出力が高くなる．ただし，μ_0 は未知でもよい．

[5.24] ページ型パラメトリック閉検定手順

(5.48) の I_j, s_j, ℓ_j に対して

$$T_p(I_j) \equiv \frac{\sum_{i \in I_j} \left\{ \left(i - \frac{1}{N(I_j)} \sum_{t=1}^{\ell_j} t \cdot n_{s_j+t} \right) \sum_{t=1}^{n_i} X_{it} \right\}}{\sqrt{V_E \sum_{i \in I_j} n_i \left(i - \frac{1}{N(I_j)} \sum_{t=1}^{\ell_j} t \cdot n_{s_j+t} \right)^2}}$$

とおく．ただし，$N(I_j) \equiv \sum_{i \in I_j} n_i$ とする．$t(m; \alpha(M, \ell))$ を自由度 m の t 分布の上側 $100\alpha(M, \ell)$% 点とする．

手順 1　$J \geqq 2$ のとき，$1 \leqq j \leqq J$ となるある整数 j が存在して

$t(m; \alpha(M, \ell_j)) \leqq T_p(I_j)$ ならば帰無仮説 $\bigwedge_{v \in V} H_v$ を棄却する.

手順 2 $J = 1$ ($M = \ell_1$) のとき, $t(m; \alpha) \leqq T_p(I_1)$ ならば帰無仮説 $\bigwedge_{v \in V} H_v$ を棄却する.

上記の手順 1, 2 の方法で, $(i, i') \in V \subset \mathcal{U}$ を満たす任意の V に対して, $\bigwedge_{v \in V} H_v$ が棄却されるとき, $\left\{ \text{帰無仮説 } H_{(i,i')} \text{ vs. 対立仮説 } H^{OA}_{(i,i')} \mid 1 \leqq i < i' \leqq k \right\}$ に対する多重比較検定として, $H_{(i,i')}$ を棄却する. ∎

このとき, 定理 5.12 と同様に「[5.24] のパラメトリック閉検定手順は, 水準 α の多重比較検定である」ことを示すことができる.

[5.23] の手法よりも統計量の分布が単純なノンパラメトリック法 [5.25] を紹介する. この方法は $\mu_i = \mu_0 + i\Delta$ ($\Delta > 0$) ($i = 1, 2, \ldots, k$) のときに検出力が高くなる.

[5.25] ページ型ノンパラメトリック閉検定手順

(5.48) によって与えられた I_j に対して, $N(I_j)$ 個の $\{X_{it} \mid t = 1, \ldots, n_i, i \in I_j\}$ の中での X_{it} の順位を $R_{it}(I_j)$ とし,

$$\widehat{T}_p(I_j) \equiv \frac{\sum_{i \in I_j} \left\{ \left(i - \frac{1}{N(I_j)} \sum_{t=1}^{t_j} t \cdot n_{s_j+t} \right) \sum_{t=1}^{n_i} R_{it}(I_j) \right\}}{\sqrt{\frac{1}{N(I_j)\{N(I_j)+1\}} \sum_{i \in I_j} n_i \left(i - \frac{1}{N(I_j)} \sum_{t=1}^{\ell_j} t \cdot n_{s_j+t} \right)^2}}$$

とおく. $z(\alpha(M, \ell))$ を標準正規分布の上側 $100\alpha(M, \ell)\%$ 点とする.

手順 1 $J \geqq 2$ のとき, $1 \leqq j \leqq J$ となるある整数 j が存在して
$z(\alpha(M, \ell_j)) \leqq \widehat{T}_p(I_j)$ ならば帰無仮説 $\bigwedge_{v \in V} H_v$ を棄却する.

手順 2 $J = 1$ ($M = \ell_1$) のとき, $z(\alpha) \leqq \widehat{T}_p(I_1)$ ならば帰無仮説 $\bigwedge_{v \in V} H_v$ を棄却する.

上記の手順 1, 2 の方法で, $(i, i') \in V \subset \mathcal{U}$ を満たす任意の V に対して,

5.6 サイズが不揃いの場合の多重比較検定法　**183**

$\bigwedge_{v \in V} H_v$ が棄却されるとき，$\Big\{$ 帰無仮説 $H_{(i,i')}$ vs. 対立仮説 $H_{(i,i')}^{OA}$ $\Big| 1 \leqq i < i' \leqq k \Big\}$ に対する漸近的な多重比較検定として，$H_{(i,i')}$ を棄却する．　■

このとき，「[5.25] のノンパラメトリック閉検定手順は，水準 α の漸近的な多重比較検定である」ことを示すことができる．

5.6.2　対照群との多重比較検定法

サイズの条件に制限のない表 5.1 のモデルで $F(x - \mu_i)$ が $N(\mu_i, \sigma^2)$ の正規分布の分布関数であると仮定する．

$\ell = 2, \ldots, k$ に対して

$$I_\ell^1 \equiv \{1, 2, \ldots, \ell\} \tag{5.124}$$

とする．I_ℓ^1 は連続した整数の要素からなり，要素の個数は $\#(I_\ell^1) = \ell$ である．$\tilde{\mu}_1^*(I_\ell^1), \ldots, \tilde{\mu}_\ell^*(I_\ell^1)$ を

$$\sum_{i=1}^\ell \lambda_{ni} \left(\tilde{\mu}_i^*(I_\ell^1) - \bar{X}_{i\cdot} \right)^2 = \min_{u_1 \leqq \cdots \leqq u_\ell} \sum_{i=1}^\ell \lambda_{ni} \left(u_i - \bar{X}_{i\cdot} \right)^2$$

を満たすものとする．(5.5) と同様に，

$$\tilde{\mu}_i^*(I_\ell^1) = \max_{1 \leqq p \leqq i} \min_{i \leqq q \leqq \ell} \frac{\sum_{j=p}^q n_j \bar{X}_{j\cdot}}{\sum_{j=p}^q n_j}$$

を得る．

$$\bar{B}_3^2(I_\ell^1) \equiv \frac{\sum_{i=1}^\ell n_i \left(\tilde{\mu}_i^*(I_\ell^1) - \bar{X}_{\cdot\cdot}(I_\ell^1) \right)^2}{V_E} \tag{5.125}$$

を使って閉検定手順を行う．ただし，

$$\bar{X}_{\cdot\cdot}(I_\ell^1) \equiv \frac{\sum_{i=1}^\ell \sum_{j=1}^{n_i} X_{ij}}{N_\ell}, \quad N_\ell \equiv \sum_{i=1}^\ell n_i \tag{5.126}$$

とする．$P(L, \ell; \boldsymbol{\lambda}_n(I_\ell^1))$ を，$\tilde{\mu}_1^*(I_\ell^1), \ldots, \tilde{\mu}_\ell^*(I_\ell^1)$ がちょうど L 個の異なる値と

なる H_0 の下での確率とする．このとき，(5.14) より，$t > 0$ と $H_\ell : \mu_1 = \mu_\ell$ の下で

$$P(\bar{B}_3^2(I_\ell^1) \geqq t) = P_0(\bar{B}_3^2(I_\ell^1) \geqq t)$$
$$= \sum_{L=2}^{\ell} P(L, \ell; \boldsymbol{\lambda}_n(I_\ell^1)) P\left((L-1)F_m^{L-1} \geqq t\right) \quad (5.127)$$

が成り立つ．ただし，$\boldsymbol{\lambda}_n(I_\ell^1) \equiv (n_1/n, n_2/n, \ldots, n_\ell/n)$ とする．

$0 < \alpha < 0.5$ となる α に対して，

方程式 $P_0(\bar{B}_3^2(I_\ell^1) \geqq t) = \alpha$ を満たす t の解を $\bar{b}_3^2(\ell, \boldsymbol{\lambda}_n(I_\ell^1), m; \alpha)$ (5.128)

とおく．便宜上，

$$\bar{\chi}_3^2(I_\ell^1) \equiv \frac{\sum_{i=1}^{\ell} n_i \left(\tilde{\mu}_i^*(I_\ell^1) - \bar{X}_{..}(I_\ell^1)\right)^2}{\sigma^2}$$

とおくと，条件 2.1 の下で，$t > 0$ に対して

$$P_0\left(\bar{\chi}_3^2(I_\ell^1) \geqq t\right) = \sum_{L=2}^{\ell} P(L, \ell; \boldsymbol{\lambda}_n(I_\ell^1)) P\left(\chi_{L-1}^2 \geqq t\right) \quad (5.129)$$

が成り立つ．ここで，(5.22) と同様の議論により，条件 2.1 の下で，$t > 0$ に対して

$$\lim_{n \to \infty} P_0(\bar{B}_3^2(I_\ell^1) \geqq t) = \lim_{n \to \infty} P_0\left(\bar{\chi}_3^2(I_\ell^1) \geqq t\right)$$
$$= \sum_{L=2}^{\ell} P(L, \ell; \boldsymbol{\lambda}(I_\ell^1)) P\left(\chi_{L-1}^2 \geqq t\right) \quad (5.130)$$

が成り立つ．ただし，$\boldsymbol{\lambda}(I_\ell^1) \equiv (\lambda_1, \ldots, \lambda_\ell)$ とおき，$i = 1, \ldots, \ell$ に対して Z_i は互いに独立で，各 Z_i が $N(0, 1/\lambda_i)$ に従い，$\breve{\mu}_1^*, \ldots, \breve{\mu}_\ell^*$ を

$$\sum_{i=1}^{\ell} \lambda_i \left(\breve{\mu}_i^* - Z_i\right)^2 = \min_{u_1 \leqq \cdots \leqq u_\ell} \sum_{i=1}^{\ell} \lambda_i \left(u_i - Z_i\right)^2$$

を満たすものとしたとき，$P(L, \ell; \boldsymbol{\lambda}(I_\ell^1))$ は，$\breve{\mu}_1^*, \ldots, \breve{\mu}_\ell^*$ がちょうど L 個の異なる値となる確率である．

$0 < \alpha < 0.5$ となる α に対して,

方程式 $\lim_{n\to\infty} P_0\left(\bar{\chi}_3^2(I_\ell^1) \geqq t\right) = \alpha$ を満たす t の解を $\bar{c}_3^2(\ell, \boldsymbol{\lambda}(I_\ell^1); \alpha)$
(5.131)

とおく.

水準 α の多重比較検定として, $\bar{B}_3^2(I_\ell^1)$ に基づいた手法 [5.26] が提案できる.

[5.26] $\bar{B}_3^2$ に基づく多重比較検定

$i \leqq \ell \leqq k$ となる任意の ℓ に対して, $\bar{b}_3^2(\ell, \boldsymbol{\lambda}_n(I_\ell^1), m; \alpha) \leqq \bar{B}_3^2(I_\ell^1)$ ならば, $\{$帰無仮説 H_i vs. 対立仮説 $H_i^{OA} \,|\, 2 \leqq i \leqq k\}$ に対する多重比較検定として, 帰無仮説 H_i を棄却する. ■

【定理 5.15】 [5.26] の検定方式は水準 α の多重比較検定である.

証明 (5.96) で定義された Θ_0 に対し $\boldsymbol{\mu} = (\mu_1, \ldots, \mu_k) \in \Theta_0$ とする. このとき, 正しい帰無仮説 H_i は1つ以上ある. $\mu_i = \mu_1$ を満たす最大の自然数 i を i_0 とする. 事象 E_ℓ を

$$E_\ell \equiv \left\{\bar{b}_3^2(\ell, \boldsymbol{\lambda}_n(I_\ell^1), m; \alpha) \leqq \bar{B}_3^2(I_\ell^1)\right\}$$

とおく. $2 \leqq i \leqq i_0$ を満たす整数 i に対して, [5.26] の方法で正しい帰無仮説 H_i を棄却する事象は, $\bigcap_{\ell=i}^{k} E_\ell$ であるので, [5.26] の方法で1つ以上の正しい帰無仮説 H_i を棄却する確率は,

$$P_\mu\left(\bigcup_{i=2}^{i_0}\left\{\bigcap_{\ell=i}^{k} E_\ell\right\}\right) \leqq P_\mu\left(E_{i_0}\right) = P_0\left(E_{i_0}\right) \leqq \alpha$$

である. ゆえに定理の主張は証明された. □

サイズが等しい $n_1 = \cdots = n_k = n_0$ の場合, $\bar{b}_3^2(\ell, \boldsymbol{\lambda}_n(I_\ell^1), m; \alpha)$ は, $\boldsymbol{\lambda}_n(I_\ell)$ に依存せず ℓ, m, α だけの関数であるので, 簡略化してこの値を $\bar{b}_3^{2*}(\ell, m; \alpha)$ で表記する. すなわち,

$$\bar{b}_3^{2*}(\ell, m; \alpha) = \bar{b}_3^2(\ell, \boldsymbol{\lambda}_n(I_\ell^1), m; \alpha)$$

である．$\alpha = 0.05, 0.01$ とし，m に 28 個の値を与えた $\bar{b}_3^{2*}(\ell, m; \alpha)$ の数表が (著 14) の表 2, 3 に載せられている．

表 5.1 のモデルで，分布関数 $F(x)$ は未知であってもかまわないものとする．

(5.124) によって与えられた I_ℓ^1 に対して，$\{X_{ij} \mid j = 1, \ldots, n_i, \ i \in I_\ell^1\}$ の中での X_{ij} の順位を $R_{ij}(I_\ell^1)$ とし，

$$\bar{R}_{i\cdot}(I_\ell^1) = \frac{1}{n_i} \sum_{j=1}^{n_i} R_{ij}(I_\ell^1) \quad (i \in I_\ell^1)$$

とする．$\bar{R}_{1\cdot}^*(I_\ell^1), \ldots, \bar{R}_{\ell\cdot}^*(I_\ell^1)$ を

$$\sum_{i=1}^\ell \lambda_{ni} \left\{ \bar{R}_{i\cdot}^*(I_\ell^1) - \bar{R}_{i\cdot}(I_\ell^1) \right\}^2 = \min_{u_1 \leqq \cdots \leqq u_\ell} \sum_{i=1}^\ell \lambda_{ni} \left\{ u_i - \bar{R}_{i\cdot}(I_\ell^1) \right\}^2$$

を満たすものとする．(5.5) と同様に，

$$\bar{R}_{i\cdot}^*(I_\ell^1) = \max_{1 \leqq p \leqq i} \min_{i \leqq q \leqq \ell} \frac{\sum_{j=p}^q n_j \bar{R}_{j\cdot}(I_\ell^1)}{\sum_{j=p}^q n_j}$$

を得る．

$$\widehat{Z}_3^2(I_\ell^1) \equiv \frac{12}{N_\ell \{N_\ell + 1\}} \sum_{i \in I_\ell^1} n_i \left(\bar{R}_{i\cdot}^*(I_\ell^1) - \frac{N_\ell + 1}{2} \right)^2$$

とおく．ただし，N_ℓ は (5.126) で定義されたものとする．$\widehat{Z}_3^2(I_\ell^1)$ ($\ell = 2, \ldots, k$) を使って，分布に依存しないノンパラメトリック多重比較検定が行える．

[5.27] ノンパラメトリック多重比較検定

$i \leqq \ell \leqq k$ となる任意の ℓ に対して，$\bar{c}_3^2(\ell, \boldsymbol{\lambda}(I_\ell^1); \alpha) \leqq \widehat{Z}_3^2(I_\ell^1)$ ならば，$\{$帰無仮説 H_i vs. 対立仮説 $H_i^{OA} \mid 2 \leqq i \leqq k\}$ に対する漸近的な多重比較検定として，帰無仮説 H_i を棄却する． ∎

このとき，定理 5.15 と同様の証明により，定理 5.16 を得る．

【定理 5.16】 [5.27] のノンパラメトリック手法は，水準 α の漸近的な多重比較検定である． □

サイズが等しい $n_1 = \cdots = n_k$ の場合，$\bar{c}_3^2(\ell, \boldsymbol{\lambda}(I_\ell^1); \alpha)$ は，$\boldsymbol{\lambda}(I_\ell)$ に依存せず ℓ, α だけの関数であるので，簡略化してこの値を $\bar{c}_3^{2*}(\ell; \alpha)$ で表記する．すなわち，

$$\bar{c}_3^{2*}(\ell; \alpha) = \bar{c}_3^2(\ell, \boldsymbol{\lambda}(I_\ell^1); \alpha)$$

である．$\lim_{m \to \infty} \bar{b}_3^{2*}(\ell, m; \alpha) = \bar{c}_3^{2*}(\ell; \alpha)$ が成り立つので，$m = \infty$ とした $\bar{b}_3^{2*}(\ell, m; \alpha) = \bar{b}_0^2(\ell, m; \alpha)$ の値が $\bar{c}_3^{2*}(\ell; \alpha)$ である．$\bar{c}_3^{2*}(\ell; \alpha)$ の数表を付表30として載せている．

5.7 平均母数が減少列の順序制約がある場合

増加の傾向性の制約 (5.1) がある場合の表 5.1 の k 群モデルに対する多重比較検定法を論述した．減少の傾向性の制約

$$\mu_1 \geqq \mu_2 \geqq \cdots \geqq \mu_k \tag{5.132}$$

がある場合の表 5.1 の k 群モデルを考える．

$$Y_{ij} \equiv -X_{ij} \ (j = 1, \ldots, n_i; \ i = 1, \ldots, k), \quad \nu_i \equiv -\mu_i \ (i = 1, \ldots, k),$$
$$G(x) \equiv 1 - F(-x)$$

とおくならば，$E(Y_{ij}) = \nu_i$,

$$\nu_1 \leqq \nu_2 \leqq \cdots \leqq \nu_k$$

の関係が成り立ち，$G(x)$ は連続型の分布関数で，$G(x - \nu_i)$ が Y_{ij} の分布関数となる．特に，$X_{ij} \sim N(\mu_i, \sigma^2)$ とするならば，$Y_{ij} \sim N(\nu_i, \sigma^2)$ となる．これは，すべての観測値のマイナスの値を 5.2 節から 5.6 節で紹介した手法で解析すればよいことを意味し，(5.132) の場合も，増加の傾向性の制約 (5.1) がある場合の多重比較法の議論に帰着できることを意味している．

第6章

検出力の比較

1.3 節の表 1.7，表 1.8 にシングルステップ法とマルチステップ法の文献を紹介した．定理 2.5 のように第 2 章から第 5 章までの中で，シングルステップ法よりもマルチステップ法の方が一様に検出力が高いことを数学的に証明した．本章では検出力がどの程度高くなるかを計算機シミュレーションにより検証する．

6.1 すべての平均相違に対する手法の比較

第 2 章で論じた手法の比較を行う．2.1 節の [2.1] で述べたテューキー・クレーマーの多重比較検定法を (TK)，[2.3] で述べた検出力の高い閉検定手順① (白石，2011c) を (S0) とする．各 $H_{(i,i')}$ を棄却する確率を対ごとの検出力 (per-pair power) とよんでいる．Ramsey (1978) は母平均間に差があるすべての対を検出する確率を総対検出力 (all-pairs power) と定義した．

(2.2) の $\mathcal{H}_T$ に対する水準 α の多重比較検定を (TS) とする．(TS) として (TK) または (S0) を当てはめる．(TS) による帰無仮説 $H_{(i,i')}$ の棄却域を $B_{(i,i')}$ とする．多重比較検定 (TS) による対ごとの検出力は

$$P(B_{(i,i')}) \quad (1 \leqq i < i' \leqq k) \tag{6.1}$$

で与えられる．

$\boldsymbol{\mu} \equiv (\mu_1, \ldots, \mu_k)$ とおき，Θ_T^A を

$$\Theta_T^A \equiv \{\boldsymbol{\mu} \mid \text{ある } i < i' \text{ が存在して}, \mu_i \neq \mu_{i'}\}$$

で定義し，$\boldsymbol{\mu}$ を Θ_T^A の要素とする．確率は母数 $\boldsymbol{\mu}$ に依存するので，確率測度を $P_{\boldsymbol{\mu}}(\cdot)$ で表す．$\mathcal{U}_T^A(\boldsymbol{\mu})$ を

$$\mathcal{U}_T^A(\boldsymbol{\mu}) \equiv \{(i,i') \mid \mu_i \neq \mu_{i'} \text{ となる } 1 \leqq i < i' \leqq k\}$$

で定義する．このとき，多重比較検定 (TS) による総対検出力は

$$P_{\boldsymbol{\mu}}\left(\bigcap_{\boldsymbol{v} \in \mathcal{U}_T^A(\boldsymbol{\mu})} B_{\boldsymbol{v}}\right) \tag{6.2}$$

で与えられる．

松田・永田 (1990) は，(S0) よりも一様に検出力が低い閉検定手順と (TK) の検出力を計算機シミュレーションによって比較し，総対検出力においてペリによる閉検定手順が (TK) よりも 30% よくなる場合があることを調べた．(S0) と (TK) の検出力の大小関係は数学的に一様に

$$(\text{S0}) > (\text{TK}) \tag{6.3}$$

であることを本書の定理 2.5 で述べた．

$\alpha = 0.05$ として水準 5% の $\mathcal{H}_T$ に対する多重比較検定の比較をシミュレーションにより行う．$k = 4, n_1 = \cdots = n_4 = 16$ に設定する．この場合，$m = 60$ となり，表 2.3 の $M = 2, 3, 4$ の部分の値を使って水準 5% の多重比較検定が行われる．(S0) と (TK) の対ごとの検出力と総対検出力を使って比較する．分散を 1 とし平均が線形の対立仮説 $\mu_i = i\Delta/10$ $(i = 1, 2, 3, 4)$，$\Delta = 9, 10, 11, 12, 13$ のときの総対検出力の数表を表 6.1 に載せている．シミュレーションの繰り返し数を 10 万回とした．この線形の対立仮説では，$\mathcal{H}_T$ の中のすべての帰無仮説が棄却される確率が総対検出力である．表 6.1 より，$\Delta = 11$ のとき，(S0) の総対検出力は (TK) よりも 37% も高い．$\Delta = 5$ のとき，各 $H_{(i,i')}$ を棄却する検出力の数表を表 6.2 に載せている．この表から各 $H_{(i,i')}$ に対する検出力の大小関係も (6.3) で与えられる．表 6.2 で，(S0) と (TK) の検出力の値はすべて異なっている．これは，$1 \leqq i < i' \leqq 4$ となる任意の i, i' に対して (2.34) を満たす $\boldsymbol{x}_0$ が存在していることを意味している．

表 6.1 $\mathcal{H}_T$ に対する多重比較検定法の総対検出力の値

手法	Δ				
	9	10	11	12	13
(S0)	0.2693	0.4429	0.6121	0.7555	0.8571
(TK)	0.0431	0.1176	0.2436	0.4055	0.5761

表 6.2 各帰無仮説 $H_{(i,i')}$ vs. 対立仮説 $H_{(i,i')}^A$ に対する多重比較検定法の検出力の値

手法	帰無仮説					
	$H_{(1,2)}$	$H_{(1,3)}$	$H_{(1,4)}$	$H_{(2,3)}$	$H_{(2,4)}$	$H_{(3,4)}$
(S0)	0.2007	0.6716	0.9517	0.2467	0.6731	0.2039
(TK)	0.1166	0.5751	0.9418	0.1180	0.5761	0.1183

6.2　分散が同一とは限らない場合の手法の比較

[2.5] で述べたゲイムス・ハウエルの多重比較検定法を (GH), [2.6] で述べた検出力の高い閉検定手順（白石・早川, 2014）を (SH) とする．これらの多重比較検定法がタイプ I FWER の水準が近似的に保たれていることをシミュレーションにより検証する．群の数 $k=4$, 有意水準 $\alpha=0.05, 0.01$, 標本サイズ $n_1=n_2=n_3=n_4=20, 30$ とする．(2.54) より，タイプ I FWER は，一様性の帰無仮説 H_0 の下で最大値をとるので，$X_{i1} \sim N(0, 1+(\ell-1)(i-1)/3)$ ($i=1,\ldots,4, \ell=1,\ldots,5$) とした正規分布に従う標本を生成した．ゲイムス・ハウエルの多重比較検定法と提案した閉検定手順のタイプ I FWER の最大値をそれぞれ GHF, SHF とし，SHF と GHF の推定値を表 6.3 に載せている．シミュレーションの繰り返し数を 10 万回とした．この表から，水準はおおよそ保たれている．

ゲイムス・ハウエル法 (GH) と提案した閉検定手順 (SH) による総対検出力をシミュレーションを用いて比較する．群の数 $k=4$, 有意水準 $\alpha=0.05$, 標本サイズ $n_i=20$ とし表 6.4〜表 6.6 のように平均が等間隔の場合 (EQ1〜EQ3), 最小範囲の場合 (MIN1〜MIN3), 最大範囲の場合 (MAX1〜MAX3) に，それぞれ 10 万回シミュレーションを行った．その結果を表 6.7〜表 6.9 に掲載している．これらの表から，(SH) による総対検出力，(GH) による総

表 **6.3** $k = 4$, $n_1 = \cdots = n_4 = 20, 30$, $X_{i1} \sim N(0, 1 + (\ell - 1)(i - 1)/3)$ ($i = 1, \ldots, 4$; $\ell = 1, \ldots, 5$) とした場合の提案した閉検定手順のタイプ I FWER の最大値 SHF とゲイムス・ハウエルの多重比較検定法のタイプ I FWER の最大値 GHF の値

(i) 水準 0.05, $n_1 = 20$ のとき

ℓ の値	1	2	3	4	5
SHF	0.0501	0.0504	0.0487	0.0486	0.0480
GHF	0.0511	0.0508	0.0482	0.0470	0.0464

(ii) 水準 0.05, $n_1 = 30$ のとき

ℓ の値	1	2	3	4	5
SHF	0.0500	0.0497	0.0487	0.0487	0.0488
GHF	0.0502	0.0495	0.0472	0.0469	0.0466

(iii) 水準 0.01, $n_1 = 20$ のとき

ℓ の値	1	2	3	4	5
SHF	0.0097	0.0103	0.0097	0.0096	0.0096
GHF	0.0099	0.0103	0.0095	0.0094	0.0094

(iv) 水準 0.01, $n_1 = 30$ のとき

ℓ の値	1	2	3	4	5
SHF	0.0099	0.0099	0.0099	0.0098	0.0095
GHF	0.0100	0.0097	0.0099	0.0098	0.0090

対検出力をそれぞれ SHP, GHP とすると，

① 等間隔 EQ1, EQ2, EQ3 のとき

$$0.2686 \leq SHP - GHP \leq 0.3793$$

② 最小範囲 MIN1, MIN2, MIN3 のとき

$$0.1367 \leq SHP - GHP \leq 0.2579$$

③ 最大範囲 MAX1, MAX2, MAX3 のとき

$$0.2190 \leq SHP - GHP \leq 0.3129$$

表 6.4 等間隔の 4 群モデル設定

	EQ1		EQ2		EQ3	
	平均	分散	平均	分散	平均	分散
第 1 群	Δ	1	Δ	1	Δ	1
第 2 群	2Δ	1	2Δ	1.33	2Δ	2
第 3 群	3Δ	1	3Δ	1.66	3Δ	3
第 4 群	4Δ	1	4Δ	2	4Δ	4

表 6.5 最小範囲の 4 群モデル設定

	MIN1		MIN2		MIN3	
	平均	分散	平均	分散	平均	分散
第 1 群	$-\Delta$	1	$-\Delta$	1	$-\Delta$	1
第 2 群	$-\Delta$	1	$-\Delta$	1.33	$-\Delta$	2
第 3 群	Δ	1	Δ	1.66	Δ	3
第 4 群	Δ	1	Δ	2	Δ	4

表 6.6 最大範囲の 4 群モデル設定

	MAX1		MAX2		MAX3	
	平均	分散	平均	分散	平均	分散
第 1 群	$-\sqrt{2}\Delta$	1	$-\sqrt{2}\Delta$	1	$-\sqrt{2}\Delta$	1
第 2 群	0	1	0	1.33	0	2
第 3 群	0	1	0	1.66	0	3
第 4 群	$\sqrt{2}\Delta$	1	$\sqrt{2}\Delta$	2	$\sqrt{2}\Delta$	4

を得られ，提案した閉検定手順による総対検出力がゲイムス・ハウエル法による総対検出力よりも非常に高い．特に，等間隔のときが顕著である．

6.3 順序制約の下でのすべての平均相違に対する手法の比較

[5.12] のパラメトリック閉検定手順（白石，2014a）を (S1)，[2.3] の順序制約のない場合の白石 (2011c) の閉検定手順を (S0)，[5.9] のヘイターのシン

表 6.7 表 6.4 の等間隔とした場合の提案した閉検定手順 (SH) の総対検出力とゲイムス・ハウエル (GH) の多重比較検定法の総対検出力の値

EQ1			EQ2			EQ3		
Δ	(SH)	(GH)	Δ	(SH)	(GH)	Δ	(SH)	(GH)
0.884	0.4007	0.0869	1.354	0.3992	0.0978	2.394	0.4010	0.1185
0.988	0.5973	0.2180	1.539	0.6005	0.2445	2.787	0.6005	0.2746
1.122	0.8014	0.4588	1.739	0.8007	0.5023	3.317	0.8006	0.5320

表 6.8 表 6.5 の最小範囲での (SH) と (GH) の総対検出力の値

MIN1			MIN2			MIN3		
Δ	(SH)	(GH)	Δ	(SH)	(GH)	Δ	(SH)	(GH)
0.433	0.3986	0.1888	0.669	0.3993	0.1898	1.187	0.4007	0.1974
0.498	0.6005	0.3426	0.773	0.6002	0.3501	1.380	0.6001	0.3634
0.575	0.7979	0.5635	0.899	0.8001	0.5747	1.623	0.7999	0.5942

表 6.9 表 6.6 の最大範囲での (SH) と (GH) の総対検出力の値

MAX1			MAX2			MAX3		
Δ	(SH)	(GH)	Δ	(SH)	(GH)	Δ	(SH)	(GH)
0.642	0.3992	0.1388	0.984	0.4000	0.1432	1.746	0.4004	0.1584
0.723	0.5992	0.2863	1.126	0.6005	0.3042	2.050	0.6007	0.3351
0.822	0.7988	0.5150	1.313	0.8002	0.5502	2.451	0.7993	0.5803

グルステップ多重比較検定を (HT), シングルステップのテューキー・クレーマー法を (TK) とする. 5.3.3 項で, (S1) と (HT) の検出力の大小関係は数学的に一様に (S1)>(HT) であることを示した. 本節では (S1), (S0), (HT), (TK) の検出力の大小関係を調べるために数値実験を行う.

$\alpha = 0.05$, $k = 4$, $n_1 = \cdots = n_4 = 26$ に設定する. この場合, $m = 100$ となり, 表 5.3 の $M = 2, 3, 4$ の部分の値を使って水準 5% の多重比較検定が行われる. $\mathcal{H}_1$ に対する多重比較検定法として (S1), (S0), (HT), (TK) の総対検出力をシミュレーションにより比較する. 分散を 1 とし平均が線形の対立仮説 $\mu_i = i\Delta/5$ $(i = 1, 2, 3, 4)$, $\Delta = 3, 4, 5$ のときの総対検出力の数表を

6.3 順序制約の下でのすべての平均相違に対する手法の比較　195

表 6.10 $\mathcal{H}_1$ に対する多重比較検定法の総対検出力の値

	手法			
Δ	(S1)	(S0)	(HT)	(TK)
3	0.2360	0.0922	0.0202	0.0053
4	0.6762	0.4877	0.2614	0.1403
5	0.9196	0.8393	0.6872	0.5505

表 6.11 各帰無仮説 $H_{(i,i')}$ vs. 対立仮説 $H_{(i,i')}^A$ に対する多重比較検定法の検出力の値

	帰無仮説					
手法	$H_{(1,2)}$	$H_{(1,3)}$	$H_{(1,4)}$	$H_{(2,3)}$	$H_{(2,4)}$	$H_{(3,4)}$
(S1)	0.3196	0.8079	0.9851	0.3769	0.8082	0.3961
(S0)	0.2156	0.7029	0.9629	0.2621	0.7011	0.2129
(HT)	0.1830	0.6993	0.9737	0.1845	0.6976	0.1805
(TK)	0.1264	0.6081	0.9547	0.1270	0.6062	0.1239

表 6.10 に載せている．シミュレーションの繰り返し数を 10 万回とした．この線形の対立仮説では，$\mathcal{H}_1$ の中のすべての帰無仮説が棄却される確率が総対検出力である．表 6.10 より，総対検出力の大小関係は

$$(S1) > (S0) > (HT) > (TK) \qquad (6.4)$$

である．さらに，$\Delta = 4$ のとき，(S1) の総対検出力は (HT) よりも 40% も高い．$\Delta = 2$ のとき，各 $H_{(i,i')}$ を棄却する検出力の数表を表 6.11 に載せている．この表から各 $H_{(i,i')}$ に対する検出力の大小関係も (6.4) で与えられる．表 6.11 で，(S1) と (HT) の検出力の値はすべて異なっている．

$\mathcal{H}_2$ に対する多重比較検定法として，[5.18] のパラメトリック閉検定手順を (S2)，[5.15] のリー・スプーリエルのシングルステップ多重比較検定を (LS) とする．パラメータの設定は表 6.10 と同じとし，(S2), (LS), (S1) の総対検出力をシミュレーションにより比較する．その数表を表 6.12 に載せている．シミュレーションの繰り返し数を 10 万回とした．この線形の対立仮説では，$\mathcal{H}_2$ の中のすべての帰無仮説が棄却される確率が総対検出力である．(5.62) の関係から，「(S1) を使った水準 α の多重比較検定により $\mathcal{H}_2$ の中のすべての

表 6.12 $\mathcal{H}_2$ に対する多重比較検定法の総対検出力の値

	手法		
Δ	(S2)	(LS)	(S1)
3	0.2124	0.0524	0.2360
4	0.6713	0.3859	0.6762
5	0.9195	0.7809	0.9196

偽の帰無仮説が棄却される事象」と「(S1) を使った水準 α の多重比較検定により $\mathcal{H}_1$ の中のすべての偽の帰無仮説が棄却される事象」が等しい．このため，表 6.10 と表 6.12 で (S1) の総対検出力の値が同じとなる．

表 6.12 より，総対検出力の大小関係は

$$(\text{S1}),\ (\text{S2}) > (\text{LS}) \tag{6.5}$$

である．この線形の対立仮説では，(S1) の総対検出力は (S2) に少し勝っているが，他の対立仮説の $\mu_1,\ldots,\mu_k$ の配置の場合に (S2) が (S1) に勝っている場合をシミュレーションにより検証できる．

以上により，分布に正規性を仮定できるとき，$\mathcal{H}_1$ に対するすべての平均相違の多重比較検定では (S1) を使う方がよい．(S1) よりも (S2) の閉検定手順の方が検定される帰無仮説が少ないため $\mathcal{H}_2$ に対する隣接した平均相違の多重比較検定では (S2) を使うとよい．$n_1 = \cdots = n_k$ のとき，隣接した平均相違の同時信頼区間としての [5.8] を使うことも可能であるが，表 5.3，表 5.4，表 5.12，表 5.13 により，

$$td_1(k, m; \alpha) > td_2^*(k, m; \alpha)$$

の関係があるので，隣接した平均相違の同時信頼区間は [5.14] を使った方がよい．

上記の正規分布の場合と同じように，ノンパラメトリック法として，$\mathcal{H}_1$ に対するすべての平均相違の多重比較検定では [5.13] の閉検定手順を使えばよく，$\mathcal{H}_2$ に対する隣接した平均相違の多重比較検定では [5.19] の閉検定手順を使うとよい．$n_1 = \cdots = n_k$ のとき，隣接した平均相違の同時信頼区間と

して [5.10] を使うことも可能であるが,付表 16,付表 17,付表 20,付表 21 により,

$$d_1(k;\alpha) > d_2^*(k;\alpha)$$

の関係があるので,隣接した平均相違の同時信頼区間は [5.16] を使った方がよい.

第7章

順序制約のある場合の統計量の分布の数値計算法

　第2章から第5章までに紹介した多重比較法を実行するには，それぞれの統計量の分布の上側 $100\alpha^\star\%$ 点が必要となる．参考文献 (著1) の付録 B に載せられている実行可能形式のプログラムを活用することによって，第2章から第4章までに紹介した平均母数に順序制約を入れない場合については，統計量の分布の上側 $100\alpha^\star\%$ 点の値を得ることができる．第5章で紹介した平均母数に順序制約がある場合の多重比較法を実行するためには，統計量の確率分布のより複雑な数値計算が必要である．その場合に扱われる統計量の分布は正規分布から派生している．その数値計算の対象は，ガウス関数を積分変換したものである．そこで，ガウス関数を一般化した関数の族 G を設定し，G に属する関数の近似と微積分に適した sinc 近似法を紹介する．具体的な応用として，第5章で用いられたマックス統計量の分布であるヘイター型統計量，リー・スプーリエル型統計量，ウィリアムズ型統計量の分布関数を紹介する．更に，最後の7.4節では，5.6節で述べた自乗和統計量 $\bar{B}^2, \bar{\chi}^2$ に基づく多重比較法を実行するために使われる階層確率の計算法を紹介する．

　本章では，定理に証明を付けない．証明は下記ウェブページに掲載されているので参照されたい．

`http://www.st.nanzan-u.ac.jp/info/sugiurah/sincstatistics/`

7.1 関数族 G と sinc 近似

　sinc 近似は無限区間 $\mathbb{R} = (-\infty, \infty)$ で定義された急減少解析関数 $f(x)$ の

近似と微積分の計算に適した方法であるが，$f(x)$ が関数族 **G** に属するとき，とりわけ高精度である．

G は線形結合と積，変数のシフト，微分，コンボリューションなどで閉じており，正規分布から誘導される様々な分布の密度関数を含んでいる．それらの密度関数は sinc 補間，対応する分布関数は sinc 積分で精度よく近似できる．

さらに，sinc 近似は適用が非常に簡便である．近似関数は sinc 基底による級数展開として与えられる．その展開係数は等間隔標本点上の標本値そのものであり，標本値の計算以外に係数計算の手間を要しない．

7.1.1 関数族 **G**

以下では，複素数や複素変数をギリシャ文字，その実部と虚部を対応するローマ字とそれにダッシュを付けたもので表す．例えば，複素数 $\xi \in \mathbb{C}$ を $\xi = x + ix', x, x' \in \mathbb{R}$ と書く．ただし，α, β は特別に正の実数を表すために用いる．

ガウス関数 $G(x) = e^{-x^2}$ は，整関数（複素平面 $\mathbb{C}$ 全域で正則な関数）に解析接続され，

$$|G(\xi)| = \left|e^{-(x+ix')^2}\right| = e^{-x^2+x'^2} \qquad (\xi = x + ix' \in \mathbb{C})$$

を満たす．これを一般化して，整関数に解析接続可能な関数 $f(x)(x \in \mathbb{R})$ で，正定数 $A, \alpha, \beta > 0$ が存在して，

$$|f(\xi)| \leq A e^{-\alpha x^2 + \beta x'^2} \qquad (\xi = x + ix' \in \mathbb{C}) \tag{7.1}$$

を満たすものを考え，その全体を関数族 **G** とする (著 13)．実は定理 7.7 より，$\alpha \leq \beta$ で十分であることがわかる．

G の部分族 $\mathbf{G}(\alpha, \beta)$, $\mathbf{G}(A, \alpha, \beta)$ を

$$\mathbf{G}(\alpha, \beta) = \left\{ f \in \mathbf{G} \ \middle| \ \sup_{x, x' \in \mathbb{R}} \frac{|f(x+ix')|}{e^{-\alpha x^2 + \beta x'^2}} < \infty \right\}, \quad \alpha, \beta > 0,$$

$$\mathbf{G}(A, \alpha, \beta) = \left\{ f \in \mathbf{G} \ \middle| \ |f(x+ix')| \leq A e^{-\alpha x^2 + \beta x'^2} \right\}, \quad A, \alpha, \beta > 0$$

とする．

$$\mathbf{G}(\alpha,\beta) = \bigcup_{A>0} \mathbf{G}(A,\alpha,\beta),$$
$$\mathbf{G} = \bigcup_{\alpha>0,\beta>0} \mathbf{G}(\alpha,\beta) = \bigcup_{A>0,\alpha>0,\beta>0} \mathbf{G}(A,\alpha,\beta)$$

である．A,α,β を関数 $f \in \mathbf{G}(A,\alpha,\beta)$ のガウス・パラメータとよぶ．

関数族 $\mathbf{G}$ の基本的な性質をいくつか紹介する．

【定理 7.1】 $\mathbf{G}$ は線形結合で閉じている．すなわち，$f_1 \in \mathbf{G}(A_1,\alpha_1,\beta_1)$, $f_2 \in \mathbf{G}(A_2,\alpha_2,\beta_2)$ ならば，任意の $\lambda_1,\lambda_2 \in \mathbb{C}$ について，

$$\lambda_1 f_1 + \lambda_2 f_2 \in \mathbf{G}\left(|\lambda_1|A_1 + |\lambda_2|A_2, \min\{\alpha_1,\alpha_2\}, \max\{\beta_1,\beta_2\}\right)$$

である． □

【定理 7.2】 $\mathbf{G}$ は積で閉じている．すなわち，$f_1 \in \mathbf{G}(A_1,\alpha_1,\beta_1)$, $f_2 \in \mathbf{G}(A_2,\alpha_2,\beta_2)$ ならば，

$$f_1 f_2 \in \mathbf{G}\left(A_1 A_2, \alpha_1+\alpha_2, \beta_1+\beta_2\right)$$ □

【定理 7.3】 $\mathbf{G}$ は変数の線形変換で閉じている．すなわち，$f \in \mathbf{G}(\alpha,\beta)$ のとき，$a \in \mathbb{R}\backslash\{0\}$ と $\gamma \in \mathbb{C}$ について，$g(x) = f(ax+\gamma)$ とすると，任意の $0 < \alpha' < a^2\alpha$ と $\beta' > a^2\beta$ に対して

$$g \in \mathbf{G}(\alpha',\beta')$$

である． □

【定理 7.4】 $\mathbf{G}$ は微分で閉じている．すなわち，$f \in \mathbf{G}(\alpha,\beta)$ なら，任意の $0 < \alpha' < \alpha$ と $\beta' > \beta$ に対して

$$g \in \mathbf{G}(\alpha',\beta')$$

である． □

関数 f の不定積分 F は，断らない限り積分の下限が $-\infty$ の

$$F(x) = \int_{-\infty}^{x} f(y) dy$$

とする．$f \in \mathbf{G}$ なら，F は整関数

$$F(\xi) = \int_{-\infty}^{x} f(y + ix') dy \quad (\xi = x + ix' \in \mathbb{C})$$

に解析接続される．

【定理 7.5】 $f_1 \in \mathbf{G}(A_1, \alpha_1, \beta_1)$，$f_2 \in \mathbf{G}(A_2, \alpha_2, \beta_2)$ とする．f_1 の不定積分を F_1 とすると

$$F_1 f_2 \in \mathbf{G}\left(\sqrt{\frac{\pi}{\alpha_1}} A_1 A_2, \alpha_2, \beta_1 + \beta_2\right)$$

である． □

f のフーリエ変換を

$$\hat{f}(y) = \frac{1}{\sqrt{2\pi}} \int_{-\infty}^{\infty} f(x) e^{ixy} dx$$

とする．$\mathbb{C}$ への解析接続は，

$$\hat{f}(\eta) = \frac{1}{\sqrt{2\pi}} \int_{-\infty}^{\infty} f(x) e^{ix\eta} dx \quad (\eta \in \mathbb{C})$$

である．フーリエ逆変換は

$$f(x) = \frac{1}{\sqrt{2\pi}} \int_{-\infty}^{\infty} \hat{f}(y) e^{-ixy} dy$$

であり，その $\mathbb{C}$ への解析接続は

$$f(\xi) = \frac{1}{\sqrt{2\pi}} \int_{-\infty}^{\infty} \hat{f}(y) e^{-i\xi y} dy \quad (\xi \in \mathbb{C})$$

である．フーリエ変換について次の定理が成り立つ．

【定理 7.6】 $\mathbf{G}$ はフーリエ変換で閉じている．すなわち，

$$f \in \mathbf{G}(A, \alpha, \beta) \quad \Rightarrow \quad \hat{f} \in \mathbf{G}\left(\frac{A}{\sqrt{2\alpha}}, \frac{1}{4\beta}, \frac{1}{4\alpha}\right),$$

$$\hat{f} \in \mathbf{G}(A, \alpha, \beta) \quad \Rightarrow \quad f \in \mathbf{G}\left(\frac{A}{\sqrt{2\alpha}}, \frac{1}{4\beta}, \frac{1}{4\alpha}\right)$$

である. □

定理 7.6 により次の興味深い定理が示される.

【定理 7.7】 $f \in \mathbf{G}(\alpha,\beta)$ なら, $\alpha \leqq \beta$ である. □

$\mathbb{R}$ 上の関数 f, g のコンボリューションを $f*g$ と書く. すなわち
$$f*g(x) = \int_{-\infty}^{\infty} f(y-x)g(y)dy$$
である. $f \in \mathbf{G}$ なら, $f*g$ も整関数
$$f*g(\xi) = \int_{-\infty}^{\infty} f(y-\xi)g(y)dy \quad (\xi \in \mathbb{C})$$
に解析接続される. コンボリューションについて次の定理が成り立つ.

【定理 7.8】 $f \in \mathbf{G}(A,\alpha,\beta)$, $g \in \mathbf{G}(A',\alpha',\beta')$ なら, $h = f*g$ について
$$h \in \mathbf{G}\left(AA'\sqrt{\frac{\pi\beta\beta'}{\alpha\alpha'(\beta+\beta')}},\ \frac{\alpha\alpha'}{\alpha+\alpha'},\ \frac{\beta\beta'}{\beta+\beta'}\right)$$
である. □

【定理 7.9】 $f \in \mathbf{G}(A,\alpha,\beta)$ で, 可積分関数 $g(x)$ $(x \in \mathbb{R})$ が
$$|g(x)| \leqq A'e^{-\alpha' x^2} \quad (x \in \mathbb{R})$$
を満たすなら,
$$f*g \in \mathbf{G}\left(AA'\sqrt{\frac{\pi}{\alpha+\alpha'}},\ \frac{\alpha\alpha'}{\alpha+\alpha'},\ \beta\right)$$
である. □

以上のように, 関数族 $\mathbf{G}$ はいくつかの重要な演算に対して閉じており, ガウス関数から派生する関数を特徴付け, それらに関する演算を解析する有力な基盤となる.

7.1.2 sinc 近似

$x \in \mathbb{R}$ で定義された急減少関数 $f(x)$ に対する sinc 近似について述べる．急減少関数とは，任意の正整数 $\ell > 0$ に対して $|f(x)| = o(|x|^{-\ell})$ $(|x| \to \infty)$ が成り立つ関数である．変数 $x \in (-\infty, \infty)$ の関数

$$\mathrm{sinc}(x) \equiv \begin{cases} \dfrac{\sin x}{x} & (x \neq 0), \\ 1 & (x = 0) \end{cases} \tag{7.2}$$

を sinc 関数という．sinc 関数は整関数で，$|\mathrm{sinc}(x)| \leqq 1$ $(x \in \mathbb{R})$ である．

実軸上に，標本点原点 x_0，標本点間隔 $h > 0$ の等間隔標本点列

$$\boldsymbol{x} = (x_k), \quad x_k = x_0 + kh \quad (k \in \mathbb{Z})$$

を取り，$\boldsymbol{x}$ 上の $f(x)$ の標本値の列を

$$\boldsymbol{f} = (f_k), \quad f_k = f(x_k) \quad (k \in \mathbb{Z})$$

とする．$\boldsymbol{x}$ 上の sinc 基底を

$$s_h(x_k, x) \equiv \mathrm{sinc}\left(\frac{\pi(x - x_k)}{h}\right) \qquad (k \in \mathbb{Z}) \tag{7.3}$$

で定義する（図 7.1）．

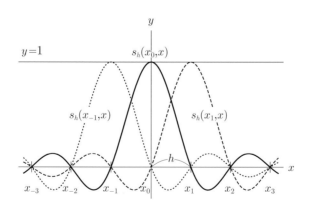

図 **7.1** sinc 基底

$$|s_h(x_k, x)| \leqq 1 \qquad (x \in \mathbb{R}, \ k \in \mathbb{Z}) \tag{7.4}$$

である．また，標本点 $x_j\ (j \in \mathbb{Z})$ 上の sinc 基底 $s_h(x_k, x)$ の値は，

$$s_h(x_k, x_j) = \mathrm{sinc}\,(\pi(j-k)) \equiv \delta_{jk} = \begin{cases} 1 & (j=k), \\ 0 & (j \neq k) \end{cases} \tag{7.5}$$

である．ここで，δ_{jk} はクロネッカーのデルタである．

標本値 $f_k = f(x_k)$, $k \in \mathbb{Z}$ を係数とする，$f(x)$ の sinc 基底による展開

$$c_{\boldsymbol{x}}[f](x) \equiv \sum_{k=-\infty}^{\infty} f_k s_h(x_k, x) \cong f(x) \qquad (x \in \mathbb{R}) \tag{7.6}$$

を $f(x)$ の sinc 補間という．ここで，関係子 $\cong$ は左辺が右辺を，あるいは右辺が左辺を近似することを表す．(7.5) より sinc 補間は補間条件

$$c_{\boldsymbol{x}}[f](x_j) = \sum_{k=-\infty}^{\infty} f_k \delta_{jk} = f(x_j) \qquad (j \in \mathbb{Z}) \tag{7.7}$$

を満たす．すなわち，$c_{\boldsymbol{x}}[f](x)$ は標本点上で元の関数 $f(x)$ と一致する補間関数である．

$f(x)$ の不定積分

$$F(x) = \int_{-\infty}^{x} f(t)dt$$

を sinc 補間の不定積分で近似した

$$C_{\boldsymbol{x}}[f](x) \equiv \int_{-\infty}^{x} c_{\boldsymbol{x}}[f](t)dt = \sum_{k=-\infty}^{\infty} f_k S_h(x_k, x) \cong F(x) \tag{7.8}$$

を $f(x)$ の sinc 積分という．ここで，

$$S_h(x_k, x) \equiv \int_{-\infty}^{x} s_h(x_k, t)dt = \frac{h}{\pi}\left\{\mathrm{Si}\left(\frac{\pi(x-x_k)}{h}\right) + \frac{\pi}{2}\right\}, \tag{7.9}$$

$$\mathrm{Si}(x) \equiv \int_0^x \frac{\sin t}{t}dt, \quad \mathrm{Si}(\pm\infty) = \pm\frac{\pi}{2}$$

である．また，$\mathrm{Si}(x)$ は特殊関数，正弦積分である．$\mathrm{Si}(x)$ は Mathematica 等いくつかの計算システムの標準関数である．$|\mathrm{Si}(x)| < 2\ (x \in \mathbb{R})$ より，

$$|S_h(x_k, x)| < \frac{4h}{\pi} \qquad (x \in \mathbb{R}) \tag{7.10}$$

である.

無限積分
$$Q[f] \equiv \int_{-\infty}^{\infty} f(t)dt = F(\infty)$$

は $C_{\boldsymbol{x}}[f](\infty) \cong F(\infty)$ で近似する. 式 (7.9) より,
$$S_h(x_k, \infty) = \frac{h}{\pi}\left\{\mathrm{Si}\,(\infty) + \frac{\pi}{2}\right\} = h$$

であるから,
$$C_{\boldsymbol{x}}[f](\infty) = h\sum_{k=-\infty}^{\infty} f_k.$$

これを特に,
$$T_{\boldsymbol{x}}[f] \equiv h\sum_{k=-\infty}^{\infty} f_k \cong Q[f] \tag{7.11}$$

と書き,台形則という.

 $f(x)$ は急減少関数であるから,$|k|$ が大きいところで,$|f_k| = |f(x_k)|$ は計算精度上無視できるほど小さい.だから,実際の計算では,(7.6), (7.8), (7.11) の無限級数を有限項で打ち切った

$$\begin{aligned}
c_{\boldsymbol{x}}^n[f](x) &\equiv \sum_{k=-n}^{n} f_k s_h(x_k, x) \cong c_{\boldsymbol{x}}[f](x) \\
C_{\boldsymbol{x}}^n[f](x) &\equiv \sum_{k=-n}^{n} f_k S_h(x_k, x) \cong C_{\boldsymbol{x}}[f](x) \\
T_{\boldsymbol{x}}^n[f] &\equiv h\sum_{k=-n}^{n} f_k \qquad \cong T_{\boldsymbol{x}}[f]
\end{aligned} \tag{7.12}$$

が計算される.級数の項数 = 標本点数は $N = 2n+1$ である.これらを上から順に,有限 sinc 補間,有限 sinc 積分,有限台形則といい,合わせて有限 sinc 近似とよぶ.(7.5) より,有限 sinc 補間は補間条件

$$c_{\boldsymbol{x}}^n[f](x_j) = \sum_{k=-n}^{n} f_k \delta_{jk} = f(x_j) \qquad (-n \leqq j \leqq n) \tag{7.13}$$

を満たす．

標本点数 N はなるべく小さい方が，計算が効率的になる．不等式 (7.4), (7.10) より

$$|f_k s_h(x_k, x)| \leqq |f_k|,$$
$$|f_k S_h(x_k, x)| \leqq \frac{4h}{\pi}|f_k|$$

だから，(7.12) の右辺の級数項は $|f_k|$ が小さければ無視できる．

関数 $f(x)$ と閾値 $\varepsilon > 0$ に対し，区間 $I_\varepsilon = [a_\varepsilon, b_\varepsilon]$ を

$$|f(x)| < \varepsilon \quad (x \notin I_\varepsilon)$$

となるように定める．この I_ε を閾値 ε の近似台，あるいは ε 台と称する．I_ε の中点を $c_\varepsilon = (a_\varepsilon + b_\varepsilon)/2$，区間半幅を $R_\varepsilon = (b_\varepsilon - a_\varepsilon)/2$ とする．そして，

$$x_0 = c_\varepsilon, \ h = R_\varepsilon/n$$

として標本点列 $\boldsymbol{x} = (x_k)$, $x_k = x_0 + kh$ $(k \in \mathbb{Z})$ を作る．これにより，$|k| > n$ なら $x_k \notin I_\varepsilon$ ゆえ，$|f_k| = |f(x_k)| < \varepsilon$ となる．よって，(7.12) の右辺級数から影響の小さい項を外すことができる．

7.1.3 数値計算例

標準正規分布の密度関数 $\varphi(x)$，分布関数 $\Phi(x)$ と $\Phi(\infty) = 1$ を倍精度計算で近似しよう．丸め誤差単位（丸めによる相対誤差の最大値）は u $= 2^{-53} \cong 10^{-16}$ であり，10 進 16 桁計算に相当する．

$\varphi(x)$ や $\Phi(x)$ は多くの数値計算システムの標準関数である．また，$\Phi(\infty) = 1$ は特に計算する必要もない．ここでは，sinc 近似の精度を見るためにあえて正解のわかっているよく知られた関数を取り上げるのである．

許容誤差を $\varepsilon = 10^{-14}$ とし，$\varphi(x)$ の近似台 $I_\varepsilon = [-R_\varepsilon, R_\varepsilon]$, $R_\varepsilon = 8$ を設定する（図 7.2）．

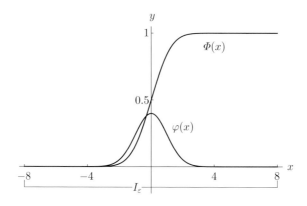

図 7.2 近似台 I_ε, $\varepsilon = 10^{-14}$

$$\varphi(x) < \varphi(R_\varepsilon) \cong 5 \times 10^{-15} \qquad (|x| > R_\varepsilon)$$

である.

自然数 n をとり,標本点間隔を $h = R_\varepsilon/n$,標本点列を $\boldsymbol{x} = (kh)$, $k \in \mathbb{Z}$ とする.標本値 $\varphi(kh)$ の絶対値は $|k| \to \infty$ で急減少する.また,近似台 I_ε の外の標本値の絶対値 $|\varphi(kh)|$ ($|k| > n$) は ε 以下であり,無視できる.

この設定で,$N = 2n + 1$ 個の標本値 $\varphi_k = \varphi(kh)$, $-n \leqq k \leqq n$ を計算し,有限 sinc 近似

$$\begin{align}
f_n(x) &= c_{\boldsymbol{x}}^n[\varphi](x) \equiv \sum_{k=-n}^{n} \varphi_k s_h(kh, x) \cong \varphi(x) \\
F_n(x) &= C_{\boldsymbol{x}}^n[\varphi](x) \equiv \sum_{k=-n}^{n} \varphi_k S_h(kh, x) \cong \Phi(x), \\
Q_n &= T_{\boldsymbol{x}}^n[\varphi] \equiv h \sum_{k=-n}^{n} \varphi_k \qquad \cong \Phi(\infty) = 1
\end{align} \tag{7.14}$$

を一斉に計算する.

まず,$n = 7$(標本点数 $N = 15$)のときの誤差

$$e_n(x) = f_n(x) - \varphi(x), \quad E_n(x) = F_n(x) - \Phi(x)$$

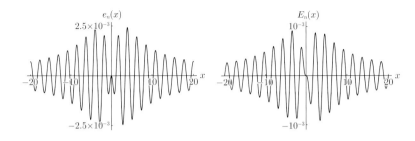

図 **7.3** 有限 sinc 補間誤差 ($n = 7$)　　図 **7.4** 有限 sinc 積分誤差 ($n = 7$)

のグラフを図 7.3, 7.4 に示す．

$f_n(x)$ と $F_n(x)$ は無限区間 $(-\infty, \infty)$ 上の近似関数である．標本点がすべて近似台 I_ε 上にあるにもかかわらず，全無限区間上の一様な近似を与える．図では計算範囲を $-20 \leqq x \leqq 20$ とし，近似台 $I_\varepsilon[-8, 8]$ の外部でも近似が成立していることを示した．

グラフより，最大絶対誤差はそれぞれ

$$e_n \equiv \max_{-20 \leqq x \leqq 20} |e_n(x)| < 2.5 \times 10^{-3},$$

$$E_n \equiv \max_{-20 \leqq x \leqq 20} |E_n(x)| < 10^{-3}$$

である．

有限台形則の誤差は $|Q_n - \Phi(\infty)| = 5.5 \times 10^{-7}$ となった．これは有限 sinc 補間，有限 sinc 積分の誤差と比べ格段と小さい．この理由については 7.1.4 項で述べる．

比較のため，関数近似と不定積分が統一的に扱える計算法として 3 次自然スプライン近似を取り上げる．同じ標本点 kh, $-n \leqq k \leqq n$ を用いた 3 次自然スプライン補間

$$g_n(x) \cong \varphi(x) \quad (x \in I_\varepsilon)$$

を構成した．$g_n(x)$ は区分多項式なので簡単に積分でき，

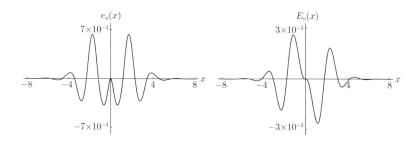

図 **7.5** スプライン補間誤差 $(n = 7)$　　図 **7.6** スプライン積分誤差 $(n = 7)$

$$G_n(x) \equiv \int_{-8}^{x} g_n(x)dx \cong \int_{-\infty}^{x} \varphi(x)dx = \Phi(x) \quad (x \in I_\varepsilon)$$

で $\Phi(x)$ を近似できる．無限積分の比較は省略する．

sinc 近似と同じ $n = 7$ のときの誤差

$$e_n(x) = g_n(x) - \varphi(x), \quad E_n(x) = G_n(x) - \Phi(x)$$

のグラフを図 7.5, 7.6 に示す．変数の範囲 $x \in I_\varepsilon = [-8, 8]$ はスプライン近似の定義域である．I_ε の外部ではスプライン近似は精度が保証されない．

グラフより，スプライン近似の最大絶対誤差はそれぞれ

$$e_n \equiv \max_{-8 \leqq x \leqq 8} |e_n(x)| < 7 \times 10^{-3},$$

$$E_n \equiv \max_{-8 \leqq x \leqq 8} |E_n(x)| < 3 \times 10^{-3}$$

である．$n = 7$ のときは，有限 sinc 近似は 3 次自然スプライン近似と同程度の精度である．

つぎに，n に対する精度の変化を見る．$x \in I_\varepsilon$ における両者の最大絶対誤差 e_n, E_n $(1 \leqq n \leqq 30)$ の片対数グラフを図 7.7, 7.8 に示す．横軸は n，縦軸は最大絶対誤差 e_n, E_n の常用対数である．実線は有限 sinc 近似，点線は 3 次自然スプライン近似を表す．

n に関する等比数列は，片対数グラフで直線上に描かれるから，有限 sinc 近似の e_n, E_n は n に関する等比数列より速く減衰することが読み取れる．

7.1 関数族 **G** と sinc 近似　　**211**

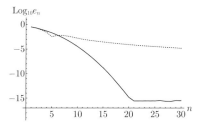
図 **7.7**　補間の最大絶対誤差比較

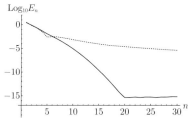
図 **7.8**　積分の最大絶対誤差比較

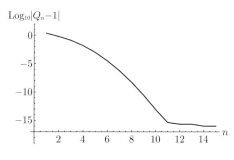
図 **7.9**　有限台形則の誤差

最大絶対誤差が 10^{-15} になったところで有限 sinc 近似の誤差グラフがほぼ水平になるのは，誤差が倍精度の丸め誤差のレベルに突入したことを表す．

7.1.4 項の誤差解析によれば，打ち切り誤差が無視できる状況では，正定数 $0 < r < 1$ が存在して，有限 sinc 補間と有限 sinc 積分の最大絶対誤差は，

$$e_n = O\left(n^{-1} r^{n^2}\right), \quad E_n = O\left(n^{-2} r^{n^2}\right) \tag{7.15}$$

であり，これらは n^2 に関する等比数列よりもさらに速く減少するのである．

一方，3 次自然スプライン近似では $e_n = O(n^{-4})$，$E_n = O(n^{-4})$ にすぎないので，n が大きい高精度領域では有限 sinc 近似が圧倒的に優れている．2〜3 桁の精度で計算するなら 3 次自然スプライン近似も使えそうだが，4 桁以上の精度を目指すなら有限 sinc 近似を使うべきである．

次に有限台形則の絶対誤差 $|Q_n - 1|$ のグラフを図 7.9 に示す．絶対誤差の

減少は有限 sinc 補間や有限 sinc 積分と比べても圧倒的に速い．実際，7.1.4 項によれば，(7.15) と同じ r を用いて $|Q_n - 1| = O\left(r^{(2n)^2}\right)$ である．すなわち，約半分の n で有限 sinc 補間や有限 sinc 積分と同じ精度が達成されるのである．

7.1.4　有限 sinc 近似の誤差理論

ここでは，関数族 **G** における有限 sinc 近似の誤差理論を解説する．一般的な誤差理論については，Stenger (1993) を参照されたい．また，Lund and Bowers (1992) には，sinc 近似の広範な応用が紹介されている．

被近似関数を $f \in \mathbf{G}(A, \alpha, \beta)$ とする．すなわち，

$$|f(\xi)| \leqq Ae^{-\alpha x^2 + \beta x'^2} \qquad (\xi = x + ix' \in \mathbb{C}) \tag{7.16}$$

である．

簡単のため，被近似関数 $f(x)$ の近似台を原点対称の区間 $I = [-R, R]$ とする．自然数 n に対し，標本点間隔を $h = R/n$，原点を中心とする標本点列 $\boldsymbol{x} = (kh), k \in \mathbb{Z}$ をとり，有限 sinc 近似の誤差を調べる．

sinc 近似の誤差を

$$Ec_{\boldsymbol{x}}[f](x) \equiv c_{\boldsymbol{x}}[f](x) - f(x),$$
$$EC_{\boldsymbol{x}}[f](x) \equiv C_{\boldsymbol{x}}[f](x) - F(x),$$
$$ET_{\boldsymbol{x}}[f] \equiv T_{\boldsymbol{x}}[f] - I[f]$$

と書き，離散化誤差とよぶ．標本点間隔 h に由来する誤差である．

有限 sinc 近似と sinc 近似の差

$$\check{E}c_{\boldsymbol{x}}^n[f](x) \equiv c_{\boldsymbol{x}}^n[f](x) - c_{\boldsymbol{x}}[f](x) \quad = -\sum_{|k|>n} f(kh) s_h(x_k, x),$$
$$\check{E}C_{\boldsymbol{x}}^n[f](x) \equiv C_{\boldsymbol{x}}^n[f](x) - C_{\boldsymbol{x}}[f](x) = -\sum_{|k|>n} f(kh) S_h(x_k, x),$$
$$\check{E}T_{\boldsymbol{x}}^n[f] \equiv T_{\boldsymbol{x}}^n[f] - T_{\boldsymbol{x}}[f] \qquad = -h \sum_{|k|>n} f(kh)$$

を打ち切り誤差という．打ち切り誤差は，打ち切られた項 ($|k| > n$) の総和であり，台半幅 R により支配される．

有限 sinc 近似の誤差は，

$$Ec_{\boldsymbol{x}}^n[f](x) \equiv c_{\boldsymbol{x}}^n[f](x) - f(x) = Ec_{\boldsymbol{x}}[f](x) + \check{E}c_{\boldsymbol{x}}^n[f](x),$$

$$EC_{\boldsymbol{x}}^n[f](x) \equiv C_{\boldsymbol{x}}^n[f](x) - F(x) = EC_{\boldsymbol{x}}[f](x) + \check{E}C_{\boldsymbol{x}}^n[f](x),$$

$$ET_{\boldsymbol{x}}^n[f] \equiv T_{\boldsymbol{x}}^n[f] - I[f] = ET_{\boldsymbol{x}}[f] + \check{E}T_{\boldsymbol{x}}^n[f]$$

であり，離散化誤差と打ち切り誤差の和である．

関数 f の実軸上の一様ノルムを

$$\|f\|_\infty = \sup_{x \in \mathbb{R}} |f(x)|$$

で定義する．

有限 sinc 近似の絶対誤差の上限は三角不等式

$$\begin{aligned}
\|Ec_{\boldsymbol{x}}^n[f]\|_\infty &\leqq \|Ec_{\boldsymbol{x}}[f]\|_\infty + \left\|\check{E}c_{\boldsymbol{x}}^n[f]\right\|_\infty, \\
\|EC_{\boldsymbol{x}}^n[f]\|_\infty &\leqq \|EC_{\boldsymbol{x}}[f]\|_\infty + \left\|\check{E}C_{\boldsymbol{x}}^n[f]\right\|_\infty, \\
|ET_{\boldsymbol{x}}^n[f]| &\leqq |ET_{\boldsymbol{x}}[f]| + \left|\check{E}T_{\boldsymbol{x}}^n[f]\right|
\end{aligned} \tag{7.17}$$

で押さえられる．

離散化誤差と打ち切り誤差は次の定理で評価される．

【定理 7.10】（著 13）

$f \in \mathbf{G}(A, \alpha, \beta)$ のとき，離散誤差は，

$$\begin{aligned}
\|Ec_{\boldsymbol{x}}[f]\|_\infty &\leqq \frac{4A\beta}{\pi\sqrt{\pi\alpha}(1 - e^{-\pi^2/(\beta h^2)})} h e^{-\pi^2/(4\beta h^2)}, \\
\|EC_{\boldsymbol{x}}[f]\|_\infty &\leqq \frac{2A\beta}{\sqrt{\pi\alpha}(1 - e^{-\pi^2/(\beta h^2)})} h^2 e^{-\pi^2/(4\beta h^2)}, \\
|ET_{\boldsymbol{x}}[f]| &\leqq \frac{2\sqrt{\pi}A}{\sqrt{\alpha}(1 - e^{-2\pi^2/(\beta h^2)})} e^{-\pi^2/(\beta h^2)}
\end{aligned} \tag{7.18}$$

で評価される．また，打ち切り誤差は，

$$\left\| \check{E}c_{\boldsymbol{x}}^n[f] \right\|_\infty \leq \frac{2A}{1-e^{-\alpha Rh}} e^{-\alpha R^2},$$
$$\left\| \check{E}C_{\boldsymbol{x}}^n[f] \right\|_\infty \leq \frac{8A}{\pi(1-e^{-\alpha Rh})} h e^{-\alpha R^2}, \qquad (7.19)$$
$$\left| \check{E}T_{\boldsymbol{x}}^n[f] \right| \leq \frac{2A}{1-e^{-\alpha Rh}} h e^{-\alpha R^2}$$

で評価される. □

離散化誤差は, h を小さくすると h^{-2} の指数関数のオーダーで急速に減少する. 打ち切り誤差は R を大きくすると R^2 の指数関数のオーダーで急速に減衰する. また, ガウス・パラメータ α は打ち切り誤差を支配し, β は離散化誤差を支配する.

7.1.5 有限 sinc 近似の誤差制御

許容誤差の基準として十分小さい $0 < \varepsilon \ll 1$ を与え, 誤差が ε のオーダーになる様に h と R を決める.

まず, sinc 補間と sinc 積分における h と R の決定法について考える. 離散化誤差を制御するために, 標本点間隔を

$$h = \frac{\pi}{2\sqrt{\beta \log \varepsilon^{-1}}} \qquad (7.20)$$

とする. このとき, $e^{-\pi^2/(4\beta h^2)} = \varepsilon$ ゆえ, (7.18) より,

$$\|Ec_{\boldsymbol{x}}[f]\|_\infty \leq \frac{4A\beta}{\pi\sqrt{\pi\alpha}(1-\varepsilon^4)} h\varepsilon \cong \frac{4A\beta}{\pi\sqrt{\pi\alpha}} h\varepsilon,$$
$$\|EC_{\boldsymbol{x}}[f]\|_\infty \leq \frac{2A\beta}{\sqrt{\pi\alpha}(1-\varepsilon^4)} h^2\varepsilon \cong \frac{2A\beta}{\sqrt{\pi\alpha}} h^2\varepsilon$$

となり, sinc 補間と sinc 積分の離散化誤差は ε のオーダーに制御される.

打ち切り誤差を制御するために, 台半幅を

$$R = \sqrt{\frac{\log \varepsilon^{-1}}{\alpha}} \qquad (7.21)$$

とする. このとき, $e^{-\alpha R^2} = \varepsilon$ ゆえ, (7.19) より,

$$\left\|\check{E}c_{\boldsymbol{x}}^n[f]\right\|_\infty \leqq \frac{2A}{1-e^{-\pi\sqrt{\alpha/\beta/2}}}\varepsilon,$$

$$\left\|\check{E}C_{\boldsymbol{x}}^n[f]\right\|_\infty \leqq \frac{8A}{\pi(1-e^{-\pi\sqrt{\alpha/\beta/2}})}h\varepsilon$$

となり，有限 sinc 近似の打ち切り誤差は ε のオーダーに制御される．

不等式 (7.17) より有限 sinc 近似の誤差は離散化誤差と打ち切り誤差の和で抑えられるから，この h, R を用いて有限 sinc 近似の誤差は ε のオーダーに制御される．

このとき，標本点数 N は，

$$\begin{aligned} N &= 2n+1 = 2\left\lfloor\frac{R}{h}\right\rfloor + 1 \\ &= 2\left\lfloor\frac{2}{\pi}\sqrt{\frac{\beta}{\alpha}}\log\varepsilon^{-1}\right\rfloor + 1 \\ &\sim \frac{4}{\pi}\sqrt{\frac{\beta}{\alpha}}\log\varepsilon^{-1} \qquad (\varepsilon\to 0) \end{aligned} \qquad (7.22)$$

となり，$\log\varepsilon^{-1}$ に比例する．ここで，A $\sim$ B $(\varepsilon\to 0)$ は $\lim_{\varepsilon\to 0} A/B = 1$ を意味し，A と B は $\varepsilon\to 0$ において漸近的に等しいと読む．$\varepsilon = 10^{-4}$ で $N=15$ なら，$\varepsilon = 10^{-8}$ では $N=30$，$\varepsilon = 10^{-16}$ でも $N=60$ 程度である．以上のように h, R を適切に定めれば，小さい標本点数で高い精度が達成できる．

$\log\varepsilon^{-1}$ を近似式の情報量と考えると，式 (7.22) はそれが近似式の構成に要した標本値数 N と比例することを示す．この意味で有限 sinc 近似は標本値の情報を有効に利用しており，理想的な効率をもっているといえる．

有限台形則における h と R の決定法について考える．上と同様にして，許容誤差の基準 ε に対し，

$$h = \frac{\pi}{\sqrt{\beta\log\varepsilon^{-1}}}, \quad R = \sqrt{\frac{\log\varepsilon^{-1}}{\alpha}} \qquad (7.23)$$

とする．R は (7.21) と同じであるが，h は (7.20) より倍粗くとる．このとき

$$|ET_{\boldsymbol{x}}[f]| \leqq \frac{2\sqrt{\pi}A}{\sqrt{\alpha}(1-\varepsilon^2)}\varepsilon \cong \frac{2\sqrt{\pi}A}{\sqrt{\alpha}(1-\varepsilon^2)}\varepsilon$$

であり，有限台形則の誤差は誤差は ε のオーダーに制御される．標本点数は

$$N = 2\left\lfloor \frac{1}{\pi}\sqrt{\frac{\beta}{\alpha}}\log\varepsilon^{-1} \right\rfloor + 1 \sim \frac{2}{\pi}\sqrt{\frac{\beta}{\alpha}}\log\varepsilon^{-1}$$

であり，有限 sinc 補間，有限 sinc 積分の標本点数 (7.22) の半分でよい．

式 (7.21), (7.23) の台半幅 R により，有限 sinc 近似の標本点は近似台 $[-R, R]$ 上に制約される．これが打ち切り誤差の原因である．

しかし，近似台の外では

$$|f(x)| \leqq Ae^{-\alpha x^2} < Ae^{-\log\varepsilon^{-1}} = A\varepsilon \quad (|x| > R)$$

なので，関数値の絶対値は小さい．ゆえに打ち切り誤差は小さい．

式 (7.20) の標本点間隔 h による標本化のナイキスト周波数 f_n は

$$f_n \equiv \frac{2\pi}{2h} = \sqrt{4\beta\log\varepsilon^{-1}}$$

となり，高周波帯域 $|y| > f_n$ は見逃される．これが離散化誤差の原因となる．

しかし，定理 7.6 より $f(x)$ のフーリエ変換 $\hat{f}(y)$ について，

$$\left|\hat{f}(y)\right| \leqq \frac{A}{\sqrt{2\alpha}} e^{-y^2/(4\beta)} \quad (y \in \mathbb{R})$$

が成立し，

$$\left|\hat{f}(y)\right| \leqq \frac{A}{\sqrt{2\alpha}} e^{-f_n^2/(4\beta)} = \frac{A}{\sqrt{2\alpha}} e^{-\log\varepsilon^{-1}} = \frac{A}{\sqrt{2\alpha}} \varepsilon \quad (|y| > f_n)$$

なので，見逃した周波数成分は小さい．ゆえに離散化誤差は小さい．

次に，ガウス・パラメータ α, β による台半幅 R と半幅分割数 n の決定法を述べる．絶対誤差 $\varepsilon > 0$ を目標とするとき，ガウス関数

$$f(x) = e^{-x^2}$$

に対する有限 sinc 近似の近似台を R_ε，半幅分割数を n_ε とする．標本点間隔は $h_\varepsilon = R_\varepsilon / n_\varepsilon$ である．例えば，有限 sinc 補間と有限 sinc 積分では，$\varepsilon = 10^{-16}$ のとき台半幅と半幅分割数は，実験的に

$$R_\varepsilon = 5.8, \quad n_\varepsilon = 22, \quad h_\varepsilon = \frac{R_\varepsilon}{n_e} = \frac{2.9}{11} \tag{7.24}$$

が適切である．また，$\varepsilon = 10^{-8}$ のときは，

$$R_\varepsilon = 4, \ n_\varepsilon = 12, \ h_\varepsilon = \frac{R_\varepsilon}{n_e} = \frac{1}{3}$$

が適切である．有限台形則では，標本点間隔は 2 倍になり，$\varepsilon = 10^{-16}$ のとき

$$R_\varepsilon = 5.8, \ n_\varepsilon = 11, \ h_\varepsilon = \frac{R_\varepsilon}{n_e} = \frac{5.8}{11}$$

$\varepsilon = 10^{-8}$ に対しては

$$R_\varepsilon = 4, \ n_\varepsilon = 6, \ h_\varepsilon = \frac{R_\varepsilon}{n_e} = \frac{2}{3}$$

とする．

一般の $f \in \mathbf{G}(\alpha, \beta)$ に対しては，(7.20), (7.21), (7.23) より，

$$R \propto 1/\sqrt{\alpha}, \ h \propto 1/\sqrt{\beta}$$

である．ゆえに，$n \cong R/h \propto \sqrt{\beta/\alpha}$．そこで，

$$R = \frac{R_\varepsilon}{\sqrt{\alpha}}, \ h = \frac{h_\epsilon}{\sqrt{\beta}}, \ n = \left\lceil n_\varepsilon \sqrt{\frac{\beta}{\alpha}} \right\rceil \tag{7.25}$$

などを標準的な値とする．この値を基準として，問題に応じて微調整すればよい．ここで $\lceil x \rceil$ は天井関数で，実数 x 以上の整数の最小値である．

標本点数 $N = 2n + 1$ は $f(x) = e^{-x^2}$ に対する標本点数 $N_\varepsilon = 2n_\varepsilon + 1$ のおよそ $\sqrt{\beta/\alpha}$ 倍である．定理 7.7 より，一般に $\sqrt{\beta/\alpha} \geqq 1$ である．正規分布 $N(0, \sigma^2)$ の密度関数 $\varphi(\sigma, x)$ では $\alpha = \beta = 1/(2\sigma^2)$ なので，$\sqrt{\beta/\alpha} = 1$ となる．関数族 $\mathbf{G}$ の中で，$\varphi(\sigma, x)$ は sinc 近似法により，最も近似しやすい関数といえる．

最後に，実験的な誤差制御法を述べる．$f \in \mathbf{G}$ はわかっているが，ガウス・パラメータが未知の場合にも適用できる．要は，7.1.3 項の実験を $\varphi(x)$ の代わりに $f(x)$ について行うのである．例として，有限台形則を取り上げる．

まず，閾値 ε の近似台 $[a, b]$ の決定法を述べる．適当な標本点原点 x_0 と標本点間隔 $h > 0$ を取り，等間隔標本点列 $x_j = x_0 + jh$ を定める．関数値の列 $f(x_j)$ を計算し，

$$|f(x_j)| < \varepsilon \quad (j \notin [j_{\min}, j_{\max}])$$

が成立する整数 $j_{\min} < j_{\max}$ を見つける．後の都合上，$j_{\max} - j_{\min}$ が奇数なら，$j_{\max}$ に 1 を加えておく（$j_{\max} - j_{\min}$ を偶数とする）．そして，

$$[a, b] = [x_{j_{\min}}, x_{j_{\max}}], \quad R = (b - a)/2$$

とする．これで，台半幅 R の ε 台 $[a, b]$ と等間隔標本点列 x_j が得られた．台上の標本点数は $N_0 = j_{\max} - j_{\min} + 1$．台半幅分割数は $n_0 = (N_0 - 1)/2$ である．

$f(x)$ は急減少関数なので，x_0 を中心に探索すれば，多くの場合，比較的容易に $j_{\min}, j_{\max}$ を見つけることができる．

次に，標本点数 $N = 2n + 1$ の決定法について述べる．整数 $n = n_0, n_0 + 1, n_0 + 2, \ldots$ について，標本間隔を $h = R/n$ とし，標本点原点を改めて $x_0 = (a + b)/2$ とし，有限台形則

$$Q_n = T_{\bm{x}}^n[f]$$

を計算する．その誤差を

$$E_n = Q_n - Q, \quad Q = \int_{-\infty}^{\infty} f(x) dx$$

とすると，E_n は $n \to \infty$ で急激に 0 に収束するので，その絶対値は

$$|E_n| = |Q_n - Q| \cong |\tilde{E}_n| \equiv |Q_n - Q_{n+1}|$$

で見積もることができる．このことから，

$$|\tilde{E}_n| \leqq \varepsilon$$

となる n を採用することができる．

n は愚直に初期値 1，公差 1 の等差数列で増加させる必要はない．例えば，

$$n = n_k = 2^k n_0, \quad k = 0, 1, 2, \ldots$$

により，等比数列で増加させる方法がある．$n = n_k$ のときの標本点列は $n = n_{k+1}$ のときの標本点列の 1 つ跳びの部分列になるので，$n = n_k$ のときの標本値を $n = n_{k+1}$ のときに無駄なく再利用できる．

7.1.6 原始関数の有限 sinc 補間

関数 $f \in \mathbf{G}$ の原始関数

$$F(x) = \int_{-\infty}^{x} f(t)dt$$

の近似式としては，式 (7.12) の有限 sinc 積分 $C_{\boldsymbol{x}}^{n}[f](x) \cong F(x)$ がある．しかし，近似式 $C_{\boldsymbol{x}}^{n}[f](x)$ の計算には正弦積分 $\mathrm{Si}(x)$ が必要であり，$\mathrm{Si}(x)$ の計算式は複雑で計算量が大きい．また，$f(x)$ の標本値を用いるので，$f(x)$ の計算アルゴリズムが必要である．$F(x)$ の計算アルゴリズムしか知られていない問題には使えない．

これらの問題を克服するために，等間隔標本点 $\boldsymbol{x} = (x_0 + jh)_{j=-\infty}^{\infty}$, $h > 0$ 上の $F(x)$ の標本値を用いた，sinc 補間を考える．

正規分布 $N(0, \sigma^2)$ の分布関数 $\Phi(\sigma, x)$ により，補助関数

$$g(x) = F(x) - F(\infty)\Phi(\sigma, x - x_0) \tag{7.26}$$

を定義する．

$$F(x) = F(\infty)\Phi(\sigma, x - x_0) + g(x)$$

であるから，$F(x)$ の近似は $g(x)$ の近似に帰着する．次の定理が，$g \in \mathbf{G}$ を保証する．

【定理 7.11】 正数 A, α, $\beta > 0$ について，$f \in \mathbf{G}(A, \alpha, \beta)$ とし，$f(x)$ の原始関数を $F(x)$ とする．このとき，任意の $\sigma > 0$ について，

$$\alpha' = \min\{\alpha, 1/(2\sigma^2)\}, \ \beta' = \max\{\beta, 1/(2\sigma^2)\},$$
$$A' = \frac{\sqrt{\pi}}{2\sqrt{\alpha'}} \max\left\{A, \frac{F(\infty)}{\sqrt{2\pi}\sigma}\right\}$$

とすると，(7.26) で定義された g について，

$$g \in \mathbf{G}(A', \alpha', \beta')$$

が成立する． □

$g \in \mathbf{G}$ であるから，有限 sinc 補間による高精度の近似式

220 第 7 章 順序制約のある場合の統計量の分布の数値計算法

$$c_{\boldsymbol{x}}^n[g](x) \cong g(x)$$

を用いて，$F(x)$ の近似式

$$\begin{aligned}\hat{F}_n(x) &\equiv F(\infty)\Phi(\sigma, x - x_0) + c_{\boldsymbol{x}}^n[g](x) \\ &= F_\infty \Phi(\sigma, x - x_0) + \sum_{j=-n}^{n} g_j s_h(x_j, x) \cong F(x)\end{aligned} \quad (7.27)$$

が得られる．ここで，$F_\infty = F(\infty)$, $g_j = g(x_j)$ $(-n \leq j \leq n)$ である．

有限 sinc 補間 $c_{\boldsymbol{x}}^n[g](x)$ の補間条件 (7.13) より，

$$\begin{aligned}\hat{F}_n(x_j) &= F(\infty)\Phi(\sigma, x_j - x_0) + c_{\boldsymbol{x}}^n[g](x_j) \\ &= F(\infty)\Phi(\sigma, x_j - x_0) + g(x_j) = F(x_j) \quad (-n \leq j \leq n)\end{aligned}$$

であり，$\hat{F}_n(x)$ は，標本点 x_j $(-n \leq j \leq n)$ 上の，$F(x)$ の補間関数である．

近似式 (7.27) には二つの利点がある．第一に，原始関数 $F(x)$ の標本値のみで近似式が構成できる．したがって，$f(x)$ の標本値の計算が困難な場合にも使える．第二に，$s_h(x_k, x)$ と $\Phi(\sigma, x)$ を使うので，$S_h(x_k, x)$ を必要とする $C_{\boldsymbol{x}}^n[f](x)$ より計算が速い．$S_h(x_k, x)$ の計算には正弦積分 $\mathrm{Si}(x)$ が必要であるが，$\mathrm{Si}(x)$ の近似式は複雑で計算量が大きいからである．

近似式 $\hat{F}_n(x) \cong F(x)$ の精度は，近似式 $c_{\boldsymbol{x}}^n[g](x_i) \cong g(x)$ の精度に依存するので，g のガウスパラメータ α' は大きく，β' は小さい方がよい．定理 7.7 より，$\alpha \leq \beta$ であるから，$\alpha \leq 1/(2\sigma^2) \leq \beta$ のとき $\alpha' = \alpha$, $\beta' = \beta$ となり，最適値を達成する．

与えられた小さな $\varepsilon > 0$ のオーダーに誤差をコントロールするためのパラメータである標本点原点 x_0, 近似台半幅 R, 標準偏差 σ および標本点間隔 h の決定法を述べる．

● パラメータ x_0, R, σ, h の決定法

手順 1 被近似関数 $F(x)$ の ε 台を $[a, b]$ とする．すなわち，

$$|F(x)| < \varepsilon \quad (x < a),$$

7.1 関数族 **G** と sinc 近似　　**221**

$$|F(\infty) - F(x)| < \varepsilon \quad (x > b) \tag{7.28}$$

とする.

手順 2 近似台 $[a,b]$ の中点を標本点原点 $x_0 = (a+b)/2$, 台半幅を $R = (b-a)/2$ とし,

$$\Phi(\sigma, -R) = \varepsilon$$

となるように標準偏差 $\sigma > 0$ を決める.

$$\begin{aligned}|\Phi(\sigma, x - x_0)| &< \varepsilon \quad (x < a), \\ |1 - \Phi(\sigma, x - x_0)| &< \varepsilon \quad (x > b)\end{aligned} \tag{7.29}$$

である.

手順 3 ここで,

$$g(x) = F(x) - F(\infty)\Phi(\sigma, x - x_0)$$

とする. 不等式 (7.28), (7.29) により,

$$|g(x)| < (1 + F(\infty))\varepsilon \quad (x \notin [a,b])$$

となり, $[a,b]$ は $g(x)$ の近似台である. そして, 標本点原点を x_0 としたとき, 近似式 $c_{\boldsymbol{x}}^n[g](x)$ の打ち切り誤差は $(1 + F(\infty))\varepsilon$ 程度である.

手順 4 最後に, 7.1.5 項に従い, 離散化誤差が $(1 + F(\infty))\varepsilon$ 程度になるように台半幅分割数 n と標本点間隔 $h = R/h$ を決める.

以上より, 標本点 $x_j = x_0 + jh$ $(-n \leqq j \leqq n)$, 標本値 $g_j = g(x_j)$ $(-n \leqq j \leqq)$, $F_\infty = F(\infty)$ と σ が決まり, $F(x)$ の近似式 (7.27) を得る.

7.1.7　二重指数関数型積分公式 (**DE 公式**)

半無限区間 (a, ∞) で定義された解析関数 $f(x)$ の, 積分

$$I_S[f] \equiv \int_a^\infty f(x)dx$$

の近似を考える. $f(x)$ は $(-\infty, \infty)$ の急減少関数ではないので, sinc 近似や台

形則を直接適用できない．そこで，変数変換 $x = \psi(y)$, $\psi(-\infty) = a$, $\psi(\infty) = \infty$, により，半無限積分を無限積分

$$I[f_1] = \int_{-\infty}^{\infty} f_1(y)dy = I_S[f], \quad f_1(y) = f(\psi(y))\psi'(y)$$

に変換し，これに有限台形則を用いる．近似積分公式は，実軸上に中心 x_0, 間隔 $h > 0$ の等間隔標本点列

$$\boldsymbol{x} = (x_k), \ x_k = x_0 + kh \quad (k \in \mathbb{Z})$$

を取り，

$$T_{\boldsymbol{x}}^n[f_1] = h \sum_{k=-n}^{n} f_1(x_k) = h \sum_{k=-n}^{n} f(\psi(x_k))\psi'(x_k) \cong I[f_1] = I_S[f]$$

となる．

Takahashi and Mori(1974) の二重指数関数型積分公式（Double Exponential Formula, DE 公式）では，$f_1(y)$ が二重指数関数的に減衰するように，すなわち，ある正数 $A, B > 0$ に対して

$$|f_1(y)| = O\left(\exp\left(-Ae^{B|y|}\right)\right) \quad (|y| \to \infty)$$

が成立するように変数変換 $x = \psi(y)$ を選ぶ．この様な変数変換を二重指数関数型変換（DE 変換）という．DE 公式により，適切な条件下で有限台形則の誤差は

$$|T_{\boldsymbol{x}}^n[f_1] - I_S[f]| = O\left(e^{-CN/\log N}\right) \quad (|N| \to \infty)$$

となる．ここで，$C > 0$ は正定数，$N = 2n + 1$ は標本点数である．DE 公式は，誤差が $N/\log N$ に対して指数関数的に減少する，高精度公式である．

DE 公式を実現するには，被積分関数 $f(x)$ に応じて適切な変数変換 $x = \psi(y)$ を選ぶ必要がある．本章で扱う半無限積分は，整関数に解析接続できる分布関数 $U(x)$ と式 (2.8) で定義した密度関数 $g(m|x)$ の積 $f(x) = U(tx)g(m|x)$, $t > 0$ の積分

$$I_S[f] = \int_0^\infty U(tx)g(m|x)dx$$

である．m が大きいとき，被積分関数 $f(x)$ は点 $x = 1$ の近傍に $g(m|x)$ に由来する孤立した鋭いピークをもつ．$g(x|m)$ が $m \to \infty$ で正規分布の密度関数 $\sqrt{m/\pi}\, e^{-m(x-1)^2}$ に漸近するからである．

このピークの積分を正確に近似するために，$\psi(-\infty) = 0$, $\psi(0) = 1$, $\psi(\infty) = \infty$ を満たす DE 変換

$$\psi(y) = e^{y+1-e^{-y}} = \exp(y - \exp_1(-y)), \quad (7.30)$$
$$\psi'(y) = (1 + e^{-y})\exp(y - \exp_1(-y))$$

を用いる．ここで，$\exp_1(x) = e^x - 1$ である．ピークは原点 $y = 0$ 近傍に移動し，数値的に精密な取り扱いが可能になる．

$x = 0$ の近傍で，$e^x - 1 \cong 0$ は数値的には桁落ち計算となり，相対精度が落ちる．しかし，c99 規格 (ISO/IEC 9899:1999) の C 言語は組み込み関数 `expm1(x)` $= \exp_1(x)$ をもっており，$x = 0$ の近傍で $\exp_1(x)$ が相対精度基準で正確に計算できる．$\psi(y)$, $\psi'(y)$ の計算では，積極的に `expm1(x)` を用いるべきである．

さて，$f(x)$ は

$$f(x) = O(e^{-mx}) \quad (x \to \infty),$$
$$f(x) = O(x^{m-1}) \quad (x \to 0)$$

を満たすので，

$$f_1(y) = O(\exp(-me^y)) \quad (y \to \infty),$$
$$f_1(y) = O(\exp(-me^{-y})) \quad (y \to -\infty)$$

が成立しする．したがって，$T_x^n[f_1]$ は確かに DE 公式となる．

7.2 最大値統計量の分布関数の性質

5.3 節で述べたすべての平均相違に対する多重比較法で使用された分布関数 $D_1(t|k)$, $TD_1(t|k,m)$, 5.4 節で述べた隣接した平均相違に対する多重比較法で使用された分布関数 $D_2^*(t|k)$, $TD_2^*(t|k,m)$, および 5.5 節で述べた対

照群との多重比較検定法で使用された分布関数 $D_3(t|k,1), TD_3(t|k,m,1)$ の計算法を考える前提として，それらの分布関数の性質を述べる．

7.2.1 ヘイター型統計量の分布関数とその性質

すべての平均相違に対する多重比較法で使用された分布関数は，$t \geqq 0$ において，

$$D_1(t|\,k) \equiv P\left(\max_{1\leqq i<i'\leqq k}\frac{Z_{i'}-Z_i}{\sqrt{2}}\leqq t\right),$$

$$TD_1(t|\,k,m) \equiv P\left(\max_{1\leqq i<i'\leqq k}\frac{Z_{i'}-Z_i}{\sqrt{2U_E/m}}\leq t\right) \quad (7.31)$$

で定義される．ここで，$k \geqq 2$ は整数，$Z_i \sim N(0,1)$ $(1 \leqq i \leqq k)$ は互いに独立な確率変数である．また，U_E は Z_i と独立で自由度 $m \geqq 1$ のカイ自乗分布に従う確率変数である．

$t \geqq 0$ において，$D_1(t|k)$ は漸化式

$$\begin{aligned}H_1(t,x) &= \Phi\left(\sqrt{2}\,t+x\right),\\ H_r(t,x) &= \int_{-\infty}^{x} H_{r-1}(t,y)\varphi(y)dy \\ &\quad + H_{r-1}(t,x)\left\{\Phi\left(\sqrt{2}\,t+x\right)-\Phi(x)\right\} \quad (2 \leqq r \leqq k-1)\end{aligned}$$
(7.32)

と無限積分

$$D_1(t|k) = \int_{-\infty}^{\infty} H_{k-1}(t,x)\varphi(x)dx \quad (7.33)$$

で表される．

これらの式により，$D_1(t|k)$ は定義域を $t \in \mathbb{R}$ に拡張できる．
$t \geqq 0, 1 \leqq m \leqq \infty$ において，$TD_1(t|\,k,m)$ は

$$TD_1(t|k,m) = \int_0^\infty D_1(ts|k)g(s|m)ds \quad (m<\infty) \quad (7.34)$$

$$TD_1(t|k,\infty) = D_1(t|k) \quad (7.35)$$

で表される．ここで，$g(s|m)$ は (2.8) で定義された，$\sqrt{U_E/m}$ の密度関数である．

実数 $0 < \alpha < 1$ に対し，確率関数 $TD_1(t|\,k,m)$ の上側 $100\alpha\%$ 点を

$$t^* = td_1(k,m;\alpha) \tag{7.36}$$

で表す．t に関する方程式

$$TD_1(t^*|\,k,m) = 1 - \alpha \tag{7.37}$$

の解である．

以上の計算に関連する関数の性質を述べる．

【定理 7.12】 式 (7.32), (7.33) の被積分関数 $H_r(t,x)\varphi(x)$ $(r \geqq 1)$ について，

$$H_r(t,\,\cdot\,)\varphi(\,\cdot\,) \in \mathbf{G}\left(\frac{1}{\sqrt{2\pi}},\,\frac{1}{2},\,\frac{r+1}{2}\right) \quad (t \geqq 0) \tag{7.38}\,\square$$

【定理 7.13】 $k \geqq 2$ のとき，$D_1'(t|k) = dD_1(t|k)/dt$ について，

$$D_1'(\,\cdot\,|k) \in \mathbf{G}(1/2, k-1) \tag{7.39}$$

が成立する． $\square$

7.2.2 リー・スプーリエル型統計量の分布関数とその性質

隣接した平均相違に対する多重比較法で使用された分布関数は，$t \geqq 0$ において，

$$D_2^*(t|\,k) \equiv P\left(\max_{1 \leqq i \leqq k-1} \frac{Z_{i+1} - Z_i}{\sqrt{2}} \leqq t\right),$$

$$TD_2^*(t|\,k,m) \equiv P\left(\max_{1 \leqq i \leqq k-1} \frac{Z_{i+1} - Z_i}{\sqrt{2U_E/m}} \leqq t\right) \tag{7.40}$$

で定義される．ここで，$k \geqq 2$ は整数，$Z_i \sim N(0,1)$ $(1 \leqq i \leqq k)$ は互いに独立な確率変数である．また，U_E は Z_i と独立で自由度 $m \geqq 1$ のカイ自乗分布に従う確率変数である．

$t \geqq 0$ において，$D_2^*(t|k)$ は漸化式

$$H_2(t,x) = 1 - \Phi(x - \sqrt{2}\,t),$$
$$H_r(t,x) = \int_{x-\sqrt{2}\,t}^{\infty} H_{r-1}(t,y)\varphi(y)dy \qquad (3 \leqq r \leqq k) \tag{7.41}$$

と無限積分

$$D_2^*(t|k) = \int_{-\infty}^{\infty} H_k(t,y)\varphi(y)dy \tag{7.42}$$

で表される．

これらの式により，$D_2^*(t|k)$ は定義域を $t \in \mathbb{R}$ に拡張できる．

また，$t \geqq 0$, $1 \leqq m \leqq \infty$ において，$TD_2^*(t|k,m)$ は

$$TD_2^*(t|k,m) = \int_0^{\infty} D_2^*(t|k)g(s|m)ds \quad (1 \leqq m < \infty) \tag{7.43}$$
$$TD_2^*(t|k,\infty) = D_2^*(t|k) \tag{7.44}$$

で表される．ここで，$g(s|m)$ は $\sqrt{U_E/m}$ の密度関数であり，式 (2.8) で与えられる．

実数 $0 < \alpha < 1$ に対し，分布関数 $TD_2^*(t|k,m)$ の上側 $100\alpha\%$ 点を

$$t^* = td_2^*(k,m;\alpha) \tag{7.45}$$

と書く．t に関する方程式

$$TD_2^*(t|k,m) = 1 - \alpha \tag{7.46}$$

の解である．

以上の計算に関連する関数の性質を述べる．

【定理 7.14】 式 (7.41) の被積分関数 $H_r(t,x)\varphi(x)$ について，

$$H_r(t,\cdot)\varphi(\cdot) \in \mathbf{G}\left(\frac{1}{\sqrt{2\pi}}, \frac{1}{2}, \frac{r-1}{2}\right) \quad (t \geqq 0) \tag{7.47} \square$$

【定理 7.15】 $k \geqq 2$ のとき，$D_2'(t|k) = dD_2^*(t|k)/dt$ について，

$$D_2'(\cdot|k) \in \mathbf{G}\left(\frac{2^{k-2}}{\sqrt{2\pi}}, \frac{1}{2}, \frac{k(k-1)(2k-1)}{6}\right) \tag{7.48}$$

が成立する. □

7.2.3 ウィリアムズ型統計量の分布関数とその性質

対照群との多重比較検定法で使用された分布関数は，$t \geqq 0$ において，

$$D_3(t|\,k,1) \equiv P_0\left(\frac{\tilde{\mu}_k^* - Y_1}{\sqrt{2}} \leqq t\right),$$

$$TD_3(t|\,k,m,1) \equiv P_0\left(\frac{\tilde{\mu}_k^* - Y_1}{\sqrt{2U_E/m}} \leqq t\right) \tag{7.49}$$

で定義される．ここで，$k \geqq 2$，$m \geqq 1$ は整数，$Y_1, Z_2, Z_3, \ldots, Z_k \sim N(0,1)$ と $U_E \sim \chi_m^2$ は互いに独立な $k+1$ 個の確率変数であり，

$$\tilde{\mu}_k^* = \max_{2 \leqq s \leqq k} \frac{\sum_{i=s}^k Z_i}{k-s+1}$$

である．

$t \geqq 0$ において，$D_3(t|k,1)$ は漸化式

$$h_1(t,x) = \varphi(x),$$
$$h_r(t,x) = r\int_{-\infty}^t h_{r-1}(t,y)\varphi(rx-(r-1)y)dy \ (2 \leqq r \leqq k-1) \tag{7.50}$$

と無限積分

$$D_3(t|k,1) = \int_{-\infty}^{\infty} H_{k-1}(s+\sqrt{2}t, s+\sqrt{2}t)\varphi(s)ds \tag{7.51}$$

で表される．ここで，

$$H_r(t,x) = \int_{-\infty}^x h_r(t,y)dy \qquad (1 \leqq r \leqq k-1) \tag{7.52}$$

であり，上の漸化式 (7.50) は漸化式 (5.107) を x で微分したものである．

これらの式により，$D_3(t|k,1)$ は定義域を $t \in \mathbb{R}$ に拡張できる．

また，$t \geqq 0$，$1 \leqq m \leqq \infty$ において，$TD_3(t|k,m,1)$ は

$$TD_3(t|\,k,m,1) = \int_0^\infty D_3(ts|\,k,1)g(s|\,m)ds \quad (1 \leqq m < \infty),$$
$$TD_3(t|\,k,\infty,1) = \lim_{m\to\infty} TD_3(t|\,k,m,1) = D_3(t|\,k,1) \tag{7.53}$$

で表される.ここで,$g(s|m)$ は $\sqrt{U_E/m}$ の密度関数であり,(2.8) で表される.

実数 $0<\alpha<1$ に対し,確率関数 $TD_3(t|k,m,1)$ の上側 $100\alpha\%$ 点を

$$t^* = td_3(k,m,1;\alpha) \tag{7.54}$$

で表す.t に関する方程式

$$TD_3(t|k,m,1) = 1-\alpha \tag{7.55}$$

の解である.

以上の計算に関連する関数の性質を述べる.

【定理 7.16】 整数 $r \geqq 1$ と任意の実数 $t \geqq 0$ について,

$$h_r(t,\,\cdot\,) \in \mathbf{G}\left(\sqrt{\frac{r}{2\pi}}, \frac{r}{2}, \frac{r^2}{2}\right).$$

また,実数 $t \geqq 0$,x によらず,

$$h_{r-1}(t,\,\cdot\,)\varphi(rx-(r-1)\,\cdot\,) \in \mathbf{G}\left(\frac{\sqrt{r-1}}{2\pi}, \frac{r-1}{2}, (r-1)^2\right),$$
$$H_{k-1}(\,\cdot\,+\sqrt{2}t,\,\cdot\,+\sqrt{2}t)\varphi(\,\cdot\,) \in \mathbf{G}\left(\frac{1}{\sqrt{2\pi}}, \frac{1}{2}, \frac{r-1}{2}\right)$$

が成立する. □

【定理 7.17】 $k \geqq 2$ で,$D'_3(t|k,1) = dD_3(t|k,1)/dt$ とすると,

$$D'_3(\,\cdot\,|k,1) \in \mathbf{G}\left(\frac{r}{\sqrt{\pi(1+r^2)}} + \frac{2(r^{3/2}-1)}{3\sqrt{\pi}}\sqrt{\frac{r}{r+1}}, \frac{1}{2}, \frac{r^2}{r^2+1}\right) \tag{7.56}$$

である.ここで,$r = k-1$ である. □

7.3 最大値統計量の分布関数と上側 $100\alpha\%$ 点の計算法

ヘイター型統計量の分布関数 $D_1(t|k)$, $TD_1(t|k,m)$, リー・スプーリエル型統計量の分布関数 $D_2^*(t|k)$, $TD_2^*(t|k,m)$, ウィリアムズ型統計量の分布関数 $D_3(t|k,1)$, $TD_3(t|k,m,1)$ の計算法について具体的に述べる. これらの計算法を基に, 分布関数 $TD_1(t|k,m)$, $TD_2^*(t|k,m)$, $TD_3(t|k,m,1)$ それぞれの上側 $100\alpha\%$ 点 $td_1(k,m;\alpha)$, $td_2^*(k,m;\alpha)$, $td_3(k,m,1;\alpha)$ を求めることができる.

7.2 節の諸定理により, これらの関数は統一的な手法で計算できる. 以下, 簡単のため関数 $D_1(t|k)$, $D_2^*(t|k)$, $D_3(t|k,1)$ を $D(t|k)$ で代表させる. 同じく, 関数 $TD_1(t|k,m)$, $TD_2^*(t|k,m)$, $TD_3(t|k,m,1)$ を $TD(t|k,m)$ で, 関数 $td_1(k,m;\alpha)$, $td_2^*(k,m;\alpha)$, $td_3(k,m,1;\alpha)$ を $td(k,m,;\alpha)$ で代表させる.

計算法 1 $D(t|k)$ の計算法

$k=2$ のとき, $D(t|2) = \Phi(t)$ だから, 特別の計算を要しない.

$k \geqq 3$ のとき, 定理 7.12, 7.14, 7.16 により, $D(t|k)$ を計算する漸化式 (7.32), (7.41), (7.50) に現れる不定積分を有限 sinc 積分で, 定積分 (7.33), (7.42), (7.51) を有限台形則で計算する方法が効率的である.

1つの $t \in \mathbb{R}$ について $D(t|k)$ を計算するには, $k-2$ 回の有限 sinc 積分と 1 回の有限台形則が必要であり, やや重い計算となる. 計算法の詳細は 7.3.1 項で述べる.

多くの t について $D(t|k)$ を計算するときには, 簡単な近似式を用いる次の計算法 2 の方が圧倒的に速い. 標準的な計算法としては計算法 2 を推奨する.

計算法 2 $D(t|k)$ の近似式

定理 7.13, 7.15, 7.17 により, $F(t) = D(t|k)$ の近似式として, 7.1.6 項で述べた有限 sinc 補間 $\hat{F}_n(t)$ (7.27) を用いる. 近似式 $\hat{F}_n(t)$ は簡単で, 計算法 1 と比べると圧倒的に速く計算できる. しかも, プログラムが容易である. 詳細は 7.3.2 項で述べる.

$\hat{F}_n(t)$ のために, 定められた標本点 t_j $(-n \leqq j \leqq n)$ 上の関数値 $g(t)$ の標

本値 g_j を一度計算してデータとして保存しておく必要がある．そのために必要な $2n+1$ 個の値，$D(t_j|k)$ の計算には計算法 1 を用いる．

計算法 3 $TD(t|k,m)$ の計算法

$m = \infty$ のとき，$TD(t|k,\infty) = D(t|k)$ である．

$1 \leqq m < \infty$ のとき，定理 7.13，7.15，7.17 により，$D(ts|k)g(s|m)$ ($0 \leqq s < \infty$) は有界な解析関数ゆえ，$1 \leqq m < \infty$ に対する $TD(t_j|k,m)$ は 7.1.7 項の変数変換 (7.30) を用いた DE 公式を用いる．詳細は 7.3.3 項で述べる．

計算法 4 $td(k,m,;\alpha)$ の計算法

$t^* = td(k,m;\alpha)$ は非線形方程式 (7.37)，(7.46)，(7.55) を数値的に解いて求める．詳細は 7.3.5 項で述べる．

7.3.1 漸近分布の分布関数の計算法

2 標本 t 検定統計量の最大値の漸近分布の分布関数 $D_1(t|k)$，$D_2^*(t|k)$，$D_3(t|k,1)$ は，漸化式に有限 sinc 積分，無限積分に有限台形則を用いて効率的に計算することができる．

(著 13) に，関数 $D_1(t|k)$ を計算するアルゴリズムが詳しく解説されている．ここでは，関数 $D_2^*(t|k)$ を計算するアルゴリズムの構成法を詳しく述べる．

$D_2^*(t|k)$ の計算における全般的な精度基準を $\varepsilon = 10^{-14}$ とする．$t \in \mathbb{R}$ は与えられた 1 つの実数と考える．

まず，式 (7.41)，(7.43) の被積分関数 $H_r(t,x)\varphi(x)$ の近似台を決める．帰納法により，

$$|H_r(t,x)| \leqq 1 \quad (r \geqq 2)$$

は明らかである．これと，

$$|\varphi(x)| < \varepsilon \quad (|x| > 8)$$

より，

$$|H_r(t,x)\varphi(x)| \leqq \varepsilon \quad ((|x| > 8).$$

よって，近似台を $I_8 = [-8, 8]$ とする．

標本点数は実験的に定めた．以下で述べるアルゴリズムにより数値実験を行い，$2 \leqq k \leqq 20$ の範囲では，sinc 近似の標本点数 $N = 49$ ($n = 24$) で ε 程度の精度が得られた．標本点間隔は $h = 8/24$ である．

記号の準備をする．区間 I_8 における標本点を並べて標本点ベクトル

$$\boldsymbol{x} = (x_{-n}, x_{1-n}, \ldots, x_n)^T, \quad x_j = jh \ (-n \leqq j \leqq n)$$

を定義し，関数 $f(x)$ の $\boldsymbol{x}$ 上の標本ベクトルを

$$\boldsymbol{f} = f(\boldsymbol{x}) = (f(x_{-n}), f(x_{1-n}), \ldots, f(x_n))^T$$

と書く．

ベクトル $\boldsymbol{a} = (a_i)$，$\boldsymbol{b} = (b_i)$ の要素ごとの積を

$$\boldsymbol{c} = \boldsymbol{a} * \boldsymbol{b} = (a_i b_i)$$

と書く．関数 $h(x) = f(x)g(x)$ の $\boldsymbol{x}$ 上の標本ベクトルは

$$\boldsymbol{h} = \boldsymbol{f} * \boldsymbol{g}$$

と書ける．

漸化式 (7.41) の計算について述べる．簡単のため，

$$H_r(x) = H_r(t, x) \qquad (r \geqq 2)$$

と書く．漸化式 (7.41) は

$$H_2(x) = 1 - \Phi(x - \sqrt{2}\,t), \tag{7.57}$$

$$H_{r+1}(x) = \int_{x-\sqrt{2}t}^{\infty} H_r(y)\varphi(y)dy \qquad (r \geqq 2) \tag{7.58}$$

となる．

$\boldsymbol{x}$ 上の $H_r(x)$ の近似

$$\boldsymbol{H}_r = (H_{r,-n}, H_{r,-n+1}, \ldots, H_{r,n})^T \cong H_r(\boldsymbol{x}) \qquad (r \geq 2)$$

を計算する漸化式を導く．初期値は，(7.57) により

$$\boldsymbol{H}_2 = (1 - \Phi(x_j - \sqrt{2}\,t))_{j=-n}^{n} = H_2(\boldsymbol{x}) \tag{7.59}$$

とすればよい．

$\boldsymbol{H}_r$ が $H_r(\boldsymbol{x})$ のよい近似として計算できたとする．定理 7.14 より $H_r(x)\varphi(x)$ は関数族 $\mathbf{G}$ に属するから，その有限 sinc 補間

$$\sum_{j=-n}^{n} H_r(x_j)\varphi(x_j) s_h(x_j, x) \cong H_r(x)\varphi(x)$$

はよい近似となる．左辺の $H_r(x_j)$ を近似値 $H_{r,j}$ で置き換えて，

$$\sum_{j=-n}^{n} H_{r,j}\varphi(x_j) s_h(x_j, x) \cong H_r(x)\varphi(x).$$

両辺を区間 $[x_i - \sqrt{2}\,t, \infty)$ で積分して，(7.58) より，

$$\begin{aligned} H_{r+1,i} &= \sum_{j=-n}^{n} H_{r,j}\varphi(x_j) \tilde{S}_h(x_j, x_i - \sqrt{2}\,t) \\ &\cong H_{r+1}(x_i) \quad (-n \leqq i \leqq n) \end{aligned} \tag{7.60}$$

を得る．ここで，

$$\tilde{S}_h(x_j, x) \equiv \int_x^{\infty} s_h(x_k, t) dt = \frac{h}{\pi}\left\{\frac{\pi}{2} - \mathrm{Si}\left(\frac{\pi(x - x_k)}{h}\right)\right\}$$

であり，$\mathrm{Si}(x)$ は特殊関数，正弦積分である．

行列 $Q \in \mathbb{R}^{(2n+1) \times (2n+1)}$ を

$$\begin{aligned} Q &= (q_{ij}), \\ q_{ij} &= \varphi(x_j)\tilde{S}_h(x_j, x_i - \sqrt{2}\,t) \quad (-n \leqq i \leqq n,\ -n \leqq j \leqq n) \end{aligned} \tag{7.61}$$

で定義し，(7.60) のベクトル表記

$$\boldsymbol{H}_{r+1} = Q\boldsymbol{H}_r \qquad (2 \leqq r \leqq k-2) \tag{7.62}$$

を得る．

最後に，式 (7.41) の右辺を有限台形則で積分して，

$$D_2^*(t|k) \cong h \sum_{j=-n}^{n} H_{k-1}(x_j)\varphi(x_j)$$

$$\cong h \sum_{j=-n}^{n} H_{k-1,j}\varphi(x_j)$$

$$= h\boldsymbol{H}_{k-1} \cdot \boldsymbol{\varphi} \qquad (7.63)$$

の最右辺で $D_2^*(t|k)$ を近似する．ここで，・はベクトルの内積である．

まとめると次の計算法を得る．

● 近似値 $D \cong D_2^*(t|k)$ の計算法

1. 初期化
    ・行列 Q の設定（式 (7.61)）．
    ・ベクトル $\boldsymbol{\varphi} = \varphi(\boldsymbol{x})$ の設定．
    ・$\boldsymbol{H}_2$ の設定（式 (7.59)）．
2. $H_r(x)$ の漸化式の計算：$\boldsymbol{H}_{r+1} = Q\boldsymbol{H}_r \quad (2 \leqq r \leqq k-2)$．
3. $D_2^*(t|k)$ の無限積分：$D = h\boldsymbol{H}_{k-1} \cdot \boldsymbol{\varphi}$．

不定積分の計算 (7.60) を (7.62) のように行列演算で表記することには計算上の利得もある．C 言語，Fortran などのコンパイラでは，BLAS などの行列計算ライブラリが利用できるからである．Mathematica, Matlab, M などのインタープリターでも，行列ベクトル演算ルーチンはよくチューニングされており，また，必要なら外部の行列計算ライブラリが利用できるようになっている．行列計算ライブラリのコードは高度にチューニングされていて高速である．さらに，丸め誤差の蓄積を押さえるように配慮されているので精度がよい．

7.3.2 漸近分布の分布関数の近似式

3 つの関数 $D_1(t|k)$, $D_2^*(t|k)$, $D_3(t|k,1)$ を $F(t)$ で代表させる．
$k = 2$ のときは，

$$F(t) = D_1(t|2) = D_2^*(t|2) = D_3(t|2,1) = \Phi(t)$$

で計算する．$k \geqq 3$ のときは，$F(t)$ は近似式 (7.27) の $\hat{F}_n(t)$ で計算する．

プログラムの概要を示す．まずデータを格納する．

```
double gs[2n+1] = {g_{-n}, g_{-n+1}, ..., g_n };
double t0 = t_0, h = h, sg = σ, ts[2n+1];
int i;
for(i=-n;i<=n;i++) ts[i+n]=t0+i*h;
```

である．配列 ts は標本点列を格納している．

与えられた t $= t$ に対し，

```
Fn=Phi(sg,t-t0);
for(i=0;i<=2*n;i++) Fn+=gs[i]*sn(h,ts[i],t);
```

で

$$\mathtt{Fn} = \varPhi(\sigma, t - t_0) + \sum_{i=-n}^{n} g_i s_h(t_i, t)$$

を計算する．関数 Phi(s,t) $= \varPhi(s,t)$ は平均 0，標準偏差 s の正規分布の分布関数である．c99 規格の C 言語では，誤差関数

$$\mathrm{erf}(x) = \frac{2}{\sqrt{\pi}} \int_0^x e^{-t^2} dt$$

の倍精度関数 erf が実装されているので，公式

$$\varPhi(s, x) = \frac{\mathrm{erf}\left(x/(\sqrt{2}\, s)\right) + 1}{2}$$

で作る．

sn(h,s,x) $= s_h(s,x)$ は sinc 基底関数である．C 言語では，倍精度 sinc 関数を定義式 (7.2) により，

```
double sinc(double x) = {
   if(x==0) return 1; else return sin(x)/x;
}
```

とプログラムする．それを用いて，倍精度関数 sn(h,s,x) を定義式 (7.3) に

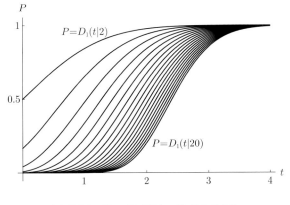

図 **7.10** $P = D_1(t|k)$ $(2 \leqq k \leqq 20)$

より,

```
double sn(h,s,x) ={sinc(M_PI*(x-s)/h)}
```

とプログラムする．`M_PI` は c99 規格における倍精度定数 π である．

　Mathematica では，標準実装の正規分布の分布関数，sinc 関数が使える．

　計算例として，$P = D_1(t|k)$, $(2 \leqq k \leqq 20)$ のグラフを示す（図 7.10）．$D_1(t|k)$ が，$D_1(t|2) = \Phi(t)$ から $D_1(t|20)$ まで，k について単調に減少する様子が見える．7.2.1 項の漸化式 (7.32) と帰納法により，$H_r(t,x)$ が r について単調減少することがわかる．すなわち，$H_{k-1}(t,x)$ は k について単調に減少する．これと式 (7.33) より，$D_1(t|k)$ は k について単調に減少するのである．

7.3.3　分布関数の計算法

　3 つの関数 $TD_1(t|k,m)$, $TD_2^*(t|k,m)$, $TD_3(t|k,m,1)$ を $TD(t|k,m)$ で代表させる．対応する $D_1(t|k)$, $D_2^*(t|k)$, $D_3(t|k,1)$ を $D(t|k)$ で代表させる．

　式 (7.34), (7.43), (7.53) より，$m = \infty$ のとき

$$TD(t|\,k,m) = D(t|\,k)$$

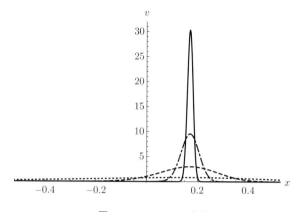

図 **7.11** $v = v_{m,k}(x)$

であり追加の計算を要しないが，$1 \leqq m < \infty$ のときは積分計算

$$TD(t|k,m) = \int_0^\infty u_{m,k}(s)ds, \quad u_{m,k}(s) = D(ts|k)g(s|m)$$

が必要である．

これに式 (7.30) の DE 変換

$$s = \psi(x) = \exp(x + 1 - e^{-x})$$

を施すと，

$$TD(t|k,m) = \int_{-\infty}^\infty v_{m,k}(x)dx, \tag{7.64}$$

$$v_{m,k}(x) = u_{m,k}(\psi(x))\psi'(x) = D\left(t\psi(x)|k\right)g\left(\psi(x)|m\right)\psi'(x)$$

となる．

この被積分関数 $v_{m,k}(x)$ は m を広い範囲で動かすと大きく変化する．$k=2$, $t=1$ に固定し，$m=1, 10, 100, 1000$ における $v = v_{m,k}(x)$ のグラフを図 7.11 に示す．点線は $m=1$，破線は $m=10$，一点鎖線は $m=100$，実線は $m=1000$ である．m が大きくなるにつれ，グラフは $s=1$ すなわち，$x=0$ に鋭いピークをもつ関数に変化する．原因は $v_{m,k}(x)$ の因子 $g(s|m)$ が $m \to \infty$ で正規分布の密度関数 $\sqrt{m/\pi}\,e^{-m(s-1)^2}$ に漸近することにある．

7.3 最大値統計量の分布関数と上側 $100\alpha\%$ 点の計算法　**237**

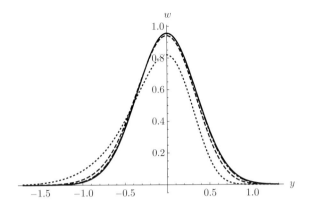

図 **7.12**　$w = w_{m,k}(y)$

そこで，変数変換 $x = y/\sqrt{m}$ をほどこし，

$$TD_1(t|k,m) = \int_{-\infty}^{\infty} w_{m,k}(y)dy, \tag{7.65}$$

$$w_{m,k}(y) = \frac{1}{\sqrt{m}} v_{m,k}\left(y/\sqrt{m}\right)$$

とし，ピークを緩和する．これにより，被積分関数の m による変化は小さくなる．

先ほどと同じく，$k = 2$, $t = 1$ に固定し，$m = 1, 10, 100, 1000$ における $w = w_{m,k}(y)$ のグラフを図 7.12 に示す．点線は $m = 1$，破線は $m = 10$，一点鎖線は $m = 100$，実線は $m = 1000$ である．m が変化しても $w_{m,k}(x)$ は大きく変化しない．特に $m = 100$ と $m = 1000$ のグラフはほとんど重なっている．

実は，$m \to \infty$ で $w = w_{m,k}(y)$ はガウス関数に収束する．なぜなら，y を固定して $m \to \infty$ とすると，

$$\psi\left(\frac{y}{\sqrt{m}}\right) \to \psi(0) = 1,$$
$$\psi'\left(\frac{y}{\sqrt{m}}\right) \to \psi'(x_0) = 2,$$

$$\frac{1}{\sqrt{m}} g\left(\psi\left(\frac{y}{\sqrt{m}}\right) \Big| m\right) \to \frac{1}{\sqrt{\pi}} e^{-m(\psi(y/\sqrt{m})-1)^2}$$
$$\to \frac{1}{\sqrt{\pi}} e^{-(\psi'(0)y)^2} = \frac{1}{\sqrt{\pi}} e^{-4y^2}.$$

ゆえに,
$$w_{m,k}(y) \to D(t|m) \frac{2}{\sqrt{\pi}} e^{-4y^2} \tag{7.66}$$

だからである.

式 (7.65) 右辺の積分を, 等間隔標本点 $y_j = jh\ (j \in \mathbb{Z})$ 上の有限台形則で近似して,
$$TD(t|k, m) \cong h \sum_{j=-M}^{N} w_{m,k}(jh) \tag{7.67}$$

とする.

$s = 1$ 近傍に現れる $g(s|m)$ のピークを精度よくとらえるために, 関数
$$g_1(\Delta s|m) = g(1 + \Delta s|m) \tag{7.68}$$

を導入して, $w_{m,k}(y)$ の計算式を
$$w_{m,k}(y) = \frac{1}{\sqrt{m}} v_{m,k}\left(y/\sqrt{m} + x_0\right),$$
$$v_{m,k}(x) = D\left(t\psi(x)\,|\,k\right) g_1\left(\psi(x) - 1 \mid m\right) \psi'(x),$$
$$\psi(x) = \exp(x + 1 - e^{-x}),$$
$$\psi'(x) = (1 + e^{-x}) \exp(x + 1 - e^{-x})$$

とする.

m が大きいとき, $g_1\left(\psi(x) - 1 \mid m\right)$ の数値計算には細心の注意が必要であるので, 7.3.4 項で解説する.

許容絶対誤差 $\varepsilon > 0$ に対する式 (7.67) の右辺のパラメータ h, M, N の決定について解説する. 以上の考察により, 標本点間隔 $h > 0$ はおおむね e^{-4y^2} の台形則積分が十分な精度を得られるように採ればよい. 例えば $\varepsilon = 10^{-16}$ なら, (7.24) と (7.25) に従い,

7.3 最大値統計量の分布関数と上側 $100\alpha\%$ 点の計算法

$$h = h_\varepsilon/2 = \frac{2.9}{11}\bigg/2 \cong 0.13$$

である.

M は,数列 $w_{m,k}(-jh)$ $(j \geqq 1)$ で $|w_{m,k}(-jh)| \leqq \varepsilon$ となる最初の j を採る. N は,数列 $w_{m,k}(jh)$ $(j \geqq 1)$ で $|w_{m,k}(jh)| \leqq \varepsilon$ となる最初の j を採る. これらは式 (7.67) の総和計算のプログラムで動的に決定する.

以下に C 言語風のプログラム例を挙げる. 関数 wmk(y) $= w_{m,k}(y)$ である.

■プログラム例

```
//入力：h=h, eps=ε,
//出力：TD ≅ TD(t|k,m)


TD=wmk(0)
j=0; wj=1+eps;
while(|wj|>eps){
   j++;
   wj=wmk(-j*h);
   TD=TD+wj;
}
M=j; /*Mの決定*/
j=0; wj=1+eps;
while(|wj|>eps){
   j++;
   wj=wmk(j*h);
   TD=TD+wj;
}
N=j; /*Nの決定*/
TD=h*TD;
```

コメント/**/を付した 2 行の実行文は本来不要である. どのように M, N

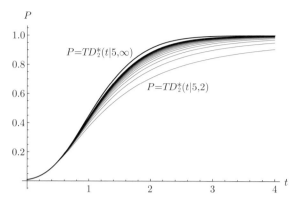

図 7.13 $P = TD_2^*(t|5, m)$ $(m = 2, 4, \ldots, 1024, \infty)$

が決定されているか読者に示すために挿入した行である．実際に使用するプログラムからは，この 2 行を省く．

計算例として，$P = TD_2^*(t|5, m)$ $(m = 2^i, 1 \leqq i \leqq 10)$ のグラフ（細線）と $P = TD_2^*(t|5, \infty) = D_2^*(t|5)$ のグラフ（実線）を示す（図 7.13）．m が大きくなるとき，$TD_2^*(t|5, m)$ が $D_2^*(t|5)$ に漸近してゆく様子が見える．

7.3.4 密度関数 $g(s|m)$ の数値計算法

式 (2.8) の密度関数

$$g(x|m) = \frac{2(m/2)^{m/2}}{\Gamma(m/2)} x^{m-1} e^{-mx^2/2} \quad (x \geqq 0)$$

の，C 言語（c99 規格）による計算について述べる．

この関数は $m \to \infty$ で正規分布の密度関数 $\sqrt{m/\pi}\, e^{-m(x-1)^2}$ に漸近する．したがって，m が大きいとき 1 個の鋭いピークを $x = 1$ の近傍にもつ．$x = 1$ に原点移動することで，このピークを精密に数値計算する．

倍精度浮動小数点数は数直線上に離散分布する．隣り合う数の間隔は $x = 1$ 付近では約 2×10^{-16} であるが，原点付近では約 5×10^{-324} となり，解像度が圧倒的に高くなるからである．

具体的には関数

7.3 最大値統計量の分布関数と上側 $100\alpha\%$ 点の計算法

$$g_1(x|m) = g(1+x|m)$$
$$= \frac{2(m/2)^{m/2}}{\Gamma(m/2)}(1+x)^{m-1}e^{-m(1+x)^2/2} \quad (x \geqq -1) \quad (7.69)$$

を作成する.

m が大きいときには, 式 (7.69) の右辺で因子 $\Gamma(m/2)$, $(m/2)^{m/2}$, $(1+x)^{m-1}$, $\exp(-m(1+x)^2/2)$ がオーバーフロー, アンダーフローを起こし, 計算不能または精度の劣化を招く. これを避けるために, 対数を介した計算手順

$$g_1(x|m) = \sqrt{\frac{m}{\pi}}e^X,$$
$$X = \log g_1(x|m) - \frac{1}{2}\log(m/\pi) = Y + Z,$$
$$Y = -\frac{1}{2}\left\{2\log\Gamma\left(\frac{m}{2}\right) - m\log\frac{m}{2} + m + \log\frac{m}{4\pi}\right\}, \quad (7.70)$$
$$Z = -\frac{m}{2}x(2+x) + (m-1)\log(1+x) \quad (7.71)$$

を採用する. 計算精度を保証するため, この計算を long double (拡張倍精度: 丸め誤差単位 $u_E = 2^{-60}$) で行う. double (倍精度: 丸め誤差 $u = 2^{-53}$) より 2 進 7 桁精度が高い. $\log\Gamma(x)$ の計算には c99 の long double 関数 `lgammal(x)` $= \log\Gamma(x)$ を用いる. $\log(1+x)$ の計算には同じく `log1pl(x)` $= \log(1+x)$ を用いる. 原点 $x = 0$ 近傍で, $\log(1+x)$ の相対精度を確保するためである.

m が大きいとき, この計算法にも Y, Z が桁落ち計算となるという問題がある. 対数計算でオーバーフロー・アンダーフローを回避することができたが, それは桁落ちの問題に転化されたのである.

桁落ちについて, 簡単に解説する. 加減算 $c = a \pm b$ で, $|a|$, $|b|$ に比べて $|c|$ が小さいとき, これを数値計算すると有効桁数(正しい桁の数)が計算桁数より少なくなる. これを桁落ちという. $|a|/|c|$ が大きくなるほど桁落ちは激しく, 計算結果の精度を劣化させる. 減算では $a \cong b$ のとき, 加算では $a \cong -b$ のとき, 桁落ちが起こる.

例えば, $a = 1.2345678\cdots$, $b = 1.2343210\cdots$ のとき, $c = a - b = 0.000246\cdots$ である. これを計算桁数 4 で計算する. すなわち, a, b を 4 桁

に丸めてから計算し，近似値 $c' = 1.235 - 1.234 = 0.001$ を得る．有効桁数は 0 である．計算桁数を 6 桁で計算しても，$c' = 1.23457 - 1.23432 = 0.0025$ で有効桁数は 2 桁である．c' の有効桁数は計算桁数から a と b で一致する桁の数 $4 \cong \log_{10} |a|/|c|$ だけ落ちる．

● 桁落ち対策 ①

Y の計算式 (7.70) の桁落ち対策を考える．最終的に e^Y が倍精度で計算できればよい．

まず，$1 \leq m \leq 42$ のとき，(7.70) の右辺を拡張倍精度計算すると，桁落ちは起こるが，e^Y の誤差は倍精度の丸め誤差単位 u 以下に止まり，問題はない．このことは数値実験で確認した．

大きな $m > 42$ では $\log \Gamma(x)$ の漸近展開を打ち切った近似式

$$G_n(x) \equiv \left(x - \frac{1}{2}\right) \log x - x + \frac{1}{2} \log(2\pi) + \sum_{k=1}^{n} \frac{B_{2k}\, x^{-2k+1}}{2k(2k-1)} \quad (7.72)$$

$$\cong \log \Gamma(x) \quad (x > 0)$$

を用いる．ここで B_k はベルヌーイ数である．$G_n(x)$ の誤差は

$$|G_n(x) - \log \Gamma(x)| \leq \frac{|B_{2n+2}\, x^{-2n-1}|}{(2n+1)(2n+2)} \quad (x > 0) \quad (7.73)$$

で評価され，$n, x > 0$ が大きければよい近似が得られる (Abramowitz and Stegun, 1970, p.257, **6.1.42**)．(7.72) を (7.70) に代入すると，Y の近似式

$$Y_n = -\frac{1}{2}\left\{2G_n\left(\frac{m}{2}\right) - m\log\frac{m}{2} + m + \log\frac{m}{4\pi}\right\}$$

$$= -\sum_{k=1}^{n} \frac{B_{2k}}{2k(2k-1)} \left(\frac{2}{m}\right)^{2k-1} \cong Y$$

を得る．これで，桁落ちは解消される．誤差は，式 (7.73) より，

$$|Y_n - Y| = \left|\log \Gamma\left(\frac{m}{2}\right) - G_n\left(\frac{m}{2}\right)\right|$$

$$\leq \frac{|B_{2n+2}|}{(2n+1)(2n+2)} \left(\frac{2}{m}\right)^{2n+1}$$

$$= O(m^{-2n-1}) \quad (m \to \infty) \quad (7.74)$$

である．よって，$m > 42$ なら，$n = 5$ で $|Y_n - Y| \leq 5.5 \times 10^{-18} \leq \mathrm{u}$ となり，Y_n は倍精度を達成する．

以上の考察により，Y を倍精度で出力する次の計算法を得る．

$$Y \cong \begin{cases} -\dfrac{1}{2}\left\{2\log\varGamma\left(\dfrac{m}{2}\right) - m\log\dfrac{m}{2} + m + \log\dfrac{m}{4\pi}\right\} & (1 \leqq m \leqq 42), \\ Y_5 = -\displaystyle\sum_{k=1}^{5} \dfrac{B_{2k}}{2k(2k-1)}\left(\dfrac{2}{m}\right)^{2k-1} & (m > 42) \end{cases}$$

必要なベルヌーイ数は

$$B_2 = \frac{1}{6},\ B_4 = -\frac{1}{30},\ B_6 = \frac{1}{42},\ B_8 = -\frac{1}{30},\ B_{10} = \frac{5}{66}$$

である．計算はすべて拡張倍精度で行う．$\log \varGamma(x)$ の計算には c99 の long double 関数 `lgammal(x)` $= \log \varGamma(x)$ を用いる．

ここで，$Y_5 \to 0\ (m \to \infty)$ と (7.74) より，

$$Y \to 0\ (m \to \infty) \tag{7.75}$$

であることに注意する．

● 桁落ち対策 ②

Z の計算式 (7.71) の桁落ち対策を考える．最終的に e^Z が倍精度で計算できればよい．

まず，Z の基本的な解析を行う．$m \geqq 2$ のとき，変数 x に関する Z の増減表は

x	-1	$\cdots$	$x_{\max}$	$\cdots$	∞
Z	$-\infty$	↗	$Z_{\max}$	↘	$-\infty$

である．ここで，

$$x_{\max} = -\frac{1}{m + \sqrt{m(m-1)}} \cong -\frac{1}{2m} \qquad (m \geq 2),$$

$$Z_{\max} = \frac{1}{2}\left\{1 + (m-1)\log\left(1 - \frac{1}{m}\right)\right\} \to 0 \qquad (m \to \infty)$$

である．Z は $x = x_{\max}$ に 1 個のピークをもつ関数である．

変数変換 $x = m^{-1/2}t$ により，Z の変数 t によるマクローリン展開は

である．ゆえに，任意の $0 < a < 1$ に対し，$t \in [-a, a]$ で
$$Z = -\left(1 - \frac{1}{2}m^{-1}\right)t^2 - m^{-1/2}t - (m-1)\sum_{k=3}^{\infty}\frac{(-1)^k}{k}m^{-k/2}t^k$$

$$Z = -t^2 + O(m^{-1/2}) \to -t^2 \quad (m \to \infty)$$

となる．これと，(7.75) より，$t \in [-a, a]$ で

$$\sqrt{\frac{\pi}{m}}g_1(m^{-1/2}t|m) = e^{Y+Z} \to e^{-t^2} \quad (m \to \infty)$$

この意味で，$g_1(x|m)$ は平均 0，分散 $1/(2m)$ の正規分布の密度関数に漸近する．

さて，Z の計算式 (7.71) の右辺は，$x \to -1 + 0$ なら $\log(1+x)$ の項が主要項，$x \to \infty$ なら $x(2+x)$ の項が主要項となり桁落ちを起こさない．問題は原点 $x = 0$ の近傍である．

$|x|$ が 0 に近いとき，式 (7.71) の右辺の第 1 項，第 2 項と Z は

$$t_1 = -\frac{1}{2}mx(2+x) \quad \cong -mx,$$
$$t_2 = (m-1)\log(1+x) \cong (m-1)x,$$
$$Z = t_1 + t_2 \quad \cong -x$$

であるから，$|t_1|/|Z| \cong m$ となる．ゆえに，m が大きくなると計算式 (7.71) の桁落ちが激しくなる．

数値計算で確かめると，式 (7.71) の右辺を拡張倍精度で計算すれば，$1 \leq m \leq 22000$ の範囲で，e^Z の絶対誤差は u 以下となる．$m > 22000$ のときも，$|x| > 8.6/\sqrt{2m}$ なら式 (7.71) の拡張倍精度計算が有効である．

$m > 22000$ かつ $|x| \leq 8.6/\sqrt{2m}$ のとき，$\log(1+x)$ のマクローリン展開を用いて

$$Z = -\frac{2m-1}{2}x^2 - x + (m-1)L,$$
$$L = \log(1+x) - x + \frac{x^2}{2} = \sum_{k=3}^{\infty}\frac{(-1)^{k+1}}{k}x^k$$

とし，L を n 次項までで打ち切った

$$L_n = \sum_{k=3}^{n} \frac{(-1)^{k+1}}{k} x^k \cong L$$

で近似する．$m > 22000$ より，近似区間は $|x| \leqq 8.6/\sqrt{2m} \leqq 8.6/\sqrt{2 \times 22000} < 0.041$ であり，$n = 10$ で十分な精度が得られる．

以上の考察により，Z を倍精度で出力する次の計算法を得る．

・$1 \leqq m \leqq 22000$ または $|x| > 8.6\sqrt{2m}$ のとき

$$Z \cong -\frac{m}{2}x(2+x) + (m-1)\log(1+x)$$

・$m > 22000$ かつ $|x| \leqq 8.6\sqrt{2m}$ のとき

$$Z \cong -\frac{2m-1}{2}x^2 - x + (m-1)\sum_{k=3}^{10} \frac{(-1)^{k+1}}{k} x^k$$

内部計算はすべて拡張倍精度で行う．また，$\log(1+x)$ の計算には c99 の組み込み関数 log1pl(x)＝$\log(1+x)$ を用いる．

7.3.5 分布の上側 $100\alpha\%$ 点の計算法

分布関数 $TD_1(t|k,m)$, $TD_2^*(t|k,m)$, $TD_3(t|k,m,1)$ を $TD(t|k,m)$ で代表させ，対応する上側 $100\alpha\%$ 点 $td_1(k,m;\alpha)$, $td_2^*(k,m;\alpha)$, $td_3(k,m,1;\alpha)$ を $td(k,m;\alpha)$ で代表させる．

$k \geqq 2$, $1 \leqq m \leqq \infty$, $0 < \alpha < 1$ に対し，$t^* = td(k,m;\alpha)$ は t に関する非線形方程式

$$f(t) = TD(t|k,m) = 1 - \alpha$$

の解である．非線形方程式の解法としてよく使われるニュートン法は $f(t)$ の微係数を必要とするので，ここでは使えない．そこで，割線法を用いる．割線法は 2 つの近似解 $t_0, t_1 \cong t^*$ から出発し，反復修正

$$t_{k+1} = t_k - \Delta t_k, \quad \Delta t_k = \frac{f(t_k)(t_k - t_{k-1})}{f(t_k) - f(t_{k-1})}, \quad k = 1, 2, \ldots \quad (7.76)$$

で解 t^* への収束列 $\{t_k\}_{k\geq 0}$ を生成する方法である．簡単な解説が (著 21) にある．割線法の収束次数は黄金比 $\phi = (1+\sqrt{5})/2 = 1.61\cdots$ である (Ralston and Rabinowitz, 2001)．すなわち，割線法が解 t^* に収束するなら，

$$|t_{k+1} - t^*| = O\left(|t_k - t^*|^\phi\right) \quad (k \to \infty)$$

である．割線法の収束次数はニュートン法の収束次数 2 より低いが，1 回反復あたりの関数計算が $f(x)$ 1 回で，ニュートン法の 2 回 ($f(x), f'(x)$ それぞれ 1 回) の半分である．

初期値 t_0, t_1 は解 t^* より小さめにとった方が安全である．解の近傍で，$TD_1(t|k,m)$ は上に凸の単調増加関数で $t \to \infty$ で急激に 1 に収束する．ゆえに，t_0, $t_1 < t^*$ なら t_k は数直線左から単調に解に接近する．しかし，t_0, t_1 が解 t^* より大きすぎると，(7.76) で $k=1$ のとき，Δt_1 の分母 $f(t_1) - f(t_0) \cong 1 - 1 = +0$，$\Delta t_1 \cong +\infty$ となり，t_2 は $-\infty$ に向かって跳ねる．

以下に C 言語風のプログラム例を挙げる．t_k を t0，t_{k+1} を t1 に上書きしている．関数 f(t) $= TD(t|k,m) = 1 - \alpha$ である．

■プログラム例

　　//入力：tint ＝ 初期値 t_1
　　//出力：t1 $= t^*$

```
t1 = tint;
t0 = t1 - 0.001;
f0 = f(t0);
f1 = f(t1);
dt = t1 - t0;
df = f1 - f0;
while(|f1| > 1.0e-12 && |df| > 1.0e-12){
   dt = -f1*dt/df;
   t0 = t1; f0 = f1;
```

```
        t1 = t1 + dt;
        f1 = f(t1);
        df = f1 - f0;
    }
    if(|df| > 1.0e-14) t1 = t1 - f1*dt/df; /*最後に 1 回修正*/
```

初期値 t_1 を入力 tint で定め，もう 1 つの初期値を $t_0 = t_1 - 0.001$ で生成する．

関数値 $f(t_{k+1})$ の絶対値が 10^{-12} 以下になるか，修正量 Δt_k の絶対値が 10^{-12} 以下になるとき，反復修正を停止する．最後に 1 回修正し，計算した関数値 f1 を無駄なく使い切って終了する．

数値例として，$t^* = td3(7, 13, 1; 0.01)$ の計算を取り上げる．計算結果は $t^* = 2.75658\cdots \cong 2.757$ であり，付表 25 の値と一致する．点 $(t^*, 0.99)$ は $P = TD_3(t|7, 13, 1)$（実線）と $P = 1 - \alpha = 0.99$（点線）の交点である（図 7.14）．

交点近傍での $P = TD_3(t|7, 13, 1)$ の傾きは約 1/50 で小さい（α のオーダー）．$TD_3(t|7, 13, 1)$ の値が 0.001 狂うと（破線），t^* はその 50 倍の 0.05 狂う．α が小さくなるに従い，$TD_3(t|7, 13, 1)$ にはより高い精度が要求される．

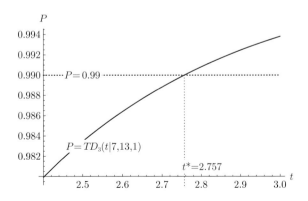

図 **7.14** $t^* = td_3(7, 13, 1, 0.01) = 2.75658\cdots \cong 2.757$

7.4 階層確率 (Level Probability) の計算

5.2 節と 5.6 節で用いられる階層確率 (Level Probability) $P(L, k; \boldsymbol{\lambda}_n)$ の計算法を紹介する．5.2 節の定義におけるベクトル変数 $\boldsymbol{\lambda}_n$ の定義域を，有理数ベクトルから実数ベクトルに拡張し，

$$P(L, k; \boldsymbol{w}) \quad (1 \leqq L \leqq k, \ \boldsymbol{w} = (w_1, w_2, \ldots, w_k) \in \mathbb{R}_+^k)$$

とする．ここで，$\mathbb{R}_+ = (0, \infty)$ である．$\boldsymbol{w}$ を重みベクトルという．定義域が拡張されたので，$P(L, k; \boldsymbol{w})$ の定義を確認する．

$X_i \sim N(0, 1/w_i)$ $(1 \leqq i \leqq k)$ を k 個の互いに独立な確率変数とする．そして，制約条件

$$\mu_1 \leqq \mu_2 \leqq \cdots \leqq \mu_k$$

を満たす $(\mu_1, \mu_2, \ldots, \mu_k) \in \mathbb{R}^k$ で目的関数

$$f(\mu_1, \mu_2, \ldots, \mu_k) = \sum_{i=1}^{k} w_i (\mu_i - \bar{X}_i)^2$$

を最小化するものを，$(\tilde{\mu}_1^*, \tilde{\mu}_2^*, \ldots, \tilde{\mu}_k^*)$ とする．すなわち，

$$\sum_{i=1}^{k} w_i (\tilde{\mu}_i^* - \bar{X}_i)^2 = \min_{\mu_1 \leqq \mu_2 \leqq \cdots \leqq \mu_k} \left\{ \sum_{i=1}^{k} w_i (\mu_i - \bar{X}_i)^2 \right\}$$

である．このとき，$\tilde{\mu}_1^* \leqq \tilde{\mu}_2^* \leqq \cdots \leqq \tilde{\mu}_k^*$ が丁度 L 個の相異なる値となる確率が $P(L, k; \boldsymbol{w})$ である．

この定義より，任意の $a > 0$ で

$$P(L, k; a\boldsymbol{w}) = P(L, k; \boldsymbol{w})$$

である．階層確率は重みベクトルの実数倍に対し不変である．

5.6 節では，与えられた重みベクトル $\boldsymbol{w} = (w_1, w_2, \ldots, w_k)$ について，任意の連続した要素をもつ部分ベクトル

$$\boldsymbol{w}' = (w_s, w_{s+1}, \ldots, w_{s+m-1}), \quad 1 \leqq s \leqq k, 1 \leqq m \leqq k - s + 1$$

を重みベクトルとする階層確率

$$P(L, m; \boldsymbol{w}') \quad (1 \leq L \leq m)$$

が要求される.

本節では,重みベクトル $\boldsymbol{w}$ に対して,階層確率の表

$$P[L, m, s] = P(L, m; (w_s, w_{s+1}, \ldots, w_{s+m-1})), \tag{7.77}$$
$$1 \leq L \leq m \leq k - s + 1, \ 1 \leq s \leq k$$

を作成するアルゴリズムを示す.

7.4.1 基本的なアルゴリズム

重みがすべて等しいとき,すなわち, $\boldsymbol{w} = (1, 1, \ldots, 1) \in \mathbb{R}_+^k$ のとき,$P(L, k) \equiv P(L, k; \boldsymbol{w})$ は漸化式

$$\begin{aligned}
P(1, k) &= \frac{1}{k}, \\
P(L, k) &= \frac{1}{k} \{(k-1)P(L, k-1) + P(L-1, k-1)\} \ (2 \leq L \leq k-1), \\
P(k, k) &= \frac{1}{k!}
\end{aligned} \tag{7.78}$$

で計算できる (Barlow et al., 1972).

$1 \leq k \leq 4$ のとき,$P(L, k; \boldsymbol{w})$ は以下の公式で計算する (Robertson et al., 1988).

$$\begin{aligned}
P(1, 1; \boldsymbol{w}) &= 1, \\
P(1, 2; \boldsymbol{w}) &= \frac{1}{2}, & P(2, 2; \boldsymbol{w}) &= \frac{1}{2}, \\
P(1, 3; \boldsymbol{w}) &= \frac{1}{4} + A, & P(2, 3; \boldsymbol{w}) &= \frac{1}{2}, & P(3, 3; \boldsymbol{w}) &= \frac{1}{4} - A \\
P(1, 4; \boldsymbol{w}) &= \frac{1}{8} + B, & P(2, 4; \boldsymbol{w}) &= \frac{3}{8} + C & & \tag{7.79} \\
P(3, 4; \boldsymbol{w}) &= \frac{3}{8} - B, & P(4, 4; \boldsymbol{w}) &= \frac{1}{8} - C
\end{aligned}$$

ここで,

$$A = \frac{\rho(w_1, w_2, w_3)}{2\pi},$$
$$B = \frac{\rho(w_1 + w_2, w_3, w_4) + \rho(w_1, w_2 + w_3, w_4) + \rho(w_1, w_2, w_3 + w_4)}{4\pi},$$
$$C = \frac{\rho(w_1, w_2, w_3) + \rho(w_2, w_3, w_4)}{4\pi},$$
$$\rho(a, b, c) = \arcsin\sqrt{\frac{ac}{(a+b)(b+c)}}$$

である.

Robertson et al. (1988) には $k = 5$ の公式も紹介されているが, 定積分の計算が必要なのでここでは用いない. そのために新たなアルゴリズムと誤差解析が必要となるからである.

一般の場合には, 漸化式で計算する (Robertson et al., 1988). そこでは, 補助的な数表として

$$Q[s_0, s_1, \ldots, s_m] = P(m, m; (u_0, u_1, \ldots, u_{m-1})), \tag{7.80}$$
$$u_i = \sum_{j=s_i}^{s_{i+1}-1} w_j \ (1 \leqq i \leqq m),$$
$$1 \leqq m \leqq k, \ 1 \leqq s_0 < s_1 < \cdots < s_m \leqq k+1$$

を用いる.

まず, $L = k$ のとき, 数表 Q より直接

$$P(k, k; \boldsymbol{w}) = Q[1, 2, \ldots, k+1]$$

である.

次に, $2 \leqq L \leqq k - 1$ については, 漸化式

$$P(L, k; \boldsymbol{w}) = \sum_{1=s_0<s_1<\cdots<s_L=k+1} Q[s_0, s_1, \ldots, s_L] \prod_{i=0}^{L-1} P(1, m_i; \boldsymbol{w}_i), \tag{7.81}$$
$$m_i = s_{i+1} - s_i,$$
$$\boldsymbol{w}_i = (w_{s_i}, w_{s_i+1}, \ldots, w_{s_{i+1}-1}) \quad (0 \leqq i \leqq L-1)$$

を用いる. 総和は, 長さ $L+1$ の整数列 $1 = s_0 < s_1 < \cdots < s_L = k+1$ 全

体にわたる．

最後に $L=1$ における計算を

$$P(1,k;\boldsymbol{w}) = 1 - \sum_{L=2}^{k} P(L,k;\boldsymbol{w}) \tag{7.82}$$

で行う．

7.4.2　表 Q の計算

整数列 $1 \leqq s_0 < s_1 < \cdots < s_m \leqq k+1$ を

$$\boldsymbol{s}_m = (s_0, s_1, \ldots, s_m)$$

とベクトル表記する．

階層確率 $Q[\boldsymbol{s}_m]$ は，$\varphi(\sigma, x)$ を正規分布 $N(0, \sigma^2)$ の密度関数とし，漸化式

$$f_1(x) = \varphi\left(u_0^{-1/2}, x\right),$$
$$f_i(x) = \varphi\left(u_{i-1}^{-1/2}, x\right) \int_{-\infty}^{x} f_{i-1}(t) dt \quad (i=2,3,\ldots,m),$$
$$Q[\boldsymbol{s}_m] = \int_{-\infty}^{\infty} f_m(s) ds \tag{7.83}$$

で計算できる (Hayter and Liu, 1996)．ここで，

$$u_i = \sum_{j=s_i}^{s_{i+1}-1} w_j \quad (0 \leqq i \leqq m-1)$$

である．(7.83) で，$f_m(t) = f_{\boldsymbol{s}_m}(x)$ とおくと，漸化式

$$f_{\boldsymbol{s}_1}(x) = \varphi(u_0^{-1/2}, x), \qquad u_0 = \sum_{j=s_0}^{s_1-1} w_j,$$
$$f_{\boldsymbol{s}_m}(x) = \varphi(u_{m-1}^{-1/2}, t) \int_{-\infty}^{x} f_{\boldsymbol{s}_{m-1}}(t) dt, \quad u_{m-1} = \sum_{j=s_{m-1}}^{s_m-1} w_j \tag{7.84}$$

と

$$Q[\boldsymbol{s}_m] = \int_{-\infty}^{\infty} f_{\boldsymbol{s}_m}(t) dt \tag{7.85}$$

252 第 7 章 順序制約のある場合の統計量の分布の数値計算法

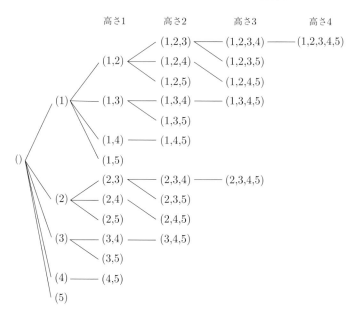

図 **7.15** $k=4$ の計算木

を得る.

(7.84), (7.85) の計算を, s_m を節とし, $s_{m-1} \to s_m$ を辺とする計算木の上で考える. $m = \dim s_m - 1$ を節 s_m の高さという. 図 7.15 は $k=4$ のときの計算木を表す. 木の高さは 4 である. 根 ( ) の高さは -1 で地面の下である.

計算木の上で, 節 s_m は漸化式 (7.84) の $f_{s_m}(x)$ を計算・記憶する. また, 式 (7.85) で $Q[s_m]$ の値を決定する.

この計算は, 計算木上の経路を更新してゆくアルゴリズムにより, 少ない記憶量で実行される. 根 ( ) から節 $s_m = (s_0, s_1, \ldots, s_m)$ にいたる経路

$$p = \langle (\ ) \to s_0 \to s_1 \to \cdots \to s_m \rangle,$$
$$s_i = (s_0, s_1, \ldots, s_i) \quad (0 \leqq i \leqq m)$$

を $p = \langle s_0, s_1, \ldots, s_m \rangle$ と書く. s_m の高さ m を経路 p の経路高という.

7.4 階層確率 (Level Probability) の計算

●アルゴリズム $Q[s_0, s_1, \ldots, s_m]$

経路 p 上の関数列 $(f_{\boldsymbol{s}_i}(x))_{1 \leq i \leq m}$ は長さ k の配列 $(f_i(x))_{1 \leq i \leq k}$ に $f_i(x) = f_{\boldsymbol{s}_i}(x)$ として格納する．実際に格納されるのは，$f_{\boldsymbol{s}_i}(x)$ の sinc 補間係数，すなわち，標本点上の関数値である．

手順 1 初期経路を $p = \langle s_0 \rangle$，$s_0 = 1$ とし，初期経路高を $m = 0$ とする．

手順 2 $p = \langle s_0, s_1, \ldots, s_m \rangle$ の先端 $\boldsymbol{s}_m$ での不定積分．

(i) $m = 0$ または $(k+1) - s_m + m \leq 4$ なら何もせずに手順 3 へ．
 ($(k+1) - s_m + m \leq 4$ なら経路高がこの先で 5 以上にならない．)

(ii) $m = 1$ のとき，
$$f_{\boldsymbol{s}_1}(x) = \varphi\left(u_0^{-1/2}, x\right), \quad u_0 = \sum_{j=s_0}^{s_1-1} w_j$$
を計算して $f_1(x)$ に記憶 ($f_1(x) = f_{\boldsymbol{s}_1}(x)$)．

(iii) $m \geq 2$ のとき，$f_{m-1}(x) = f_{\boldsymbol{s}_{m-1}}(x)$ より，有限 sinc 積分で
$$f_{\boldsymbol{s}_m}(x) = \varphi\left(u_{m-1}^{-1/2}, t\right) \int_{-\infty}^{x} f_{m-1}(t) dt, \tag{7.86}$$
$$u_{m-1} = \sum_{j=s_{m-1}}^{s_m-1} w_j$$
を計算して $f_m(x)$ に記憶 ($f_m(x) = f_{\boldsymbol{s}_m}(x)$)．

手順 3 $p = \langle s_0, s_1, \ldots, s_m \rangle$ の先端 $\boldsymbol{s}_m$ での定積分．

(i) $m = 0$ のとき，何もせずに手順 4 へ飛ぶ．

(ii) $1 \leq m \leq 4$ のとき，公式 (7.79) で
$$Q[\boldsymbol{s}_m] = P(m, m; (u_0, u_1, \ldots, u_{m-1})],$$
$$u_i = \sum_{j=s_i}^{s_{i+1}-1} w_j \quad (0 \leq i \leq m-1)$$
を計算．

(iii) $m \geq 5$ のとき，有限台形則で

254　第 7 章　順序制約のある場合の統計量の分布の数値計算法

$$Q[\boldsymbol{s}_m] = \int_{-\infty}^{\infty} f_m(t) dt \tag{7.87}$$

を計算.

手順 4　経路の更新

(i) $s_m < k+1$ のとき，
経路を $p = \langle s_0, s_1, \ldots, s_m, s_{m+1}\rangle$, $s_{m+1} = s_m + 1$ に延長（経路高は 1 高くなる）.

(ii) $s_m = k+1$ のとき，
経路を $p = \langle s_0, s_1, \ldots, s_{m-2}, s'_{m-1}\rangle$, $s'_{m-1} = s_{m-1} + 1$ に転進（経路高は 1 低くなる）.

手順 5　終了判定 $m = 0$, $p = \langle k+1\rangle$ となったら終了. そうでなかったら，手順 2 に戻る.

計算量について述べる. 計算木（図 7.15）の高さ m の節数が

$$\binom{k+1}{m+1}$$

であることに注目する.

計算木の根 ( ) と高さ 0 の節では計算は発生しない. 高さ $1 \leqq m \leqq 4$ の節では公式 (7.79) を用いるので定積分 (7.87) が発生しない. よって, 定積分の回数は

$$2^{k+1} - 1 - \sum_{m=0}^{4}\binom{k+1}{m+1} = 2^{k+1} + o(2^k) \quad (k \to \infty)$$

である.

不定積分 (7.86) の回数は, 計算木の節数 2^{k+1} を越えない. また, 少なくとも定積分の回数, 不定積分が発生する. ゆえに, 不定積分の回数も $2^{k+1} + o(2^k)$ である.

7.4.3　表 P の計算

表 $P[L, m, s]$ $(1 \leqq L \leqq m \leqq k - s + 1,\ 1 \leqq s \leqq k)$ は次の手順で計算

7.4 階層確率 (Level Probability) の計算

する.

まず, $1 \leq m \leq 4$ については, 公式 (7.79) で計算する. 次に, $m \geq 5$ について, $m = 5, 6, \ldots, k$ の順で以下の計算を行う.

手順 1 $L = m$ について, 7.4.1 項の表 Q を引いて,

$$P[m, m, s] = Q[s, s+1, \ldots, s+m]$$

$$(1 \leq m \leq k - s + 1, \; 1 \leq s \leq k)$$

とする.

手順 2 $2 \leq L \leq m - 1$ について,

$$P[L, m, s] = P(L, m; (s, s+1, \ldots, s+m-1))$$

を漸化式 (7.81) で

$$\boldsymbol{w} = (w_s, w_{s+1}, \ldots, w_{s+m-1})$$

として計算する. 長さ $L + 1$ の整数列 $s = s_0 < s_1 < \cdots < s_L = s + m$ に対する部分ベクトル

$$\boldsymbol{w}_i = (w_{s_i}, w_{s_i+1}, \ldots, w_{s_{i+1}-1}) \quad (0 \leq i \leq L - 1)$$

について, 定義 (7.77) より

$$P(1, m_i; \boldsymbol{w}_i) = P[1, s_{i+1} - s_i, s_i]$$

であるから,

$$P[L, m, s] = \sum_{s = s_0 < s_1 < \cdots < s_L = s+m} Q[s_0, s_2, \ldots, s_L] \prod_{i=0}^{L-1} P[1, s_{i+1} - s_i, s_i]$$

である. 総和は, 長さ $L+1$ の整数列 $s = s_0 < s_1 < \cdots < s_L = s+m$ 全体にわたる. 必要な $Q[s_0, s_1, \ldots, s_L]$ の値は 7.4.2 項で既に計算済みである. 右辺 $P[1, s_{i+1} - s_i, s_i]$ の第 2 引数 $s_{i+1} - s_i < m$ ゆえ, この因子も既に計算されている.

手順 3 $L = 1$ について,

$$P[1,m,s] = 1 - \sum_{L=2}^{m} P[L,m,s] \quad (1 \leqq s \leqq k-m+1).$$

を計算する．

以上で，表 P が完成した．

7.4.4 積分計算

式 (7.86), (7.87) の積分計算について述べる．次の定理により，$f_{\boldsymbol{s}_{m+1}}$ は関数族 $\mathbf{G}$ に属する．ゆえに，その不定積分，定積分は有限 sinc 積分，有限台形則で効率的に計算できる．

【定理 7.18】 $1 \leqq m \leqq k$ について，整数列 $1 \leqq s_0 < s_1 < \cdots < s_m \leqq k+1$ をとると，$\boldsymbol{s}_m = (s_0, s_1, \ldots, s_m)$ について，

$$f_{\boldsymbol{s}_m}(x) \in \mathbf{G}\left(\sqrt{\frac{u_{m-1}}{2\pi}}, \frac{u_{m-1}}{2}, \frac{u}{2}\right), \tag{7.88}$$

$$u_{m-1} = \sum_{j=s_{m-1}}^{s_m - 1} w_j, \ u = \sum_{j=s_0}^{s_m - 1} w_j$$

が成立する．またその不定積分 $F_{\boldsymbol{s}_m}(x)$ について，

$$0 < F_{\boldsymbol{s}_m}(x) \leqq \Phi\left(u_{m-1}^{-1/2}, x\right) < 1 \tag{7.89}$$

が成り立つ． □

階層確率は重みベクトル $\boldsymbol{w} = (w_1, w_2, \ldots, w_k)$ を正の定数倍しても変わらない．以後簡単のために重みベクトルは，

$$\sum_{i=1}^{k} w_i = 1 \tag{7.90}$$

と正規化されているとする．計算は，正規化した重みベクトルの下で行う．

7.1.5 項 (7.25) にしたがって近似台半幅 R，半幅分割数 n と標本点間隔 h を設定する．

7.4 階層確率 (Level Probability) の計算

$$w_{\min} = \min_{1 \leq i \leq k} w_i = \min_{1 \leq i \leq j \leq k} \sum_{\ell=i}^{j} w_\ell$$

とする．(7.88) により，$f_{\boldsymbol{s}_m}(x)$ のガウス・パラメータ $\alpha = u_{m-1}/2$ の最小値は $\alpha_{\min} = w_{\min}/2$ である．また，ガウス・パラメータ β の最大値は $\beta_{\max} = \sum_{\ell=1}^{k} w_\ell/2 = 1/2$ である．ゆえに，精度基準を $\varepsilon > 0$ としたとき，

$$R = \frac{R_\varepsilon}{\sqrt{\alpha_{\min}}} = \frac{R_\varepsilon \sqrt{2}}{\sqrt{w_{\min}}}, \quad n = \left\lceil n_\varepsilon \sqrt{\frac{\beta_{\max}}{\alpha_{\min}}} \right\rceil = \left\lceil n_\varepsilon \sqrt{\frac{1}{w_{\min}}} \right\rceil,$$

$$h = \frac{R}{n} \cong \frac{R_e \sqrt{2}}{n_\varepsilon}$$

とすれば，すべての $f_{\boldsymbol{s}_m}(x)$ が精度よく近似できる．ここで，$\lceil x \rceil$ は天井関数で，x 以上の最小の整数である．

そこで，近似台 $[-R, R]$ 上に標本点間隔 h の標本点列

$$\boldsymbol{x} = (x_j), \ x_j = ih \ (-n \leq j \leq n)$$

をとり，(7.86), (7.87) の計算を行う．$f_{\boldsymbol{s}_m}(x)$ の $\boldsymbol{x} = (x_j)$ 上の有限 sinc 近似と有限 sinc 積分は

$$c_{\boldsymbol{x}}^n[f_{\boldsymbol{s}_m}](x) = \sum_{j=-n}^{n} f_{\boldsymbol{s}_m}(x_j) s_h(x_j, x) \cong f_{\boldsymbol{s}_m}(x),$$

$$C_{\boldsymbol{x}}^n[f_{\boldsymbol{s}_m}](x) = \sum_{j=-n}^{n} f_{\boldsymbol{s}_m}(x_j) S_h(x_j, x) \cong F_{\boldsymbol{s}_m}(x)$$

である．

$\boldsymbol{x} = (x_j)$ 上で $f_{\boldsymbol{s}_m}(x), F_{\boldsymbol{s}_m}(x), \varphi\left(u_{m-1}^{-1/2}, x\right)$ を標本化したベクトルを

$$\boldsymbol{f}_{\boldsymbol{s}_m} = (f_{\boldsymbol{s}_m}(x_j))_{-n \leq j \leq n}, \quad \boldsymbol{F}_{\boldsymbol{s}_m} = (F_{\boldsymbol{s}_m}(x_j))_{-n \leq j \leq n},$$

$$\boldsymbol{\varphi}_{u_{m-1}} = \left(\varphi\left(u_{m-1}^{-1/2}, x_j\right)\right)_{-n \leq j \leq n}$$

と書き，積分行列 S を (i, j) 成分が

$$(S)_{i,j} = S_h(x_j, x_i) \ (-n \leq i \leq n, \ -n \leq j \leq n) \tag{7.91}$$

の $2n+1$ 次正方行列として定義すると，

$$F_{\bm{s}_m}(x_i) \cong C_{\bm{x}}^n[f_{\bm{s}_m}](x_i) = \sum_{j=-n}^{n} f_{\bm{s}_m}(x_k) S_h(x_j, x_i)$$

$$= \sum_{j=-n}^{n} (S)_{i,j} f_{\bm{s}_m}(x_j) \quad (-n \leqq i \leqq n)$$

である．これをベクトル表示すると，

$$\bm{F}_{\bm{s}_m} \cong S\bm{f}_{\bm{s}_m}$$

である．これにより，式 (7.86) は，近似的に

$$\bm{f}_{\bm{s}_m} = \bm{\varphi}_{u_{m-1}} * \bm{F}_{\bm{s}_{m-1}} = \bm{\varphi}_{u_{m-1}} * \left(S\bm{f}_{\bm{s}_{m-1}}\right) \tag{7.92}$$

で計算できる．ここで，$\bm{f} * \bm{g}$ はベクトル $\bm{f}$, $\bm{g}$ の要素ごとの積を表す．定積分 (7.87) は有限台形則により，

$$Q[\bm{s}_m] \cong T_{\bm{x}}^n[f_{\bm{s}_m}] = h \sum_{i=-n}^{n} f_{\bm{s}_m}(x_i) \tag{7.93}$$

で計算される．

計算の主要部は行列ベクトル積を含む (7.92) である．ベクトル $\bm{f}_{\bm{s}_m}$ は急減少関数を標本化しているので，両端の要素の絶対値が非常に小さくなり，実質的に計算に寄与しない．それらを切り縮め $\bm{f}_{\bm{s}_m}$ の次元を落とすことで，(7.92) の計算量を減らすことができる．

7.4.5 数値実験

以上のアルゴリズムにより Mathematica と C のプログラムを作成し，数値実験を行った．用いた計算機は Macintosh iMac で CPU は 3.2GHz Intel Core i5 である．7.4.4 項の積分計算で用いた標本点間隔は $h = 0.8$ である．

[実験 1] 重みベクトル $\bm{w} = (1,1,1,1,1,1,1,1,1,1) \in \mathbb{R}^{10}$ $(k=10)$ について式 (7.77) の表 $P[L, m, s]$ を計算した．

計算時間は Mathematica で約 0.5 秒，C で 0.003 秒である．Mathematica

はインタープリター，C はコンパイラであるため，C の方が約 150 倍速い．

$P[L, m, s]$ の絶対誤差の最大値は 2.8×10^{-16} であった．また，相対誤差の最大値は 1.6×10^{-14} であった．この実験では重みがすべて等しいので，簡単な漸化式 (7.78) で $P[L, m, s]$ の真値（有理数）が正確に計算できる．それを用いて，誤差を計算した．

$P[L, m, s]$ の要素数は 220 である．その中から，$P = P[L, 10, 1]$，$1 \leqq L \leqq 10$ の値を示す．

L	1	2	3	4	5	6	7	8	9	10
P	$\dfrac{1.000}{10}$	$\dfrac{2.829}{10}$	$\dfrac{3.232}{10}$	$\dfrac{1.994}{10}$	$\dfrac{7.422}{10^2}$	$\dfrac{1.744}{10^2}$	$\dfrac{2.604}{10^3}$	$\dfrac{2.397}{10^4}$	$\dfrac{1.240}{10^5}$	$\dfrac{2.756}{10^7}$

[実験 2]　重みベクトル $\boldsymbol{w} = (1, 2, 3, 4, 5, 6, 7, 8, 9, 10) \in \mathbb{R}^{10}$　$(k = 10)$ について式 (7.77) の表 $P[L, m, s]$ を計算した．

計算時間は Mathematica で約 3 秒，C で 0.02 秒である．実験 1 と比較して，双方とも約 7 倍になっている．計算時間は

$$w_{\min} = \frac{\min_{1 \leqq i \leqq k} w_i}{\sum_{i=1}^{k} w_i}$$

が小さいほど多くかかる．式 (7.91) の行列 S のサイズ $2n + 1$ が $1/\sqrt{w_{\min}}$ に比例して大きくなるからである．

計算された $P[L, m, s]$ の絶対誤差の最大値は 3.4×10^{-16} であった．誤差は，$h = 0.7$ で計算した値との差で推定している．

$P[L, m, s]$ の要素数は 220 である．その中から，$P = P[L, 10, 1]$，$1 \leqq L \leqq 10$ の値を示す．

L	1	2	3	4	5	6	7	8	9	10
P	$\dfrac{7.717}{10^2}$	$\dfrac{2.442}{10^1}$	$\dfrac{3.189}{10^1}$	$\dfrac{2.280}{10^1}$	$\dfrac{9.906}{10^2}$	$\dfrac{2.731}{10^2}$	$\dfrac{4.802}{10^3}$	$\dfrac{5.215}{10^4}$	$\dfrac{3.186}{10^5}$	$\dfrac{8.366}{10^7}$

付　録

統計量の分布の上側 $100\alpha^\star\%$ 点を求めるプログラムと数表

　本書で紹介した検定を行う場合や信頼区間を求めるときに，統計量の分布の上側 $100\alpha\%$ 点が必要となる．これらの統計量の分布の上側 $100\alpha\%$ 点を付表 1～30 に載せている．付表番号とそれに対応した上側 $100\alpha\%$ 点の記号を，以下の表にまとめている．

◇ 付表番号と対応した上側 $100\alpha\%$ 点の記号

付表番号	上側 $100\alpha\%$ 点の記号	付表番号	上側 $100\alpha\%$ 点の記号
1, 2	$ta(k, m; \alpha)$	3	$a(k; \alpha)$
4, 5	$a(\ell; \alpha(M, \ell))$	6, 7	$\chi^2_{\ell-1}(\alpha(M, \ell))$
8, 9	$tb_1(k, n_1, \ldots, n_k; \alpha)$	10, 11	$tb_2(k, n_1, \ldots, n_k; \alpha)$
12	$b_1(k, \lambda_1, \ldots, \lambda_k; \alpha)$	13	$b_2(k, \lambda_1, \ldots, \lambda_k; \alpha)$
14, 15	$\bar{b}^{2*}(k, n_0; \alpha)$	14, 15	$\bar{c}^{2*}(k; \alpha)$
16, 17	$td_1(k, m; \alpha)$	18, 19	$d_1(\ell; \alpha(M, \ell))$
20, 21	$td_2^*(k, m; \alpha)$	22, 23	$d_2^*(\ell; \alpha(M, \ell))$
24, 25	$td_3(\ell, m, 1; \alpha)$	26, 27	$\bar{c}_1^{2*}(\ell; \alpha(M, \ell))$
28, 29	$z(\alpha(M, \ell))$	30	$\bar{c}_3^{2*}(\ell; \alpha)$

◇ 付表以外の上側 $100\alpha\%$ 点

内容	上側 $100\alpha\%$ 点の記号
表 2.3, 表 2.4	$ta\,(\ell, m; \alpha(M, \ell))$
2.1.3 項	$F_m^{\ell-1}\,(\alpha(M, \ell))$
3.3.1 項	$tb_1^*\,(\ell, m, n_2/n_1; \alpha)$
3.3.1 項	$tb_2^*\,(\ell, m, n_2/n_1; \alpha)$
表 5.3, 表 5.4	$td_1\,(\ell, m; \alpha(M, \ell))$
表 5.12, 表 5.13	$td_2^*\,(\ell, m; \alpha(M, \ell))$
5.6.1 項	$t\,(m; \alpha(M, \ell))$

付表に載せていない上側 $100\alpha\%$ 点を上の表にまとめている．

第 2 章から第 4 章において平均母数 $\mu_1, \ldots, \mu_k$ に順序制約のない場合の多重比較法を論じ，第 5 章では母数に順序制約 $\mu_1 \leqq \cdots \leqq \mu_k$ のある場合の多重比較法について述べた．A.1 ではこれらの章で導出した上側 $100\alpha\%$ 点を計算する，Mathematica と C 言語による関数とその使用法を紹介する．A.2 では，第 5 章で述べた階層確率 $P(L, k; \boldsymbol{\lambda})$ を第 7 章のアルゴリズムで計算する，Mathematica と C 言語による関数とその使用法を紹介する．

これらのプログラムのソースファイルは杉浦のウェブページ

http://www.st.nanzan-u.ac.jp/info/sugiurah/sincstatistics/

からダウンロードできる．

C プログラムのコンパイルには，c99 規格かその上位互換の C コンパイラ (GCC, Clang, Intel C++ Compiler など) が必要である．関数 tgamma, lgamma, expm1, logp1 を使用するからである．

A.1 上側 $100\alpha\%$ 点の数値計算プログラム

第 2 章から第 5 章の統計解析に用いられる分布の上側 $100\alpha\%$ 点を求める C 関数と Mathematica 関数を作成した．それを用いて，閉検定手順で用いられる分布の，上側 $100\alpha(M, \ell)\%$ 点 $(k \geqq M \geqq 2,\ 2 \leqq \ell \leqq M, \ell \neq M - 1)$ を要素とする T1 型 2 次元配列 (表 A.1)，上側 $100\alpha\%$ 点 $(1 \leqq \ell \leqq k - 1)$ を

表 **A.1** T1型2次元配列：{ 上側 $100\alpha(M,\ell)$%点 } （$k=8$ のとき）

$M\backslash\ell$	2	3	4	5	6	7	8
8	5.144	5.781	6.046	6.172	6.233	◇	6.256
7	4.902	5.519	5.770	5.887	◇	5.956	
6	4.626	5.219	5.455	◇	5.604		
5	4.303	4.868	◇	5.177			
4	3.914	◇	4.637				
3	◇	3.905					
2	2.756						

表 **A.2** T2型1次元配列：{ 上側 100α%点 } （$k=8$ のとき）

$k\backslash\ell$	7	6	5	4	3	2	1
8	6.256	6.241	6.233	6.172	6.046	5.781	5.144

表 **A.3** T3型1次元配列：{ 上側 100α%点 } （$k=8$ のとき）

$k\backslash\ell$	8	7	6	5	4	3	2
8	6.256	6.241	6.233	6.172	6.046	5.781	5.144

要素とする T2 型 1 次元配列（表 A.2），そして上側 100α% 点 ($2 \leq \ell \leq k$) を要素とする T3 型 1 次元配列（表 A.3）を出力する C 関数と Mathematica 関数を作成した．ただし，$\alpha(M,\ell) \equiv 1 - (1-\alpha)^{(\ell/M)}$ である．

A.1.1 C 関数仕様

第 2 章から第 5 章の統計解析に用いられる分布の上側 100α% 点を求める C 関数を作成した．A.1.1.1 では上側 100α% 点を求める C 関数について，A.1.1.2 では上側 $100\alpha(M,\ell)$% 点の 2 次元配列を出力する C 関数について，A.1.1.3 では上側 100α% 点の 1 次元配列を出力する C 関数について述べる．

A.1.1.1 上側 100α% 点を求める C 関数

表 A.4 に上側 100α% 点を求める Mathematica 関数を示す．

この表で「ページ」はその関数が定義されているページを示す．「上側 100α% 点」の母数 n, $\boldsymbol{\lambda}$ は

表 A.4 　上側 100α% 点を計算する C 関数

ページ	上側 100α% 点	C 関数
33	$ta(k,m;\alpha)$	taFun(int k,int m,double al)
34	$a(k;\alpha)$	aFun(int k,double al)
78	$tb_1(k,\boldsymbol{n};\alpha)$	tb1Fun(int k,int *ns,double al)
78	$tb_2(k,\boldsymbol{n};\alpha)$	tb2Fun(int k,int *ns,double al)
81	$b_1(k,\boldsymbol{\lambda};\alpha)$	b1Fun(int k,double *lms,double al)
81	$b_2(k,\boldsymbol{\lambda};\alpha)$	b2Fun(int k,double *lms,double al)
126	$\bar{b}^2(k,\boldsymbol{\lambda},m;\alpha)$	bbar2Fun(int k,double *lms,int m,double al)
129	$\bar{c}^2(k,\boldsymbol{\lambda};\alpha)$	cbar2Fun(int k,double *lms,double al)
133	$td_1(k,m;\alpha)$	td1Fun(int k,int m,double al)
135	$d_1(k;\alpha)$	d1Fun(int k,double al)
156	$td_2^*(k,m;\alpha)$	td2Fun(int k,int m,double al)
158	$d_2^*(k;\alpha)$	d2Fun(int k,double al)

$\boldsymbol{n} \equiv (n_1, n_2, \ldots, n_k),$

$$\boldsymbol{\lambda} \equiv (\lambda_1, \lambda_2, \ldots, \lambda_k) \equiv (n_1/n, n_2/n, \ldots, n_k/n), \quad n \equiv \sum_{i=1}^{k} n_i \quad (A.1)$$

である．

C 関数の入力引数と母数の対応は

$$\text{int k} = k, \quad \text{int l} = \ell, \quad \text{int m} = m, \quad \text{int *ns} = \boldsymbol{n}$$
$$\text{double al} = \alpha \quad \text{double *lms} = \boldsymbol{\lambda} \quad (A.2)$$

である．m は通常 $m = n - k$ として用いられるが，ここでは独立した引数である．

C 関数の出力は倍精度の上側 100α% 点である．例えば，母数 $k = 5$, $m = 100$ に対する，表 A.4 先頭のテューキー・クレーマーの方法の上側 1% 点 $t = ta(5, 100; 0.01)$ は

```
int k = 5, m = 100; double al = 0.01;
double t;
t = taFun(k,m,al);
```

で計算できる．

　C 関数の入力引数 k, m, al には以下の制限を設ける．k, l の制限は計算速度向上のためである．また，al の制限は精度保証のためである．この制限内で，C 関数の出力は小数点以下 6 桁まで正しいことが保証される．

$$2 \leqq \mathtt{k} \leqq 20, \quad 2 \leqq \mathtt{l} \leqq 20,$$
$$\mathtt{m} \geqq 1 \text{ または } \mathtt{m} = -1,$$
$$10^{-4} \leqq \mathtt{al} < \frac{1}{2} \tag{A.3}$$

入力引数 m=-1 は $m = \infty$ と解釈され，対応する漸近分布に関する計算値が出力される．すなわち，m=-1 のとき

$$\begin{aligned}
\mathtt{taFun(k,m,al)} &= ta(k, \infty; \alpha) &&= a(t, k), \\
\mathtt{tb1Fun(k,*ns,m,al)} &= tb_1(k, \boldsymbol{n}, \infty; \alpha) &&= b_1(k, \boldsymbol{\lambda}; \alpha), \\
\mathtt{tb2Fun(k,*ns,m,al)} &= tb_2(k, \boldsymbol{n}, \infty; \alpha) &&= b_2(k, \boldsymbol{\lambda}; \alpha), \\
\mathtt{bbar2Fun(ik,*lms,m,al)} &= \bar{b}^2(k, \boldsymbol{\lambda}, \infty; \alpha) &&= \bar{c}^2(k, \boldsymbol{\lambda}; \alpha), \\
\mathtt{td1(k,m,al)} &= td_1(k, \infty; \alpha) &&= d_1(k; \alpha), \\
\mathtt{td2(k,m,al)} &= td_2^*(k, \infty; \alpha) &&= d_2^*(k; \alpha)
\end{aligned} \tag{A.4}$$

である．最左辺の C 関数と最右辺に対応する C 関数とは，出力が一致する．

　表 A.4 の 7, 8 番目の C 関数 bbar2Fun, cbar2Fun は内部で階層確率を計算するため，2^{k+1} 個の倍精度実数を格納するためのワーキングメモリ約 16×2^k バイトを消費する．それに見合うメモリ容量を確保する必要がある．

A.1.1.2　上側 $100\alpha(M, \ell)$% 点の 2 次元配列を出力する C 関数

　表 A.5 に，閉検定手順で用いられる分布の上側 $100\alpha(M, \ell)$% 点 ($k \geqq M \geqq 2, 2 \leqq \ell \leqq M, \ell \neq M - 1$) を要素とする T1 型 2 次元配列 (表 A.1) を作る C 関数を示す．ただし，$\alpha(M, \ell) \equiv 1 - (1 - \alpha)^{(\ell/M)}$ である．この表で「項番号」はその統計量を用いる閉検定手順を解説している項の番号である．C 関数の入力引数と母数の対応は (A.2) に従う．出力は T1 型の倍精度 2 次元配列のポインタである．

表 **A.5** 上側 $100\alpha(M,\ell)\%$ 点の T1 型 2 次元配列を出力する C 関数

項番号	配列要素 $[M][\ell]$	C 関数
2.1.3	$ta(\ell,m;\alpha(M,\ell))$	taTab(int k,int m,double al)
2.2.5	$a(\ell;\alpha(M,\ell))$	aTab(int k,double al)
2.1.3	$F_m^{\ell-1}(\alpha(M,\ell))$	FTab(int k,int m,double al)
2.3.3	$\chi_{\ell-1}^2(\alpha(M,\ell))$	chi2Tab(int k,double al)
5.3.3	$td_1(\ell,m;\alpha(M,\ell))$	td1Tab(int k,int m,double al)
5.3.3	$d_1(\ell;\alpha(M,\ell))$	d1Tab(int k,double al)
5.4.3	$td_2^*(\ell,m;\alpha(M,\ell))$	td2Tab(int k,int m,double al)
5.4.3	$d_2^*(\ell;\alpha(M,\ell))$	d2Tab(int k,double al)
5.6.1	$\bar{b}_1^{2*}(\ell,m;\alpha(M,\ell))$	bbarTab(int k,int m,double al)
5.6.1	$\bar{c}_1^{2*}(\ell;\alpha(M,\ell))$	cbarTab[int k,double al)
5.6.1	$t(m;\alpha(M,\ell))$	tTab[int k,int m,double al)
5.6.1	$z(\alpha(M,\ell))$	zTab[int k,double al)

例えば,表 A.5 の $ta(\ell,m;\alpha(M,\ell))$ について,母数 $k=5$, $m=100$ に対する水準 1% の閉検定手順に用いられる T1 型 2 次元配列 tab は,

  int k = 5, m = 100; double al = 0.01;

  double **tab;

  tab = taTab(k,m,al);
で作られる.配列 tab の要素は

$$\mathtt{tab}[M][\ell] = ta(\ell,m;\alpha(M,\ell)) \quad (2 \leqq M \leqq k, 2 \leqq \ell \leqq M, \ell \neq M-1)$$

となる.

C 関数の入力引数 m $= -1$ は母数 $m = \infty$ と解釈され,対応する漸近分布に関する配列が作られる.すなわち,m=-1 のとき

$$\mathtt{taTab(k,m,al)} = \mathtt{aTab(k,al)},$$

$$\mathtt{td1Tab(k,m,al)} = \mathtt{d1Tab(k,al)},$$

$$\mathtt{td2Tab(k,m,al)} = \mathtt{d2Tab(k,al)},$$

$$\mathtt{bbar2Tab(k,m,al)} = \mathtt{cbar2Tab(k,al)} \tag{A.5}$$

である.

　C関数の入力引数k，m，alは(A.3)で制限される．この制限内でC関数の出力は小数点以下6桁まで正しいことが保証される．

A.1.1.3 　上側$100\alpha\%$点の1次元配列を出力するC関数

　表A.6に，閉検定手順で用いられる分布の，上側$100\alpha\%$点 $(1 \leqq \ell \leqq k-1)$ を要素とするT2型1次元配列（表A.2），および上側$100\alpha\%$点 $(2 \leqq \ell \leqq k)$ を要素とするT3型1次元配列（表A.3）を出力するC関数を示す．

　この表で「項番号」はその統計量を用いる閉検定手順を解説している項の番号である．C関数の入力引数と母数の対応は(A.2)に従う．出力はT2型，あるいはT3型の倍精度1次元配列のポインタである．

　例えば，表A.6の$tb_1^*(\ell,m,n_2/n_1;\alpha)$について，母数$k=10$，$n_1=23$，$n_2=45$に対する水準1%の逐次棄却型検定に用いられるT2型1次元配列tabは，

```
int k = 10, n1 = 23, n2 = 45; double al = 0.01;
double *tab;
tab = tb1Tab(k,n1,n2,al);
```
で作られる．配列tabの要素は

表 **A.6**　上側$100\alpha\%$点のT2型，T3型の1次元配列を作るC関数

項番号	配列要素 $[\ell]$	T2型 C関数
3.3.1	$tb_1^*(\ell,m,n_2/n_1;\alpha)$	tb1Tab(int k,int n1,int n2,double al)
3.3.1	$tb_2^*(\ell,m,n_2/n_1;\alpha)$	tb2Tab(int k,int n1,int n2,double al)
3.3.2	$b_1^*(\ell,m,n_2/n_1;\alpha)$	b1Tab(int k,int n1,int n2,double al)
3.3.2	$b_2^*(\ell,m,n_2/n_1;\alpha)$	b2Tab(int k,int n1,int n2,double al)

項番号	配列要素 $[\ell]$	T3型 C関数
5.5.1	$td_3(\ell,m,1;\alpha)$	td3Tab(int k,int m,double al)
5.5.1	$d_3(\ell,1;\alpha)$	d3Tab(int k,double al)
5.6.2	$\bar{b}_3^2(\ell,\boldsymbol{\lambda},m;\alpha)$	bbar32Tab(int k,double *lms,int m,double al)
5.6.2	$\bar{c}_3^2(\ell,\boldsymbol{\lambda};\alpha)$	cbar32Tab(int k,double *lms,double al)

$$\mathsf{tab}[\ell] = tb_1^*(\ell, m, n_2/n_1; \alpha) \quad (1 \leqq \ell \leqq k-1)$$

である．$tb_1^*(\ell, m, n_2/n_1; \alpha)$，$tb_2^*(\ell, m, n_2/n_1; \alpha)$ は $m = n_1 + (k-1)n_2 - k$ として計算される．したがって，対応するC関数 tb1Tab, tb2Tab は入力引数 m をもたない．

また，$td_3(\ell, m, 1; \alpha)$ について，母数 $k = 10$，$m = 230$ に対する水準 5% のウィリアムズ法に用いられる T3 型 1 次元配列 tab は，

    int k = 10, m = 230; double al = 0.05;
    double *tab;
    tab = td3Tab(k,m,al);

で作られる．配列 tab の要素は

$$\mathsf{tab}[\ell] = td_3(\ell, m, 1; \alpha) \quad (2 \leqq \ell \leqq k)$$

である．この関数は現在，$n_2/n_1 = 1$ にしか対応できない．

C関数の入力引数 m = -1 は母数 $m = \infty$ と解釈され，対応する漸近分布に関する配列が出力される．すなわち，m=-1 のとき

$$\mathsf{td3Fun(k,m,al)} = \mathsf{d3Fun(k,al)},$$
$$\mathsf{bbar32Tab(k,*lms,m,al)} = \mathsf{cbar32Tab(k,*lms,al)} \quad (\mathrm{A.6})$$

である．

C関数の入力引数 k, m, al は (A.3) で制限される．この制限内でC関数の出力は小数点以下 4 桁まで正しいことが保証される．

表 A.6 の 7, 8 番目のC関数 bbar32Tab, cbar32Tab は内部で階層確率を計算するため，2^{k+1} 個の倍精度実数を格納するためのワーキングメモリ約 16×2^k バイトを消費する．それに見合うメモリ容量を確保する必要がある．

A.1.2 Mathematica 関数仕様

第 2 章から第 5 章の統計解析に用いられる分布の上側 $100\alpha\%$ 点を求める Mathematica 関数を作成した．A.1.2.1 では上側 $100\alpha\%$ 点を求める Mathematica 関数について，A.1.2.2 では上側 $100\alpha(M, \ell)\%$ 点の 2 次元配列を出

力する Mathematica 関数について，A.1.2.3 では上側 $100\alpha\%$ 点の 1 次元配列を出力する Mathematica 関数について述べる．

A.1.2.1 上側 $100\alpha\%$ 点を求める Mathematica 関数

表 A.7 に上側 $100\alpha\%$ 点を求める Mathematica 関数を示す．

この表で「ページ」はその関数が定義されているページを示す．「上側 $100\alpha\%$ 点」の母数 n, λ は (A.1) で定義したものと同じとする．

Mathematica 関数の入力引数と母数の対応は

$$\text{k}=k,\quad \text{l}=\ell,\quad \text{m}=m,\quad \text{ns}=n,\quad \alpha=\alpha,\quad \lambda\text{s}=\lambda \tag{A.7}$$

である．m は通常 $m=n-k$ として用いられるが，ここでは独立した引数である．

Mathematica 関数の出力は倍精度の上側 $100\alpha\%$ 点である．例えば，母数 $k=5$, $m=100$ に対する，表 A.7 先頭のテューキー・クレーマーの上側 1% 点 $t=ta(5,100;0.01)$ は

```
k=5; m=100; α=0.01;
t = taFun[k,m,α];
```

で計算できる．

表 **A.7** 上側 $100\alpha\%$ 点を計算する Mathematica 関数

ページ	上側 $100\alpha\%$ 点	Mathematica 関数
33	$ta(k,m;\alpha)$	taFun[k,m,α]
34	$a(k;\alpha)$	aFun[k,α]
78	$tb_1(k,\boldsymbol{n};\alpha)$	tb1Fun[k,ns,α]
78	$tb_2(k,\boldsymbol{n};\alpha)$	tb2Fun[k,ns,α]
81	$b_1(k,\boldsymbol{\lambda};\alpha)$	b1Fun[k,λs,α]
81	$b_2(k,\boldsymbol{\lambda};\alpha)$	b2Fun[k,λs,α]
126	$\bar{b}^2(k,\boldsymbol{\lambda},m;\alpha)$	bbar2Fun[k,λs,m,α]
129	$\bar{c}^2(k,\boldsymbol{\lambda};\alpha)$	cbar2Fun[k,λs,α]
133	$td_1(k,m;\alpha)$	td1Fun[k,m,α]
135	$d_1(k;\alpha)$	d1Fun[k,α]
156	$td_2^*(k,m;\alpha)$	td2Fun[k,m,α]
158	$d_2^*(k;\alpha)$	d2Fun[k,α]

Mathematica 関数の入力引数 k, m, al には以下の制限を設ける. k, l の制限は計算速度向上のためである. また, α の制限は精度保証のためである. この制限内で, Mathematica 関数の出力は小数点以下 6 桁まで正しいことが保証される.

$$2 \leqq \mathtt{k} \leqq 20, \quad 2 \leqq \mathtt{l} \leqq 20,$$
$$\mathtt{m} \geqq 1 \text{ または } \mathtt{m} = \infty,$$
$$10^{-4} \leqq \alpha < \frac{1}{2} \tag{A.8}$$

入力引数 m=∞ とすると, 対応する漸近分布に関する計算値が出力される. すなわち, m=∞ のとき

$$\begin{aligned}
\mathtt{taFun[k,m,\alpha]} &= ta(k, \infty; \alpha) &&= a(t, k), \\
\mathtt{tb1Fun[k,ns,m,\alpha]} &= tb_1(k, \boldsymbol{n}, \infty; \alpha) &&= b_1(k, \boldsymbol{\lambda}; \alpha), \\
\mathtt{tb2Fun[k,ns,m,\alpha]} &= tb_2(k, \boldsymbol{n}, \infty; \alpha) &&= b_2(k, \boldsymbol{\lambda}; \alpha), \\
\mathtt{bbar2Fun[k,\lambda s,m,\alpha]} &= \bar{b}^2(k, \boldsymbol{\lambda}, \infty; \alpha) &&= \bar{c}^2(k, \boldsymbol{\lambda}; \alpha), \\
\mathtt{td1[k,m,\alpha]} &= td_1(k, \infty; \alpha) &&= d_1(k; \alpha), \\
\mathtt{td2[k,m,\alpha]} &= td_2^*(k, \infty; \alpha) &&= d_2^*(k; \alpha)
\end{aligned} \tag{A.9}$$

である. 最左辺の Mathematica 関数と最右辺に対応する Mathematica 関数とは, 出力が一致する.

表 A.7 の 7, 8 番目の Mathematica 関数 bbar2Fun, cbar2Fun は内部で階層確率を計算するため, 2^{k+1} 個の倍精度実数を格納するためのワーキングメモリー約 16×2^k バイトを消費する. それに見合うメモリ容量を確保する必要がある.

A.1.2.2 上側 $100\alpha(M,\ell)\%$ 点の 2 次元配列を出力する Mathematica 関数

表 A.8 に, 閉検定手順で用いられる分布の上側 $100\alpha(M,\ell)\%$ 点 ($k \geq M \geq 2, 2 \leqq \ell \leqq M, \ell \neq M-1$) を要素とする T1 型 2 次元配列 (表 A.1) を作る Mathematica 関数を示す. ただし, $\alpha(M,\ell) \equiv 1 - (1-\alpha)^{(\ell/M)}$ である.

配列は，ここでは表関数として実現される．表関数は整数引数の関数のことである．

この表で「項番号」はその統計量を用いる閉検定手順を解説している項の番号である．Mathematica 関数の入力引数と母数の対応は (A.7) に従う．出力は T1 型の 2 変数表関数である．

例えば，表 A.8 の $ta(\ell, m; \alpha(M, \ell))$ について，母数 $k = 5$, $m = 100$ に対する水準 1% の閉検定手順に用いられる T1 型 2 次元配列を，表関数 tab として実現するプログラムは，

```
k = 5; m = 100; α = 0.01;
tab = taTab[k,m,α];
```

である．表関数 tab の出力は

$$\text{tab}[M, \ell] = ta(\ell, m; \alpha(M, \ell)) \quad (2 \leqq M \leqq k, 2 \leqq \ell \leqq M, \ell \neq M - 1)$$

である．

入力引数 m = ∞ とすると，対応する漸近分布に関する表関数が作られる．すなわち，m=∞ のとき

表 A.8 上側 $100\alpha(M, \ell)$% 点の T1 型 2 次元配列を出力する Mathematica 関数

項番号	表関数値 $[M, \ell]$	Mathematica 関数
2.1.3	$ta(\ell, m; \alpha(M, \ell))$	taTab[k,m,α]
2.2.5	$a(\ell; \alpha(M, \ell))$	aTab[k,α]
2.1.3	$F_m^{\ell-1}(\alpha(M, \ell))$	FTab[k,m,α]
2.3.3	$\chi_{\ell-1}^2(\alpha(M, \ell))$	chi2Tab[k,α]
5.3.3	$td_1(\ell, m; \alpha(M, \ell))$	td1Tab[k,m,α]
5.3.3	$d_1(\ell; \alpha(M, \ell))$	d1Tab[k,α]
5.4.3	$td_2^*(\ell, m; \alpha(M, \ell))$	td2Tab[k,m,α]
5.4.3	$d_2^*(\ell; \alpha(M, \ell))$	d2Tab[k,α]
5.6.1	$\bar{b}_1^{2*}(\ell, m; \alpha(M, \ell))$	bbarTab[k,m,α]
5.6.1	$\bar{c}_1^{2*}(\ell; \alpha(M, \ell))$	cbarTab[k,α]
5.6.1	$t(m; \alpha(M, \ell))$	tTab[k,m,α]
5.6.1	$z(\alpha(M, \ell))$	zTab[k,α]

$$\text{taTab}[k,m,\alpha] = \text{aTab}[k,\alpha],$$
$$\text{td1}[k,m,\alpha] = \text{d1}[k,\alpha],$$
$$\text{td2}[k,m,\alpha] = \text{d2}[k,\alpha],$$
$$\text{bbar2Fun}[k,m,\alpha] = \text{cbar2Fun}[k,\alpha] \qquad (A.10)$$

である．

Mathematica 関数の入力引数 k, m, al は (A.8) で制限される．この制限内で Mathematica 関数の出力は小数点以下 6 桁まで正しいことが保証される．

A.1.2.3 上側 $100\alpha\%$ 点の 1 次元配列を出力する Mathematica 関数

表 A.6 に，閉検定手順で用いられる分布の，上側 $100\alpha\%$ 点 $(1 \leq \ell \leq k-1)$ を要素とする T2 型 1 次元配列（表 A.2），および上側 $100\alpha\%$ 点 $(2 \leq \ell \leq k)$ を要素とする T3 型 1 次元配列（表 A.3）を出力する Mathematica 関数を示す．

配列は，ここでは表関数として実現される．表関数は整数引数の関数のことである．

この表で「項番号」はその統計量を用いる閉検定手順を解説している項の番号である．Mathematica 関数の入力引数と母数の対応は (A.7) に従う．出力は T1 型，あるいは T2 型の 1 変数表関数である．

例えば，表 A.9 の $tb_1^*(\ell, m, n_2/n_1; \alpha)$ について，母数 $k = 10$, $n_1 = 23$, $n_2 = 45$ に対する水準 1% の逐次棄却型検定に用いられる T2 型 1 次元配列を表関数 tab として実現するプログラムは，

```
k = 10; n1 = 23; n2 = 45; α = 0.01;
tab = tb1Tab[k,n1,n2,α];
```

である．表関数 tab の出力は

$$\text{tab}[\ell] = tb_1^*(\ell, m, n_2/n_1; \alpha) \quad (1 \leq \ell \leq k-1)$$

である．$tb_1^*(\ell, m, n_2/n_1; \alpha(M,\ell))$, $td_2^*(\ell, m, n_2/n_1; \alpha(M,\ell))$ は $m = n_1 + (k-1)n_2 - k$ として計算される．したがって，対応する Mathematica 関数

A.1 上側 $100\alpha\%$ 点の数値計算プログラム 273

表 **A.9** 上側 $100\alpha\%$ 点の T2 型, T3 型の 1 次元配列を出力する Mathematica 関数

項番号	表関数値 $[\ell]$	Mathematica 関数
3.3.1	$tb_1^*(\ell, m, n_2/n_1; \alpha)$	tb1Tab[k,n1,n2,α]
3.3.1	$tb_2^*(\ell, m, n_2/n_1; \alpha)$	tb2Tab[k,n1,n2,α]
3.3.2	$b_1^*(\ell, m, n_2/n_1; \alpha)$	b1Tab[k,n1,n2,α]
3.3.2	$b_2^*(\ell, m, n_2/n_1; \alpha)$	b2Tab[k,n1,n2,α]

項番号	表関数値 $[\ell]$	Mathematica 関数
5.5.1	$td_3(\ell, m, 1; \alpha)$	td3Tab[k,m,α]
5.5.1	$d_3(\ell, 1; \alpha)$	d3Tab[k,α]
5.6.2	$\bar{b}_3^2(\ell, \boldsymbol{\lambda}, m; \alpha)$	bbar32Tab[k,λs,m,α]
5.6.2	$\bar{c}_3^2(\ell, \boldsymbol{\lambda}; \alpha)$	cbar32Tab[k,λs,α]

tb1Tab, tb2Tab は入力引数 m をもたない.

また, $td_3(\ell, m, 1; \alpha)$ について, 母数 $k = 10$, $m = 230$ に対する水準 5% のウィリアムズ法に用いられる T3 型 1 次元配列を表関数 tab として実現するプログラムは,

k=10; m=230; α=0.05;
tab = td3Tab(k,m,α);

である. 表関数 tab の出力は

$$\mathtt{tab}[\ell] = td_3(\ell, m, 1; \alpha) \quad (2 \leqq \ell \leqq k)$$

である. この関数は現在, $n_2/n_1 = 1$ にしか対応できない.

入力引数 m = ∞ とすると, 対応する漸近分布に関する配列が出力される. すなわち, m=-1 のとき

$$\mathtt{td3Tab[k,m,\alpha]} = \mathtt{d3Tab[k,\alpha]},$$
$$\mathtt{bbar32Tab[k,\lambda s,m,\alpha]} = \mathtt{cbar32Tab[k,\lambda s,\alpha]} \qquad (A.11)$$

である.

Mathematica 関数の入力引数 k, m, al は (A.8) で制限される. この制限内で Mathematica 関数の出力は小数点以下 6 桁まで正しいことが保証される.

表 A.9 の 7, 8 番目の Mathematica 関数 bbar32Tab, cbar32Tab は内部で階層確率を計算するため，2^{k+1} 個の倍精度実数を格納するためのワーキングメモリー約 16×2^k バイトを消費する．それに見合うメモリ容量を確保する必要がある．

A.2 階層確率の数値計算プログラム

7.4 節で紹介したアルゴリズムに基づき，(7.77) で定義された，階層確率の表 P を計算する関数を C 言語と Mathematica で作成した．それぞれの仕様を A.2.1 と A.2.1 で述べる．

A.2.1 C 関数仕様

与えられた整数 $k \geq 1$ と重みベクトル $\boldsymbol{w} = (w_1, w_2, \ldots, w_k) \in \mathbb{R}_+^k$ に対し，3 次元配列上に階層確率の表

$$P[L, m, s] = P(L, m; (w_s, w_{s+1}, \ldots, w_{s+m-1})),$$
$$1 \leq L \leq m \leq k, \ 1 \leq s \leq k - m + 1$$

を計算する C 関数

```
double*** MakeTableP(int k,double *ws)
```

を作成した．整数 k = $k \geq 1$ と double 型の配列 ws[k]=$\{w_1, w_2, \ldots, w_k\}$ を入力し，

```
P = MakeTableP(k,*ws);
```

により，トリプルポインタ P の先に 3 次元配列が出力される．その要素は，

$$\mathsf{P[L][m][s]} = P(L, m; (w_s, w_{s+1}, \ldots, w_{s+m-1})),$$
$$1 \leq L \leq m \leq k, \ 1 \leq s \leq k - m + 1$$

である．制約 $1 \leq$ L $\leq$ m $\leq$ k, $1 \leq$ s $\leq$ k - m + 1 を満たさないインデックス L, m, s で配列 P をアクセスすると範囲外アクセスになる．

計算のために要素数 2^{k+1} の double 型作業配列 Q が生成されるので，それに見合うメモリ容量（16×2^k バイト）が必要である．また，計算時間も 2^{k+1} に比例する．$k=10$ の実行時間 s_{10} 秒を測定しておけば，任意の k における実行時間 $\cong 2^{k-10} s_{10}$ 秒が予想できる．筆者のパソコン (CPU 3.2GHz) では $s_{10} = 0.02$ 程度であった．

A.2.2 Mathematica 関数仕様

与えられた整数 $k \geqq 1$ と重みベクトル $\bm{w} = (w_1, w_2, \ldots, w_k) \in \mathbb{R}_+^k$ に対し，階層確率の Mathematica の表関数

$$P[L, m, s] = P(L, m; (w_s, w_{s+1}, \ldots, w_{s+m-1})),$$
$$1 \leqq L \leqq m \leqq k, \ 1 \leqq s \leqq k - m + 1$$

を定義する関数

    MakeTableP(k,ws)

を用意した．整数 k $=k \geqq 1$ と正数のリスト ws$=\{w_1, w_2, \ldots, w_k\}$ を入力し，

    P = MakeTableP[k,ws];

により，Mathematica 関数 P が定義される．表関数 P の出力は

$$\mathtt{P[L,m,s]} = P(L, m; (w_s, w_{s+1}, \ldots, w_{s+m-1})),$$
$$1 \leqq L \leqq m \leqq k, \ 1 \leqq s \leqq k - m + 1$$

である．制約 1 $\leqq$ L $\leqq$ m $\leqq$ k, 1 $\leqq$ s $\leqq$ k $-$ m $+$ 1 を満たさない引数 L, m, s に対しては，未評価の式 P[L,m,s] が出力される．

計算のために要素数 2^{k+1} の倍精度作業配列 Q が生成されるので，それに見合うメモリ容量（16×2^k バイト）が必要である．また，計算時間も 2^{k+1} に比例する．

$k=10$ の実行時間 s_{10} 秒を測定しておけば，任意の k における実行時間 $\cong 2^{k-10} s_{10}$ 秒が予想できる．筆者のパソコンでは (CPU 3.2GHz) では $s_{10} = 3$ 程度であった．

A.3 付表

上側 $100\alpha\%$ 点または上側 $100\alpha(M, \ell)\%$ 点の数値表を載せている.

付表 1. テューキー・クレーマー統計量の分布の上側 5% 点
$$TA(ta(k, m; 0.05)) = 0.95 \rightarrow ta(k, m; 0.05)$$

$m \backslash k$	2	3	4	5	6	7	8	9	10
5	2.571	3.254	3.690	4.012	4.266	4.476	4.654	4.809	4.946
6	2.447	3.068	3.462	3.751	3.980	4.169	4.329	4.468	4.591
7	2.365	2.945	3.310	3.578	3.789	3.964	4.112	4.241	4.354
8	2.306	2.857	3.202	3.455	3.654	3.818	3.957	4.078	4.185
9	2.262	2.792	3.122	3.363	3.552	3.708	3.841	3.956	4.058
10	2.228	2.741	3.059	3.291	3.473	3.623	3.751	3.861	3.959
11	2.201	2.701	3.010	3.234	3.410	3.555	3.678	3.785	3.879
12	2.179	2.668	2.969	3.187	3.359	3.500	3.619	3.723	3.815
13	2.160	2.640	2.935	3.149	3.316	3.454	3.570	3.671	3.760
14	2.145	2.617	2.907	3.116	3.280	3.415	3.529	3.628	3.715
15	2.131	2.597	2.882	3.088	3.249	3.381	3.493	3.590	3.675
16	2.120	2.580	2.861	3.064	3.222	3.352	3.462	3.557	3.641
17	2.110	2.565	2.843	3.042	3.199	3.327	3.435	3.529	3.612
18	2.101	2.552	2.826	3.024	3.178	3.304	3.411	3.504	3.585
19	2.093	2.540	2.812	3.007	3.160	3.285	3.390	3.482	3.562
20	2.086	2.530	2.799	2.992	3.143	3.267	3.371	3.462	3.541
22	2.074	2.512	2.777	2.967	3.115	3.236	3.339	3.427	3.505
24	2.064	2.497	2.759	2.946	3.092	3.211	3.312	3.399	3.476
26	2.056	2.485	2.743	2.928	3.072	3.190	3.289	3.375	3.451
28	2.048	2.474	2.730	2.913	3.056	3.172	3.270	3.355	3.429
30	2.042	2.465	2.719	2.901	3.042	3.157	3.254	3.338	3.411
35	2.030	2.447	2.697	2.875	3.013	3.126	3.221	3.303	3.375
40	2.021	2.434	2.680	2.856	2.992	3.103	3.197	3.277	3.348
60	2.000	2.403	2.643	2.812	2.944	3.051	3.140	3.218	3.285
120	1.980	2.373	2.605	2.770	2.896	2.999	3.085	3.159	3.224
200	1.972	2.361	2.591	2.753	2.878	2.979	3.063	3.136	3.200
300	1.968	2.355	2.583	2.744	2.868	2.968	3.052	3.125	3.188
∞	1.960	2.344	2.569	2.728	2.850	2.948	3.031	3.102	3.164

付表 2. テューキー・クレーマー統計量の分布の上側 1% 点
$TA(ta(k,m;0.01)) = 0.99 \to ta(k,m;0.01)$

$m \backslash k$	2	3	4	5	6	7	8	9	10
5	4.032	4.933	5.518	5.955	6.303	6.591	6.837	7.051	7.240
6	3.707	4.476	4.973	5.343	5.637	5.881	6.090	6.272	6.432
7	3.499	4.186	4.626	4.953	5.214	5.429	5.614	5.774	5.917
8	3.355	3.985	4.387	4.684	4.921	5.117	5.285	5.431	5.560
9	3.250	3.838	4.212	4.488	4.708	4.889	5.044	5.180	5.299
10	3.169	3.727	4.079	4.339	4.545	4.716	4.861	4.988	5.101
11	3.106	3.639	3.974	4.222	4.417	4.579	4.717	4.838	4.944
12	3.055	3.568	3.890	4.127	4.314	4.469	4.601	4.716	4.818
13	3.012	3.510	3.821	4.049	4.229	4.378	4.505	4.616	4.714
14	2.977	3.461	3.763	3.984	4.158	4.303	4.425	4.532	4.627
15	2.947	3.420	3.714	3.929	4.098	4.238	4.357	4.461	4.553
16	2.921	3.384	3.671	3.881	4.046	4.183	4.299	4.400	4.489
17	2.898	3.353	3.634	3.840	4.001	4.135	4.248	4.346	4.434
18	2.878	3.326	3.602	3.803	3.962	4.092	4.203	4.300	4.385
19	2.861	3.302	3.574	3.771	3.927	4.055	4.164	4.258	4.342
20	2.845	3.280	3.548	3.743	3.896	4.022	4.129	4.222	4.304
22	2.819	3.244	3.505	3.694	3.843	3.965	4.069	4.159	4.239
24	2.797	3.214	3.470	3.655	3.800	3.919	4.020	4.108	4.185
26	2.779	3.189	3.440	3.621	3.763	3.880	3.979	4.065	4.141
28	2.763	3.168	3.415	3.593	3.733	3.847	3.944	4.029	4.103
30	2.750	3.150	3.394	3.569	3.707	3.819	3.915	3.997	4.070
35	2.724	3.114	3.351	3.522	3.655	3.764	3.856	3.936	4.006
40	2.704	3.088	3.320	3.487	3.616	3.723	3.813	3.891	3.959
60	2.660	3.028	3.249	3.407	3.529	3.630	3.714	3.787	3.851
120	2.617	2.970	3.180	3.329	3.445	3.539	3.619	3.687	3.747
200	2.601	2.947	3.153	3.299	3.412	3.504	3.581	3.648	3.706
300	2.592	2.936	3.140	3.284	3.396	3.487	3.563	3.629	3.686
∞	2.576	2.913	3.113	3.255	3.364	3.452	3.526	3.590	3.646

付表 3. すべての平均相違の多重比較統計量の漸近分布の上側 $100\alpha\%$ 点

$$A(a(k;\alpha)) = 1 - \alpha \to a(k;\alpha)$$

$100\alpha\% \setminus k$	2	3	4	5	6	7	8	9	10
5%	1.960	2.344	2.569	2.728	2.850	2.948	3.031	3.102	3.164
1%	2.576	2.913	3.113	3.255	3.364	3.452	3.526	3.590	3.646

付表 4. $\alpha = 0.05$ のときの $a(\ell;\alpha(M,\ell))$ の値

$M \setminus \ell$	2	3	4	5	6	7	8	9	10
10	2.569	2.774	2.887	2.964	3.021	3.066	3.104	◊	3.164
9	2.532	2.739	2.852	2.929	2.986	3.032	◊	3.102	
8	2.491	2.699	2.813	2.890	2.947	◊	3.031		
7	2.443	2.653	2.767	2.845	◊	2.948			
6	2.388	2.599	2.714	◊	2.850				
5	2.321	2.534	◊	2.728					
4	2.236	◊	2.569						
3	◊	2.344							
2	1.960								

◊ : $\ell = M - 1$ は起こり得ない.

付表 5. $\alpha = 0.01$ のときの $a(\ell;\alpha(M,\ell))$ の値

$M \setminus \ell$	2	3	4	5	6	7	8	9	10
10	3.089	3.277	3.382	3.454	3.508	3.552	3.588	◊	3.646
9	3.058	3.247	3.352	3.424	3.479	3.523	◊	3.590	
8	3.022	3.213	3.318	3.391	3.446	◊	3.526		
7	2.982	3.173	3.280	3.353	◊	3.452			
6	2.934	3.128	3.235	◊	3.364				
5	2.877	3.073	◊	3.255					
4	2.806	◊	3.113						
3	◊	2.913							
2	2.576								

◊ : $\ell = M - 1$ は起こり得ない.

付表 6. $\alpha = 0.05$ のときの $\chi^2_{\ell-1}(\alpha(M, \ell))$ の値

$M \setminus \ell$	2	3	4	5	6	7	8	9	10
10	6.599	8.364	9.804	11.113	12.349	13.536	14.689	◇	16.919
9	6.412	8.155	9.576	10.868	12.087	13.259	◇	15.507	
8	6.205	7.921	9.320	10.592	11.793	◇	14.067		
7	5.970	7.657	9.031	10.279	◇	12.592			
6	5.701	7.352	8.696	◇	11.070				
5	5.385	6.993	◇	9.488					
4	5.002	◇	7.815						
3	◇	5.991							
2	3.841								

◇ : $\ell = M - 1$ は起こり得ない.

付表 7. $\alpha = 0.01$ のときの $\chi^2_{\ell-1}(\alpha(M, \ell))$ の値

$M \setminus \ell$	2	3	4	5	6	7	8	9	10
10	9.542	11.611	13.310	14.855	16.310	17.706	19.058	◇	21.666
9	9.349	11.401	13.085	14.616	16.059	17.443	◇	20.090	
8	9.134	11.166	12.833	14.349	15.777	◇	18.475		
7	8.890	10.899	12.547	14.045	◇	16.812			
6	8.609	10.592	12.216	◇	15.086				
5	8.278	10.228	◇	13.277					
4	7.875	◇	11.345						
3	◇	9.210							
2	6.635								

◇ : $\ell = M - 1$ は起こり得ない.

付表 8. 両側ダネット統計量の分布の上側 5% 点

$n_1 = \cdots = n_k = n_0$ のときの $tb_1(k, n_0, \ldots, n_0; 0.05) = tb_1^*(k-1, m, 1; 0.05)$ の値.
$TB_1(tb_1(k, n_0, \ldots, n_0; 0.05)) = 0.95 \to tb_1(k, n_0, \ldots, n_0; 0.05)$, $m = kn_0 - k$

$m \backslash k$	2	3	4	5	6	7	8	9	10
5	2.571	3.030	3.293	3.476	3.615	3.727	3.821	3.900	3.970
6	2.447	2.863	3.099	3.263	3.388	3.489	3.573	3.644	3.707
7	2.365	2.752	2.971	3.123	3.238	3.331	3.408	3.475	3.533
8	2.306	2.673	2.880	3.023	3.131	3.219	3.292	3.354	3.408
9	2.262	2.614	2.812	2.948	3.052	3.135	3.205	3.264	3.316
10	2.228	2.568	2.759	2.890	2.990	3.070	3.137	3.194	3.244
11	2.201	2.532	2.717	2.845	2.941	3.019	3.084	3.139	3.187
12	2.179	2.502	2.683	2.807	2.901	2.977	3.040	3.094	3.140
13	2.160	2.478	2.654	2.776	2.868	2.942	3.003	3.056	3.102
14	2.145	2.457	2.631	2.750	2.840	2.912	2.973	3.024	3.069
15	2.131	2.439	2.610	2.727	2.816	2.887	2.946	2.997	3.041
16	2.120	2.424	2.592	2.708	2.795	2.865	2.924	2.974	3.017
17	2.110	2.410	2.577	2.691	2.777	2.846	2.904	2.953	2.996
18	2.101	2.399	2.563	2.676	2.761	2.830	2.887	2.935	2.977
19	2.093	2.388	2.551	2.663	2.747	2.815	2.871	2.919	2.961
20	2.086	2.379	2.540	2.651	2.735	2.802	2.857	2.905	2.946
22	2.074	2.363	2.522	2.631	2.713	2.779	2.834	2.880	2.921
24	2.064	2.349	2.507	2.614	2.695	2.760	2.814	2.860	2.900
26	2.056	2.338	2.494	2.600	2.680	2.745	2.798	2.843	2.883
28	2.048	2.329	2.483	2.588	2.668	2.731	2.784	2.829	2.868
30	2.042	2.321	2.474	2.578	2.657	2.720	2.772	2.817	2.856
35	2.030	2.305	2.455	2.558	2.635	2.697	2.748	2.792	2.830
40	2.021	2.293	2.441	2.543	2.619	2.680	2.731	2.774	2.812
60	2.000	2.265	2.410	2.508	2.582	2.642	2.691	2.733	2.769
120	1.980	2.238	2.379	2.475	2.547	2.604	2.651	2.692	2.727
200	1.972	2.228	2.367	2.461	2.532	2.589	2.636	2.676	2.711
300	1.968	2.223	2.361	2.455	2.525	2.582	2.628	2.668	2.702
∞	1.960	2.212	2.349	2.442	2.511	2.567	2.613	2.652	2.686

付表 **9.** 両側ダネット統計量の分布の上側 1% 点
$n_1 = \cdots = n_k = n_0$ のときの $tb_1(k, n_0, \ldots, n_0; 0.01) = tb_1^*(k-1, m, 1; 0.01)$ の値.
$TB_1(tb_1(k, n_0, \ldots, n_0; 0.01)) = 0.99 \to tb_1(k, n_0, \ldots, n_0; 0.01),\ m = kn_0 - k$

$m \backslash k$	2	3	4	5	6	7	8	9	10
5	4.032	4.627	4.975	5.219	5.406	5.557	5.683	5.792	5.887
6	3.707	4.212	4.506	4.711	4.869	4.997	5.104	5.196	5.276
7	3.499	3.948	4.208	4.389	4.529	4.642	4.736	4.817	4.888
8	3.355	3.766	4.002	4.168	4.295	4.397	4.483	4.557	4.621
9	3.250	3.633	3.853	4.006	4.124	4.219	4.299	4.367	4.427
10	3.169	3.531	3.739	3.883	3.994	4.084	4.159	4.223	4.279
11	3.106	3.452	3.649	3.787	3.892	3.978	4.049	4.110	4.164
12	3.055	3.387	3.577	3.709	3.811	3.892	3.960	4.019	4.070
13	3.012	3.335	3.518	3.646	3.743	3.822	3.888	3.944	3.994
14	2.977	3.290	3.468	3.592	3.687	3.763	3.827	3.882	3.930
15	2.947	3.253	3.426	3.547	3.639	3.713	3.776	3.829	3.875
16	2.921	3.220	3.390	3.508	3.598	3.671	3.731	3.783	3.829
17	2.898	3.192	3.359	3.474	3.563	3.634	3.693	3.744	3.788
18	2.878	3.168	3.331	3.445	3.531	3.601	3.659	3.709	3.753
19	2.861	3.146	3.307	3.419	3.504	3.572	3.630	3.679	3.722
20	2.845	3.127	3.285	3.395	3.479	3.547	3.603	3.651	3.694
22	2.819	3.094	3.249	3.356	3.437	3.503	3.558	3.605	3.646
24	2.797	3.067	3.218	3.323	3.403	3.468	3.521	3.567	3.608
26	2.779	3.044	3.193	3.296	3.375	3.438	3.491	3.536	3.575
28	2.763	3.025	3.172	3.273	3.351	3.413	3.465	3.509	3.548
30	2.750	3.009	3.154	3.254	3.330	3.391	3.442	3.486	3.524
35	2.724	2.976	3.118	3.215	3.289	3.349	3.398	3.441	3.478
40	2.704	2.952	3.091	3.186	3.259	3.317	3.366	3.408	3.444
60	2.660	2.898	3.030	3.121	3.190	3.246	3.292	3.332	3.366
120	2.617	2.845	2.972	3.059	3.124	3.177	3.221	3.259	3.291
200	2.601	2.825	2.949	3.034	3.098	3.150	3.193	3.230	3.262
300	2.592	2.814	2.937	3.022	3.086	3.137	3.179	3.216	3.248
∞	2.576	2.794	2.915	2.998	3.060	3.110	3.152	3.188	3.219

付表 10. 片側ダネット統計量の分布の上側 5% 点

$n_1 = \cdots = n_k = n_0$ のときの $tb_2(k, n_0, \ldots, n_0; 0.05) = tb_2^*(k-1, m, 1; 0.05)$ の値.
$TB_2(tb_2(k, n_0, \ldots, n_0; 0.05)) = 0.95 \to tb_2(k, n_0, \ldots, n_0; 0.05)$, $m = kn_0 - k$

$m \backslash k$	2	3	4	5	6	7	8	9	10
5	2.015	2.440	2.681	2.848	2.976	3.078	3.163	3.236	3.300
6	1.943	2.337	2.558	2.711	2.827	2.920	2.998	3.064	3.122
7	1.895	2.267	2.476	2.619	2.728	2.815	2.888	2.950	3.004
8	1.860	2.217	2.416	2.553	2.657	2.740	2.809	2.868	2.919
9	1.833	2.180	2.372	2.504	2.604	2.684	2.750	2.807	2.856
10	1.812	2.151	2.338	2.466	2.562	2.640	2.704	2.759	2.807
11	1.796	2.127	2.310	2.435	2.529	2.605	2.667	2.721	2.768
12	1.782	2.108	2.287	2.410	2.502	2.576	2.638	2.690	2.735
13	1.771	2.092	2.269	2.389	2.480	2.552	2.613	2.664	2.709
14	1.761	2.079	2.253	2.371	2.461	2.532	2.592	2.642	2.686
15	1.753	2.067	2.239	2.356	2.444	2.515	2.573	2.623	2.667
16	1.746	2.057	2.227	2.343	2.430	2.500	2.558	2.607	2.650
17	1.740	2.048	2.217	2.332	2.418	2.487	2.544	2.593	2.635
18	1.734	2.040	2.208	2.321	2.407	2.475	2.532	2.580	2.622
19	1.729	2.033	2.200	2.312	2.397	2.465	2.521	2.569	2.611
20	1.725	2.027	2.192	2.304	2.389	2.456	2.512	2.559	2.601
22	1.717	2.017	2.180	2.291	2.374	2.440	2.495	2.542	2.583
24	1.711	2.008	2.170	2.279	2.362	2.427	2.482	2.528	2.569
26	1.706	2.001	2.161	2.270	2.351	2.417	2.471	2.517	2.556
28	1.701	1.994	2.154	2.262	2.343	2.407	2.461	2.506	2.546
30	1.697	1.989	2.147	2.255	2.335	2.399	2.453	2.498	2.537
35	1.690	1.978	2.135	2.241	2.320	2.384	2.436	2.481	2.519
40	1.684	1.970	2.125	2.230	2.309	2.372	2.424	2.468	2.506
60	1.671	1.952	2.104	2.207	2.284	2.345	2.395	2.439	2.476
120	1.658	1.934	2.083	2.183	2.258	2.318	2.368	2.410	2.446
200	1.653	1.927	2.074	2.174	2.249	2.308	2.357	2.398	2.434
300	1.650	1.923	2.070	2.169	2.244	2.303	2.351	2.393	2.429
∞	1.645	1.916	2.062	2.160	2.234	2.292	2.340	2.381	2.417

付表 11. 片側ダネット統計量の分布の上側 1% 点

$n_1 = \cdots = n_k = n_0$ のときの $tb_2(k, n_0, \ldots, n_0; 0.01) = tb_2^*(k-1, m, 1; 0.01)$ の値.
$TB_2(tb_2(k, n_0, \ldots, n_0; 0.01)) = 0.99 \to tb_2(k, n_0, \ldots, n_0; 0.01)$, $m = kn_0 - k$

$m \backslash k$	2	3	4	5	6	7	8	9	10
5	3.365	3.900	4.211	4.429	4.597	4.733	4.846	4.944	5.030
6	3.143	3.607	3.876	4.064	4.208	4.324	4.422	4.505	4.579
7	2.998	3.418	3.660	3.828	3.957	4.062	4.149	4.224	4.290
8	2.896	3.286	3.509	3.665	3.784	3.880	3.960	4.029	4.089
9	2.821	3.189	3.399	3.545	3.656	3.746	3.821	3.886	3.942
10	2.764	3.115	3.314	3.453	3.559	3.644	3.715	3.777	3.830
11	2.718	3.056	3.247	3.380	3.482	3.564	3.632	3.690	3.742
12	2.681	3.008	3.193	3.322	3.420	3.499	3.564	3.621	3.670
13	2.650	2.969	3.149	3.274	3.368	3.445	3.509	3.563	3.611
14	2.624	2.936	3.111	3.233	3.325	3.400	3.462	3.515	3.562
15	2.602	2.908	3.080	3.198	3.289	3.362	3.422	3.474	3.520
16	2.583	2.884	3.052	3.169	3.257	3.329	3.388	3.439	3.484
17	2.567	2.862	3.028	3.143	3.230	3.300	3.358	3.409	3.452
18	2.552	2.844	3.007	3.120	3.206	3.275	3.332	3.382	3.425
19	2.539	2.827	2.989	3.100	3.185	3.253	3.309	3.358	3.400
20	2.528	2.813	2.972	3.082	3.166	3.233	3.289	3.337	3.378
22	2.508	2.788	2.944	3.052	3.133	3.199	3.254	3.300	3.341
24	2.492	2.767	2.921	3.027	3.107	3.171	3.225	3.271	3.311
26	2.479	2.750	2.901	3.006	3.085	3.148	3.201	3.246	3.285
28	2.467	2.736	2.885	2.988	3.066	3.128	3.180	3.225	3.264
30	2.457	2.723	2.871	2.973	3.050	3.111	3.163	3.207	3.245
35	2.438	2.698	2.843	2.942	3.018	3.078	3.128	3.171	3.209
40	2.423	2.680	2.822	2.920	2.994	3.053	3.103	3.145	3.182
60	2.390	2.638	2.775	2.869	2.940	2.997	3.044	3.085	3.120
120	2.358	2.597	2.729	2.820	2.888	2.942	2.988	3.026	3.060
200	2.345	2.581	2.711	2.800	2.867	2.921	2.966	3.004	3.037
300	2.339	2.574	2.703	2.791	2.857	2.910	2.955	2.992	3.025
∞	2.326	2.558	2.685	2.772	2.837	2.889	2.933	2.970	3.002

付表 **12.** 第 k 群との両側多重比較統計量の漸近分布の上側 $100\alpha\%$ 点
$n_1 = \cdots = n_k$ のときの $b_1(k, 1/k, \ldots, 1/k; \alpha) = b_1^*(k-1, 1; \alpha)$ の値.
$B_1(b_1(k, 1/k, \ldots, 1/k; \alpha)) = 1 - \alpha \to b_1(k, 1/k, \ldots, 1/k; \alpha)$

$100\alpha\% \setminus k$	2	3	4	5	6
5%	1.960	2.212	2.349	2.442	2.511
1%	2.576	2.794	2.915	2.998	3.060

$100\alpha\% \setminus k$	7	8	9	10
5%	2.567	2.613	2.652	2.686
1%	3.110	3.152	3.188	3.219

付表 **13.** 第 k 群との片側多重比較統計量の漸近分布の上側 $100\alpha\%$ 点
$n_1 = \cdots = n_k$ のときの $b_2(k, 1/k, \ldots, 1/k; \alpha) = b_2^*(k-1, 1; \alpha)$ の値.
$B_2(b_2(k, 1/k, \ldots, 1/k; \alpha)) = 1 - \alpha \to b_2(k, 1/k, \ldots, 1/k; \alpha)$

$100\alpha\% \setminus k$	2	3	4	5	6
5%	1.645	1.916	2.062	2.160	2.234
1%	2.326	2.558	2.685	2.772	2.837

$100\alpha\% \setminus k$	7	8	9	10
5%	2.292	2.340	2.381	2.417
1%	2.889	2.933	2.970	3.002

付表 **14.** $\alpha = 0.05$ のときの $\bar{b}^{2*}(k, n_0; \alpha)$ の値
$n_1 = \cdots = n_k = n_0$ のときの $\bar{b}^2(k, 1/k, \ldots, 1/k, m; 0.05) = \bar{b}^{2*}(k, n_0; 0.05)$ の値.
$SB(\bar{b}^{2*}(k, n_0; 0.05)) = 0.95 \to \bar{b}^{2*}(k, n_0; 0.05)$, $m = kn_0 - k$

$n_0 \backslash k$	2	3	4	5	6	7	8	9	10
2	8.526	8.949	8.815	8.725	8.690	8.691	8.713	8.748	8.792
3	4.545	5.669	6.201	6.556	6.829	7.054	7.247	7.418	7.570
4	3.776	4.936	5.561	5.993	6.326	6.599	6.831	7.033	7.212
5	3.458	4.618	5.274	5.736	6.093	6.386	6.634	6.850	7.042
6	3.285	4.441	5.112	5.588	5.959	6.262	6.520	6.744	6.942
7	3.177	4.328	5.008	5.493	5.872	6.182	6.445	6.674	6.876
8	3.102	4.249	4.935	5.427	5.810	6.125	6.393	6.625	6.830
9	3.048	4.192	4.882	5.377	5.765	6.083	6.353	6.588	6.795
10	3.007	4.148	4.840	5.339	5.730	6.051	6.323	6.560	6.769
11	2.975	4.114	4.808	5.309	5.702	6.025	6.299	6.537	6.747
12	2.949	4.086	4.781	5.285	5.680	6.004	6.280	6.519	6.730
13	2.927	4.063	4.760	5.265	5.661	5.987	6.263	6.504	6.716
14	2.909	4.043	4.741	5.248	5.645	5.972	6.250	6.491	6.704
15	2.894	4.027	4.726	5.233	5.632	5.960	6.238	6.480	6.693
16	2.881	4.012	4.712	5.221	5.620	5.949	6.228	6.470	6.684
17	2.869	4.000	4.700	5.210	5.610	5.939	6.219	6.462	6.676
18	2.859	3.989	4.690	5.200	5.601	5.931	6.211	6.454	6.669
19	2.850	3.979	4.681	5.191	5.593	5.924	6.204	6.448	6.663
20	2.842	3.971	4.673	5.184	5.586	5.917	6.198	6.442	6.658
22	2.829	3.956	4.659	5.171	5.574	5.906	6.187	6.432	6.648
24	2.818	3.944	4.647	5.160	5.564	5.896	6.179	6.424	6.641
26	2.809	3.934	4.637	5.151	5.555	5.888	6.171	6.417	6.634
28	2.801	3.925	4.629	5.143	5.548	5.882	6.165	6.411	6.629
30	2.794	3.918	4.622	5.137	5.542	5.876	6.160	6.406	6.624
35	2.781	3.903	4.608	5.124	5.530	5.865	6.149	6.396	6.614
40	2.771	3.892	4.598	5.114	5.521	5.856	6.141	6.389	6.607
50	2.757	3.877	4.583	5.101	5.509	5.845	6.130	6.379	6.598
∞	2.706	3.820	4.528	5.049	5.460	5.800	6.088	6.339	6.560

付表 15. $\alpha = 0.01$ のときの $\bar{b}^{2*}(k, m; \alpha)$ の値

$n_1 = \cdots = n_k = n_0$ のときの $\bar{b}^2(k, 1/k, \ldots, 1/k, m; 0.01) = \bar{b}^{2*}(k, n_0; 0.01)$ の値.
$SB(\bar{b}^{2*}(k, n_0; 0.01)) = 0.99 \to \bar{b}^{2*}(k, n_0; 0.01)$, $m = kn_0 - k$

$n_0 \backslash k$	2	3	4	5	6	7	8	9	10
2	48.505	31.190	24.425	21.173	19.339	18.193	17.425	16.886	16.493
3	14.040	13.535	13.123	12.918	12.827	12.800	12.809	12.840	12.884
4	9.876	10.589	10.881	11.099	11.289	11.462	11.621	11.768	11.906
5	8.389	9.426	9.945	10.313	10.609	10.860	11.079	11.275	11.452
6	7.638	8.809	9.434	9.877	10.226	10.518	10.770	10.991	11.190
7	7.188	8.427	9.113	9.599	9.981	10.298	10.569	10.807	11.019
8	6.888	8.168	8.892	9.407	9.811	10.144	10.429	10.679	10.900
9	6.674	7.981	8.731	9.266	9.685	10.031	10.326	10.583	10.811
10	6.515	7.840	8.609	9.159	9.589	9.944	10.246	10.510	10.743
11	6.391	7.729	8.513	9.074	9.514	9.876	10.183	10.451	10.689
12	6.292	7.640	8.435	9.005	9.452	9.820	10.132	10.404	10.645
13	6.211	7.567	8.371	8.949	9.401	9.774	10.090	10.365	10.608
14	6.144	7.505	8.317	8.901	9.358	9.735	10.054	10.332	10.577
15	6.087	7.454	8.272	8.861	9.322	9.701	10.024	10.303	10.551
16	6.038	7.409	8.232	8.826	9.291	9.673	9.997	10.279	10.528
17	5.996	7.370	8.198	8.795	9.263	9.648	9.974	10.258	10.508
18	5.959	7.337	8.168	8.769	9.239	9.626	9.954	10.239	10.491
19	5.927	7.307	8.142	8.745	9.218	9.606	9.936	10.222	10.475
20	5.898	7.280	8.118	8.724	9.199	9.589	9.920	10.208	10.461
22	5.849	7.235	8.078	8.688	9.166	9.559	9.893	10.182	10.438
24	5.809	7.197	8.045	8.659	9.140	9.535	9.870	10.161	10.418
26	5.776	7.166	8.017	8.634	9.117	9.515	9.852	10.144	10.402
28	5.748	7.140	7.994	8.613	9.098	9.497	9.836	10.129	10.388
30	5.723	7.118	7.974	8.595	9.082	9.482	9.822	10.116	10.376
35	5.676	7.073	7.934	8.559	9.050	9.453	9.795	10.091	10.352
40	5.641	7.040	7.905	8.533	9.026	9.431	9.774	10.072	10.335
50	5.593	6.995	7.864	8.496	8.993	9.401	9.746	10.046	10.310
∞	5.412	6.823	7.709	8.356	8.865	9.284	9.638	9.945	10.216

付表 16. $\alpha = 0.05$ のときの $td_1(k, m; \alpha)$ の値

$m \backslash k$	2	3	4	5	6	7	8	9	10
5	2.015	2.736	3.196	3.535	3.805	4.027	4.216	4.380	4.524
6	1.943	2.605	3.020	3.326	3.567	3.766	3.936	4.083	4.212
7	1.895	2.517	2.904	3.186	3.409	3.593	3.749	3.885	4.004
8	1.860	2.454	2.820	3.087	3.297	3.470	3.616	3.743	3.855
9	1.833	2.407	2.758	3.013	3.213	3.377	3.517	3.637	3.744
10	1.812	2.371	2.710	2.955	3.148	3.306	3.439	3.555	3.658
11	1.796	2.341	2.671	2.909	3.096	3.248	3.378	3.490	3.588
12	1.782	2.318	2.640	2.872	3.053	3.202	3.327	3.436	3.532
13	1.771	2.298	2.614	2.841	3.018	3.163	3.285	3.391	3.485
14	1.761	2.281	2.592	2.814	2.988	3.130	3.250	3.354	3.445
15	1.753	2.267	2.573	2.792	2.962	3.102	3.219	3.321	3.411
16	1.746	2.254	2.556	2.772	2.940	3.077	3.193	3.293	3.381
17	1.740	2.243	2.542	2.755	2.921	3.056	3.170	3.269	3.355
18	1.734	2.234	2.529	2.740	2.904	3.037	3.150	3.247	3.333
19	1.729	2.225	2.518	2.727	2.889	3.021	3.132	3.228	3.312
20	1.725	2.217	2.508	2.715	2.875	3.006	3.116	3.211	3.294
22	1.717	2.204	2.491	2.695	2.852	2.980	3.088	3.181	3.263
24	1.711	2.194	2.477	2.678	2.833	2.959	3.066	3.157	3.238
26	1.706	2.185	2.465	2.664	2.817	2.942	3.046	3.137	3.216
28	1.701	2.177	2.455	2.652	2.803	2.927	3.030	3.119	3.198
30	1.697	2.170	2.446	2.641	2.792	2.914	3.016	3.105	3.182
35	1.690	2.157	2.429	2.621	2.768	2.888	2.988	3.075	3.151
40	1.684	2.147	2.416	2.605	2.751	2.869	2.968	3.053	3.127
60	1.671	2.125	2.387	2.570	2.711	2.825	2.920	3.002	3.074
120	1.658	2.102	2.358	2.536	2.672	2.782	2.874	2.952	3.021
200	1.653	2.094	2.346	2.522	2.657	2.765	2.855	2.933	3.000
300	1.650	2.089	2.341	2.516	2.649	2.757	2.846	2.923	2.990
∞	1.645	2.081	2.329	2.502	2.634	2.740	2.828	2.904	2.969

付表 17. $\alpha = 0.01$ のときの $td_1(k, m; \alpha)$ の値

$m \backslash k$	2	3	4	5	6	7	8	9	10
5	3.365	4.269	4.867	5.318	5.678	5.979	6.235	6.459	6.657
6	3.143	3.920	4.428	4.808	5.112	5.365	5.581	5.770	5.937
7	2.998	3.696	4.147	4.483	4.751	4.974	5.165	5.331	5.479
8	2.896	3.541	3.952	4.258	4.502	4.704	4.877	5.028	5.162
9	2.821	3.426	3.810	4.094	4.320	4.507	4.667	4.807	4.930
10	2.764	3.339	3.702	3.969	4.181	4.357	4.507	4.638	4.754
11	2.718	3.270	3.616	3.871	4.072	4.239	4.381	4.505	4.615
12	2.681	3.215	3.548	3.792	3.984	4.144	4.280	4.399	4.503
13	2.650	3.169	3.491	3.726	3.912	4.066	4.197	4.311	4.411
14	2.624	3.130	3.443	3.672	3.852	4.000	4.127	4.237	4.334
15	2.602	3.098	3.403	3.625	3.800	3.945	4.067	4.174	4.269
16	2.583	3.069	3.368	3.585	3.756	3.897	4.016	4.121	4.213
17	2.567	3.045	3.338	3.551	3.718	3.855	3.972	4.074	4.164
18	2.552	3.023	3.311	3.520	3.684	3.819	3.933	4.033	4.121
19	2.539	3.004	3.288	3.493	3.654	3.787	3.899	3.997	4.083
20	2.528	2.987	3.267	3.469	3.628	3.758	3.868	3.964	4.049
22	2.508	2.958	3.231	3.428	3.583	3.709	3.816	3.909	3.992
24	2.492	2.935	3.202	3.395	3.546	3.669	3.774	3.864	3.944
26	2.479	2.915	3.178	3.367	3.515	3.636	3.738	3.827	3.905
28	2.467	2.898	3.157	3.343	3.489	3.607	3.708	3.795	3.872
30	2.457	2.883	3.139	3.323	3.466	3.583	3.682	3.768	3.843
35	2.438	2.855	3.104	3.283	3.422	3.535	3.631	3.714	3.787
40	2.423	2.834	3.079	3.253	3.389	3.500	3.593	3.674	3.745
60	2.390	2.785	3.020	3.186	3.315	3.420	3.508	3.584	3.651
120	2.358	2.739	2.963	3.121	3.243	3.342	3.425	3.496	3.559
200	2.345	2.720	2.940	3.095	3.215	3.311	3.392	3.462	3.523
300	2.339	2.711	2.929	3.083	3.201	3.296	3.376	3.445	3.505
∞	2.326	2.693	2.907	3.058	3.173	3.266	3.345	3.412	3.470

付表 **18.** $\alpha = 0.05$ のときの $d_1\left(\ell; \alpha(M, \ell)\right)$ の値

$M \setminus \ell$	2	3	4	5	6	7	8	9	10
10	2.319	2.545	2.668	2.751	2.814	2.864	2.905	◊	2.969
9	2.279	2.507	2.631	2.715	2.778	2.828	◊	2.904	
8	2.234	2.464	2.589	2.674	2.737	◊	2.828		
7	2.182	2.415	2.541	2.626	◊	2.740			
6	2.121	2.357	2.484	◊	2.634				
5	2.047	2.287	◊	2.502					
4	1.955	◊	2.329						
3	◊	2.081							
2	1.645								

◊ : $\ell = M - 1$ は起こり得ない.

付表 **19.** $\alpha = 0.01$ のときの $d_1\left(\ell; \alpha(M, \ell)\right)$ の値

$M \setminus \ell$	2	3	4	5	6	7	8	9	10
10	2.877	3.078	3.190	3.266	3.324	3.370	3.409	◊	3.470
9	2.844	3.046	3.158	3.235	3.293	3.340	◊	3.412	
8	2.806	3.010	3.123	3.200	3.259	◊	3.345		
7	2.763	2.969	3.083	3.161	◊	3.266			
6	2.712	2.920	3.035	◊	3.173				
5	2.651	2.862	◊	3.058					
4	2.575	◊	2.907						
3	◊	2.693							
2	2.326								

◊ : $\ell = M - 1$ は起こり得ない.

付表 20. $\alpha = 0.05$ のときの $td_2^*(k, m; \alpha)$ の値

$m \backslash \ell$	2	3	4	5	6	7	8	9	10
5	2.015	2.565	2.881	3.103	3.274	3.414	3.532	3.633	3.723
6	1.943	2.443	2.727	2.926	3.079	3.204	3.309	3.400	3.480
7	1.895	2.362	2.625	2.809	2.950	3.065	3.161	3.245	3.319
8	1.860	2.304	2.552	2.725	2.858	2.966	3.057	3.135	3.204
9	1.833	2.261	2.498	2.663	2.789	2.892	2.978	3.053	3.118
10	1.812	2.227	2.456	2.615	2.736	2.835	2.918	2.989	3.052
11	1.796	2.200	2.422	2.576	2.694	2.789	2.869	2.938	2.999
12	1.782	2.178	2.395	2.545	2.659	2.752	2.830	2.897	2.956
13	1.771	2.160	2.372	2.519	2.631	2.721	2.797	2.863	2.920
14	1.761	2.144	2.353	2.497	2.606	2.695	2.769	2.833	2.890
15	1.753	2.131	2.336	2.478	2.586	2.673	2.746	2.809	2.864
16	1.746	2.119	2.322	2.462	2.568	2.654	2.725	2.787	2.841
17	1.740	2.109	2.310	2.447	2.552	2.637	2.708	2.768	2.822
18	1.734	2.101	2.299	2.435	2.538	2.622	2.692	2.752	2.805
19	1.729	2.093	2.289	2.424	2.526	2.609	2.678	2.737	2.789
20	1.725	2.086	2.280	2.414	2.515	2.597	2.665	2.724	2.776
22	1.717	2.074	2.265	2.397	2.497	2.577	2.644	2.702	2.752
24	1.711	2.064	2.253	2.383	2.481	2.560	2.627	2.683	2.733
26	1.706	2.055	2.243	2.371	2.468	2.547	2.612	2.668	2.717
28	1.701	2.048	2.234	2.361	2.457	2.535	2.599	2.655	2.703
30	1.697	2.042	2.227	2.353	2.448	2.525	2.588	2.643	2.691
35	1.690	2.030	2.212	2.336	2.429	2.504	2.567	2.621	2.668
40	1.684	2.021	2.201	2.323	2.415	2.489	2.551	2.604	2.650
60	1.671	2.000	2.175	2.294	2.383	2.455	2.515	2.566	2.610
120	1.658	1.980	2.150	2.266	2.352	2.422	2.479	2.528	2.571
200	1.653	1.972	2.140	2.254	2.340	2.408	2.465	2.514	2.556
300	1.650	1.968	2.135	2.249	2.334	2.402	2.458	2.506	2.548
∞	1.645	1.960	2.126	2.238	2.322	2.389	2.444	2.492	2.533

付表 21. $\alpha = 0.01$ のときの $td_2^*(k, m; \alpha)$ の値

$m \backslash \ell$	2	3	4	5	6	7	8	9	10
5	3.365	4.028	4.427	4.713	4.937	5.121	5.278	5.413	5.533
6	3.143	3.705	4.040	4.280	4.468	4.622	4.752	4.866	4.966
7	2.998	3.498	3.793	4.004	4.169	4.304	4.419	4.518	4.606
8	2.896	3.355	3.623	3.814	3.963	4.085	4.189	4.279	4.358
9	2.821	3.249	3.499	3.676	3.813	3.926	4.022	4.105	4.178
10	2.764	3.169	3.404	3.570	3.699	3.805	3.895	3.972	4.041
11	2.718	3.106	3.329	3.487	3.610	3.710	3.795	3.868	3.933
12	2.681	3.054	3.269	3.421	3.538	3.634	3.715	3.785	3.847
13	2.650	3.012	3.220	3.366	3.479	3.571	3.649	3.716	3.776
14	2.624	2.977	3.178	3.320	3.429	3.518	3.594	3.659	3.716
15	2.602	2.947	3.143	3.281	3.387	3.474	3.547	3.610	3.666
16	2.583	2.921	3.113	3.247	3.351	3.435	3.507	3.568	3.622
17	2.567	2.898	3.086	3.218	3.320	3.402	3.472	3.532	3.585
18	2.552	2.878	3.063	3.193	3.292	3.373	3.441	3.500	3.552
19	2.539	2.861	3.043	3.170	3.268	3.347	3.414	3.472	3.523
20	2.528	2.845	3.025	3.150	3.246	3.324	3.390	3.447	3.497
22	2.508	2.819	2.994	3.116	3.210	3.286	3.349	3.405	3.453
24	2.492	2.797	2.968	3.088	3.179	3.254	3.316	3.370	3.417
26	2.479	2.779	2.947	3.064	3.154	3.227	3.288	3.341	3.387
28	2.467	2.763	2.929	3.045	3.133	3.205	3.265	3.316	3.362
30	2.457	2.750	2.914	3.028	3.115	3.185	3.244	3.295	3.340
35	2.438	2.724	2.884	2.994	3.079	3.147	3.205	3.254	3.297
40	2.423	2.704	2.861	2.970	3.052	3.119	3.175	3.223	3.265
60	2.390	2.660	2.810	2.913	2.992	3.055	3.108	3.154	3.194
120	2.358	2.617	2.761	2.859	2.934	2.994	3.044	3.087	3.124
200	2.345	2.601	2.741	2.838	2.911	2.970	3.019	3.061	3.097
300	2.339	2.592	2.732	2.827	2.900	2.958	3.006	3.048	3.084
∞	2.326	2.576	2.713	2.806	2.877	2.934	2.982	3.022	3.058

付表 22. $\alpha = 0.05$ のときの $d_2^*(\ell; \alpha(M, \ell))$ の値

$M \setminus \ell$	2	3	4	5	6	7	8	9	10
10	2.319	2.426	2.468	2.491	2.506	2.516	2.523	◊	2.533
9	2.279	2.388	2.431	2.454	2.469	2.479	◊	2.492	
8	2.234	2.345	2.388	2.412	2.427	◊	2.444		
7	2.182	2.295	2.339	2.363	◊	2.389			
6	2.121	2.236	2.282	◊	2.322				
5	2.047	2.166	◊	2.238					
4	1.955	◊	2.126						
3	◊	1.960							
2	1.645								

◊ : $\ell = M - 1$ は起こり得ない.

付表 23. $\alpha = 0.01$ のときの $d_2^*(\ell; \alpha(M, \ell))$ の値

$M \setminus \ell$	2	3	4	5	6	7	8	9	10
10	2.877	2.967	3.003	3.022	3.035	3.043	3.049	◊	3.058
9	2.844	2.934	2.971	2.990	3.003	3.011	◊	3.022	
8	2.806	2.897	2.934	2.954	2.967	◊	2.982		
7	2.763	2.855	2.893	2.913	◊	2.934			
6	2.712	2.806	2.844	◊	2.877				
5	2.651	2.747	◊	2.806					
4	2.575	◊	2.713						
3	◊	2.576							
2	2.326								

◊ : $\ell = M - 1$ は起こり得ない.

付表 24. $\alpha = 0.05$ のときの $td_3(\ell, m, 1; \alpha)$ の値

$m\backslash \ell$	2	3	4	5	6	7	8	9	10
5	2.015	2.142	2.186	2.209	2.223	2.232	2.238	2.243	2.247
6	1.943	2.058	2.098	2.119	2.131	2.139	2.144	2.149	2.152
7	1.895	2.002	2.039	2.058	2.069	2.076	2.081	2.085	2.088
8	1.860	1.962	1.997	2.014	2.024	2.031	2.036	2.040	2.043
9	1.833	1.931	1.965	1.981	1.991	1.998	2.002	2.006	2.008
10	1.812	1.908	1.940	1.956	1.965	1.971	1.976	1.979	1.981
11	1.796	1.889	1.920	1.935	1.944	1.950	1.954	1.958	1.960
12	1.782	1.873	1.903	1.918	1.927	1.933	1.937	1.940	1.942
13	1.771	1.860	1.890	1.904	1.913	1.919	1.923	1.926	1.928
14	1.761	1.849	1.878	1.892	1.901	1.906	1.910	1.913	1.915
15	1.753	1.840	1.868	1.882	1.891	1.896	1.900	1.903	1.905
16	1.746	1.831	1.860	1.873	1.882	1.887	1.891	1.893	1.896
17	1.740	1.824	1.852	1.866	1.874	1.879	1.883	1.885	1.888
18	1.734	1.818	1.845	1.859	1.867	1.872	1.876	1.878	1.880
19	1.729	1.812	1.840	1.853	1.861	1.866	1.869	1.872	1.874
20	1.725	1.807	1.834	1.847	1.855	1.860	1.864	1.866	1.868
22	1.717	1.798	1.825	1.838	1.846	1.851	1.854	1.857	1.859
24	1.711	1.791	1.818	1.830	1.838	1.843	1.846	1.849	1.851
26	1.706	1.785	1.811	1.824	1.831	1.836	1.840	1.842	1.844
28	1.701	1.780	1.806	1.819	1.826	1.831	1.834	1.836	1.838
30	1.697	1.776	1.801	1.814	1.821	1.826	1.829	1.832	1.833
35	1.690	1.767	1.792	1.804	1.811	1.816	1.819	1.822	1.824
40	1.684	1.761	1.785	1.797	1.804	1.809	1.812	1.814	1.816
60	1.671	1.746	1.770	1.781	1.788	1.792	1.795	1.798	1.800
120	1.658	1.731	1.754	1.765	1.772	1.776	1.779	1.781	1.783
200	1.653	1.725	1.748	1.759	1.766	1.770	1.773	1.775	1.776
300	1.650	1.722	1.745	1.756	1.762	1.767	1.769	1.772	1.773
∞	1.645	1.716	1.739	1.750	1.756	1.760	1.763	1.765	1.767

付表 25. $\alpha = 0.01$ のときの $td_3(\ell, m, 1; \alpha)$ の値

$m\backslash \ell$	2	3	4	5	6	7	8	9	10
5	3.365	3.501	3.548	3.572	3.586	3.595	3.602	3.607	3.611
6	3.143	3.256	3.294	3.313	3.324	3.332	3.337	3.341	3.344
7	2.998	3.097	3.130	3.146	3.155	3.161	3.166	3.169	3.171
8	2.896	2.985	3.015	3.029	3.037	3.042	3.046	3.049	3.051
9	2.821	2.903	2.930	2.943	2.950	2.955	2.958	2.961	2.963
10	2.764	2.840	2.865	2.877	2.883	2.888	2.891	2.893	2.895
11	2.718	2.791	2.814	2.824	2.831	2.835	2.838	2.840	2.842
12	2.681	2.750	2.772	2.782	2.788	2.792	2.795	2.797	2.798
13	2.650	2.717	2.738	2.747	2.753	2.757	2.759	2.761	2.762
14	2.624	2.689	2.709	2.718	2.723	2.727	2.729	2.731	2.732
15	2.602	2.665	2.684	2.693	2.698	2.701	2.704	2.705	2.707
16	2.583	2.644	2.663	2.671	2.676	2.680	2.682	2.683	2.685
17	2.567	2.626	2.644	2.653	2.658	2.661	2.663	2.664	2.665
18	2.552	2.610	2.628	2.636	2.641	2.644	2.646	2.647	2.649
19	2.539	2.596	2.614	2.622	2.626	2.629	2.631	2.633	2.634
20	2.528	2.584	2.601	2.609	2.613	2.616	2.618	2.619	2.620
22	2.508	2.563	2.579	2.586	2.591	2.593	2.595	2.597	2.598
24	2.492	2.545	2.561	2.568	2.572	2.575	2.577	2.578	2.579
26	2.479	2.531	2.546	2.553	2.557	2.559	2.561	2.562	2.563
28	2.467	2.518	2.533	2.540	2.544	2.546	2.548	2.549	2.550
30	2.457	2.507	2.522	2.529	2.533	2.535	2.537	2.538	2.539
35	2.438	2.486	2.501	2.507	2.511	2.513	2.514	2.516	2.516
40	2.423	2.471	2.484	2.491	2.494	2.496	2.498	2.499	2.500
60	2.390	2.435	2.448	2.453	2.457	2.459	2.460	2.461	2.462
120	2.358	2.400	2.412	2.417	2.420	2.422	2.423	2.424	2.425
200	2.345	2.386	2.398	2.403	2.406	2.408	2.409	2.410	2.410
300	2.339	2.380	2.391	2.396	2.399	2.401	2.402	2.403	2.403
∞	2.326	2.366	2.377	2.382	2.385	2.386	2.388	2.388	2.389

付表 **26.** $\alpha = 0.05$ のときの $\bar{c}_1^{2*}(\ell; \alpha(M, \ell))$ の値

$M \setminus \ell$	2	3	4	5	6	7	8	9	10
10	5.376	6.022	6.302	6.445	6.521	6.558	6.572	◊	6.560
9	5.194	5.825	6.095	6.231	6.301	6.334	◊	6.339	
8	4.991	5.606	5.865	5.993	6.056	◊	6.088		
7	4.762	5.359	5.606	5.724	◊	5.800			
6	4.499	5.075	5.307	◊	5.460				
5	4.192	4.740	◊	5.049					
4	3.820	◊	4.528						
3	◊	3.820							
2	2.706								

◊ : $\ell = M - 1$ は起こり得ない.

付表 **27.** $\alpha = 0.01$ のときの $\bar{c}_1^{2*}(\ell; \alpha(M, \ell))$ の値

$M \setminus \ell$	2	3	4	5	6	7	8	9	10
10	8.277	9.118	9.532	9.779	9.939	10.048	10.124	◊	10.216
9	8.086	8.916	9.322	9.562	9.717	9.822	◊	9.945	
8	7.873	8.690	9.087	9.320	9.470	◊	9.638		
7	7.632	8.434	8.821	9.046	◊	9.284			
6	7.355	8.139	8.514	◊	8.865				
5	7.028	7.792	◊	8.356					
4	6.630	◊	7.709						
3	◊	6.823							
2	5.412								

◊ : $\ell = M - 1$ は起こり得ない.

付表 **28.** $\alpha = 0.05$ のときの $z(\alpha(M,\ell))$ の値

$M \setminus \ell$	2	3	4	5	6	7	8	9	10
10	2.319	2.163	2.047	1.955	1.876	1.808	1.748	◊	1.645
9	2.279	2.121	2.004	1.910	1.830	1.761	◊	1.645	
8	2.234	2.074	1.955	1.858	1.778	◊	1.645		
7	2.182	2.019	1.897	1.799	◊	1.645			
6	2.121	1.955	1.830	◊	1.645				
5	2.047	1.876	◊	1.645					
4	1.955	◊	1.645						
3	◊	1.645							
2	1.645								

◊ : $\ell = M - 1$ は起こり得ない.

付表 **29.** $\alpha = 0.01$ のときの $z(\alpha(M,\ell))$ の値

$M \setminus \ell$	2	3	4	5	6	7	8	9	10
10	2.877	2.747	2.651	2.575	2.511	2.457	2.409	◊	2.326
9	2.844	2.712	2.615	2.538	2.474	2.419	◊	2.326	
8	2.806	2.673	2.575	2.497	2.432	◊	2.326		
7	2.763	2.628	2.529	2.449	◊	2.326			
6	2.712	2.575	2.474	◊	2.326				
5	2.651	2.511	◊	2.326					
4	2.575	◊	2.326						
3	◊	2.326							
2	2.326								

◊ : $\ell = M - 1$ は起こり得ない.

付表 **30.** 対照群との多重比較統計量の漸近分布の上側 $100\alpha\%$ 点 $n_1 = \cdots = n_k$ のときの $\bar{c}_3^2(\ell, 1/k, \ldots, 1/k; \alpha) = \bar{c}_3^{2*}(\ell; \alpha)$ の値.

$$\sum_{L=2}^{\ell} P(L, \ell) P\left(\chi_{L-1}^2 \geq \bar{c}_3^{2*}(\ell; \alpha)\right) = \alpha \to \bar{c}_3^{2*}(\ell; \alpha)$$

$100\alpha\% \setminus \ell$	2	3	4	5	6
5%	2.706	3.820	4.528	5.049	5.460
1%	5.412	6.823	7.709	8.356	8.865

$100\alpha\% \setminus \ell$	7	8	9	10
5%	5.800	6.088	6.339	6.560
1%	9.284	9.638	9.945	10.216

参考文献

筆者の拙書と拙論

(著 1) 白石高章 (2011a). 多群連続モデルにおける多重比較法―パラメトリック，ノンパラメトリックの数理統計―. 共立出版.

(著 2) 白石高章 (2012a). 統計科学の基礎―データと確率の結びつきがよくわかる数理―. 日本評論社.

(著 3) 白石高章 (2006). Tukey-Kramer 法に関連した分布の上界. 計算機統計学会 和文誌, **19**. 77–87.

(著 4) 白石高章 (2008). 多群モデルにおけるウィルコクソンの順位和に基づくノンパラメトリック同時信頼区間. 応用統計学, **37**. 125–150.

(著 5) 白石高章 (2009). 多群 2 項モデルにおける対数変換による同時信頼区間. 応用統計学, **38**. 131–150.

(著 6) 白石高章 (2011b). 多群 2 項モデルにおける逆正弦変換による多重比較検定法. 応用統計学, **40**. 1–17.

(著 7) 白石高章 (2011c). 多群モデルにおけるすべての平均相違に関する閉検定手順. 計量生物学, **32**. 33–47.

(著 8) 白石高章 (2012b). 多群の 2 項モデルとポアソンモデルにおけるすべてのパラメータの多重比較法. 日本統計学会和文誌, **42**. 55–90.

(著 9) 白石高章 (2013). 多群指数モデルにおける平均パラメータの多重比較法. 計量生物学, **34**. 1–20.

(著 10) 白石高章 (2014a). 多群連続モデルにおける位置母数に順序制約のある場合の閉検定手順. 日本統計学会和文誌, **43**. 215–245.

(著 11) 白石高章 (2014b). 順序制約のある場合の多群比率モデルにおける多重比較法. 応用統計学, **43**. 1–21.

(著 12) 白石高章, 早川由宏 (2014). 母分散が一様でない多群モデルにおけるすべての母平均相違の閉検定手順. 計量生物学, **35**. 55–68.

(著 13) 白石高章, 杉浦洋 (2015). 多群モデルにおける閉検定手順に使用される分布の上側 $100\alpha^\star$ パーセント点. 日本統計学会和文誌, **44**. 271–314.

(著 14) 白石高章，松田 眞一 (2015). 順序制約のある場合の対照群との比較における $\bar{\chi}^2$ 統計量に基づく多重比較検定法. 計量生物学, **36**. 85–99.

(著 15) 白石高章，松田 眞一 (2016). 順序制約のある場合のすべての平均相違に対する Bartholomew の検定に基づく閉検定手順. 日本統計学会和文誌, **45**. 247–271.

(著 16) Shiraishi, T. (2007). Multiple comparisons based on R-estimators in the one-way layout. *J. Japan Statist. Soc.*, **37**, 157–174.

(著 17) Shiraishi, T. (2010). Multiple comparisons based on studentized M-statistics in a randomized block design. *Commun. Statist.*, SerA. **39**, 1563–1573.

(著 18) Shiraishi, T. (2012). Multiple comparison procedures for Poisson parameters in multi-sample models. *Behaviormetrika*, **39**, 167–182.

(著 19) Shiraishi, T. and Matsuda, S. (2016). Closed testing procedures based on $\bar{\chi}^2$-statistics in multi-sample models with Bernoulli responses under simple ordered restrictions. *Japanese J. Biometrics*, **37**, 67–87.

(著 20) Shiraishi, T. and Matsuda, S. (2017). Closed testing procedures for all pairwise comparisons in a randomized block design. *Commun. Statist.*, SerA. DOI: 10.1080/03610926.2017.1359302.

(著 21) 杉浦洋 (2009). 数値計算の基礎と応用—数値解析学への入門— [新訂版]. サイエンス社.

引用された重要な書籍と論文

[1] 今田恒久 (2015). 順序制約下の正規母平均列間の差に関する多重比較法について. 日本統計学会和文誌, **44**. 251–270.

[2] 松田眞一，永田靖 (1990). 多重比較における新たな検出力の提案と各手法の特徴比較. 応用統計学, **19**. 93–113.

[3] Abramowitz, M. and Stegun, I. A. (1972). *Handbook of Mathematical Functions*. Dover.

[4] Barlow, R. E., Bartholomew, D. J., Bremner, J. M. and Brunk, H. D. (1972). *Statistical Inference under Order Restrictions*. Wiley and Sons.

[5] Bretz, F., Hothorn, T. and Westfall, P. (2011). *Multiple Comparisons Using R.* Chapman and Hall.

[6] Dunn, O. J. (1964). Multiple comparisons using rank sums. *Technometrics*, **6**, 241–252.

[7] Dunnett, C. W. (1955). A multiple comparison procedure for comparing several treatments with a control. *J. Amer. Statist. Assoc.*, **50**, 1096–1121.

[8] Dwass, M. (1960). *Some k-sample rank order tests, Contributions to Probability and Statistics.* Stanford University Press, 198–202.

[9] Enderton, H. B. (2001). *A Mathematical Introduction to Logic: Second Edition.* Academic Press.

[10] Games, P. A. and Howell, J. F. (1976). Pairwise multiple comparison procedures with unequal N's and/or Variances : A Monte Carlo Study. *J. Educ. Statist.*, **1**. 113–125.

[11] Hayter, A. J. (1984). A proof of the conjecture that the Tukey-Kramer multiple comparisons procedure is conservative. *Ann. Statist.*, **12**. 61–75.

[12] Hayter, A. J. (1990). A one-sided Studentized range test for testing against a simple ordered alternative. *J. Amer. Statist. Assoc.*, **85**, 778–785.

[13] Hayter, A.J. and Liu, W. (1996). On the exact calculation of the one-sided studentised range test. *Computational Statistics and Data Analysis*, **22**, 17–25.

[14] Hettmansperger, T. P. (1984). *Statistical Inference based on Ranks.* Wiley and Sons.

[15] Hochberg, Y. and Tamhane, A. C. (1987). *Multiple Comparison Procedures.* Wiley and Sons.

[16] Holm, S. (1979). A simple sequentially rejective multiple test procedure. *Scandinavian Journal of Statistics*, **6**, 65–70.

[17] Hsu, J. C. (1996). *Multiple Comparisons-Theory and Methods.* Chapman and Hall.

[18] Jonckheere, A. R. (1954). A distribution-free k-sample test against ordered alternatives. *Biometrika*, **41**, 133–145.

[19] Kudô, A. (1963). A multivariate analogue of the one-sided test. *Biometrika*, **50**, 403–418.

[20] Kramer, C. Y. (1956). Extension of multiple range tests to goup means with unequal numbers of replications. *Biometrics*, **8**, 75–86.

[21] Lee, R. E. and Spurrier, J. D. (1995a). Successive comparisons between ordered treatments. *J. Statist. Plann. Infer.*, **43**, 323–330.

[22] Lee, R. E. and Spurrier, J. D. (1995b). Distribution-free multiple comparisons between successive treatments. *J. Nonparametric Statist.*, **5**, 261–273.

[23] Liu, W., Miwa, T. and Hayter, A. J. (2000). Simultaneous confidence interval estimation for successive comparisons of ordered treatment effects. *J. Statist. Plann. Infer.*, **88**, 75–86.

[24] Lund, J. and Bowers, K. L. (1992). *Sinc Methods.* SIAM.

[25] Marcus, R., Peritz, E. and Gabriel, K. R. (1976). On closed testing procedures with special reference to ordered analysis of variance. *Biometrika*, **63**, 655-660.

[26] Miwa, T., Hayter, A.J. and Liu, W. (2000). Calculations of level probabilities for normal random variables with unequal variances with applications to Bartholomew's test in unbalanced one-way models. *Computational Statistics and Data Analysis*, **34**, 17–32.

[27] Page, E. B. (1963). Ordered hypotheses for multiple treatments: A significance test for linear ranks. *J. Amer. Statist. Assoc.*, **58**, 216–230.

[28] Peritz, E. (1970). A note on multiple comparisons. Unpublished manuscript. Hebrew University.

[29] Ralston, A. and Rabinowitz, P. (1978). *First Course in Numerical Analysis, 2nd ed.* Dover.

[30] Ramsey, P. H. (1978). Power differences between pairwise multiple comparisons. *J. Amer. Statist. Assoc.*, **73**, 479–485.

[31] Robertson, T, Wright, F. T. and Dykstra, R. L. (1988). *Order Restricted Statistical Inference.* Wiley and Sons.

[32] Scheffé, H. (1953). A method for judging all contrasts in analysis of variance. *Biometrika*, **40**, 87–104.

[33] Shirley, E. A. (1977). A nonparametric equivalent of Williams' test for contrasting increasing dose levels of a treatment. *Biometrics*, **33**, 386–389.

[34] Steel, R. G. D. (1959). A multiple comparison rank sum test: Treatments versus control. *Biometrics,* **15**, 560–572.

[35] Steel, R. G. D. (1960). A rank sum test for comparing all pairs of treatments. *Technometrics*, **2**, 197–207.

[36] Stenger, F. (1993). *Numerical Methods Based on Sinc and Anasytic Functions*, Springer-Verlag.

[37] Takahashi, H. and Mori, M. (1974). Double exponential formulas for numerical integration. *Publ. Res. Inst. Math. Sci.*, **9**, 721–741.

[38] Tukey, J. W. (1953). *The Problem of Multiple Comparisons. The Collected Works of John W. Tukey (1994)*, **Vol. VIII** *Multiple Comparisons*. Chapman and Hall.

[39] Welch, B. L. (1938). The significance of the difference between two means when the population variances are unequal. *Biometrika*, **25**, 350–362.

[40] Williams, D. A. (1971). A test for differences between treatment means when several dose levels are compared with a zero dose control. *Biometrics*, **27**, 103–117.

[41] Williams, D. A. (1972). The comparison of several dose levels are compared with a zero dose control. *Biometrics*, **28**, 519–531.

[42] Williams, D. A. (1986). A note on Shirley's nonparametric test for comparing several dose levels with a zero-dose control. *Biometrics*, **42**, 183–186.

あとがき

参考文献（著1）に，多群連続モデルにおいてそれまでに解明解析法 (i) から (v) について詳しく記述した．

(i) 分散分析法と対応するノンパラメトリック法．
(ii) テューキー・クレーマーの方法を含むすべての平均相違に対較法．
(iii) ダネットの方法を含む対照群の平均との相違に関する多重
(iv) すべての平均に関する多重比較法．
(v) シェフェ (Scheffé) の方法を含むすべての対比に関する多重

(ii) から (iv) の多重比較法においては，複数の t 検定統計量のまたは複数のウィルコクソンの順位検定統計量の最大値分布をについて論じている．これらの最大値分布を基にした多重比較法提案されデータ解析に使われている．

本書では，上記の (i), (iv), (v) の内容は（著1）に充分な理論記述されているのでこれらの部分を割愛し，次の (I) から (XI) の 2011年以後に導くことができた内容を含め多重比較法の基礎を詳した．

(I) (ii) の内容に加え，2.1.3 項で述べた検出力の高い閉検定 ① が
テューキー・クレーマーの方法を優越していることを定式述べた．定理 2.5 を使うことによって検出力と同時信頼区間で非常にきれいな結論を導くことができた．さらに，複数の F 計量を基に検出力の高い閉検定手順 ② を述べている．多くの仮説の母平均の配置に対して，検出力の高い閉検定手順 ② は最大布を基に

の高い閉検定手順 ① よりも検出力が少し高くなることが
ョンにより確認できる．
の場合の正規分布モデルでのゲイムス・ハウエルの方法
と超越する閉検定手順の紹介した．
(上加え，3.3.3項で述べた逐次棄却型検定法がダネットの方
ていることを示すことができる定理 3.6 を論述した．
(I籍に載せられていない正規分布モデルにおける分散の多重
いて第 4 章で論述した．
(順序制約がある場合のすべての平均相違に対する多重比較
ヘイターのシングルステップ法を紹介し，そのシングルス
優越する閉検定手順について述べた．
(VI順序制約がある場合の隣接した平均相違に対する多重比較
リー・スプーリエルのシングルステップ法を紹介し，その
テップ法を優越する閉検定手順について述べた．
(VII)順序制約がある場合の対照群の平均との相違に関する多重
てウィリアムズの方法について論述した．
(VIII) I) で述べた多重比較法は複数の t 検定統計量の最大値分布
方法で群サイズが等しいという制約を受ける．群サイズが不
も多重比較が可能な自乗和統計量 $\bar{B}_1^2$, $\bar{B}_3^2$ に基づく閉検定
て述べた．
(IX) シミュレーションによる検出力の比較を行い，閉検定手順が
ステップ法を大きく優越することをみた．更に，順序制約の
あ閉検定手順が順序制約のない場合の多重比較検定法よりも
検非常に高いことがみれた．
(X) 上, (III), (V) から (VIII) は正規分布を仮定したモデルでの多
重である．これらに対応し，標本観測値の分布に依存しない順
位くノンパラメトリック多重比較法を紹介した．
(XI) 第は，第5章で用いられたマックス統計量の分布であるヘイター
型紀，リー・スプーリエル型統計量，ウィリアムズ型統計量の分
布関計算法を紹介した．更に，最後の 7.4 節では，5.6 節で述べた

自乗和統計量 $\bar{B}_1^2, \bar{B}_3^2$ に基づく多重比較法を実行するために使われる階層確率 (level probability) の計算法を紹介した．

多重比較法の基礎として，多群モデル（一元配置モデル）でパラメトリック正規理論と分布に依存しないノンパラメトリック理論について本書では上記のように論述している．より複雑なモデルとして，乱塊法モデルと交互作用のある 2 元配置モデルの分散分析法は多くの統計書に掲載されている．乱塊法モデルでの多重比較理論を (著 20) に載せている．さらに，交互作用のある 2 元配置モデルの多重比較理論も構築することは可能である．近いうちに論文として投稿する予定である．比率モデル（2 項分布モデル）の多重比較法については (著 5)，(著 6)，(著 8)，(著 11)，(著 19) を参照するとよい．比率モデルの多重比較法について他の研究者が書いた論文は非常に少ない．ポアソン分布に従う観測値のデータは非常に多くある．多群ポアソンモデルにおける多重比較法の論文として，(著 8)，(著 18) を参照することができるが，他者の論文は皆無である．ポアソン分布と表裏一体の関係にある指数分布に従う観測値の多群モデルにおける多重比較法は (著 9) を参照するとよい．データ解析に役立てられる統計モデルにおける多重比較法の提案と理論の構築はまだまだ発展途上である．

2018 年 2 月

白石高章

杉浦　洋

索　引

■記号・英数字

∗ (コンボリューション), 203
∗ (要素ごとの積), 231
3 次自然スプライン, 209

$\bar{B}^2$ に基づく検定法, 126
$\bar{B}_1^2$ に基づく閉検定手順, 177
$\bar{B}_3^2$ に基づく多重比較検定, 185

c99 規格 (ISO/IEC 9899:1999), 223
$\bar{\chi}^2$ 統計量, 122

$D(t \mid 2)$, 229
$D(t \mid k)$, 229
$d_1(k; \alpha)$, 135
$d_1(\ell; \alpha^*)$, 22
$D_1(t \mid k)$
　　計算式, 224
　　計算法概要, 229
　　近似式概要, 229
　　計算法, 230
　　近似式, 233
　　グラフ, 235
$D_1(t \mid \ell)$, 21, 138
$D_2^*(t \mid k)$
　　計算式, 226
　　計算法概要, 229
　　近似式概要, 229
　　計算法, 230
　　近似式, 233
$d_3(\ell, n_2/n_1; \alpha)$, 24, 169
$D_3(t \mid k, 1)$, 229
　　計算式, 227
　　計算法概要, 229
　　近似式概要, 229
　　計算法, 230
　　近似式, 233
$D_3(t \mid \ell, n_2/n_1)$, 24, 169
DE 公式 (二重指数関数型積分公式), 221
DE 変換 (二重指数関数型変換), 222

$\bar{E}^2$ に基づく尤度比検定法, 126
ε 台, 207
erf, 234
`erf(x)` (C 関数), 234
`expm1(x)` (C 関数), 223

G, 200
G(A, α, β), 200
G(α, β), 200

Level Probability, 248
`lgamma1(x)` (C 関数), 241
`log1p1(x)` (C 関数), 241

`M_PI` (C 定数), 235

P
　　表の定義, 249

表の計算法概要, 249
表の計算法, 254
$\Phi(\sigma, t)$, 219
$\varphi(\sigma, x)$, 217

Q
表の定義, 250
表の計算法, 251, 253
表の計算量, 254

REGW 法, 3

Si(x), 205
sinc(x)(C 関数), 234
sinc 関数, 24, 204
sinc 基底, 204
sinc 積分, 205
sinc 補間, 205
sn(h,s,x), 234

$td(k, m; \alpha)$, 229
$TD(t \mid k, m)$, 229
$td_1(k, m; \alpha)$, 133
方程式, 225
計算法概要, 229, 230
計算法, 245
$td_1(\ell, m; \alpha)$, 138
$td_1(\ell, m; \alpha^\star)$, 22
$TD_1(t \mid k, m)$
計算式, 224
計算法概要, 229, 230
計算法, 235
$TD_1(t \mid \ell, m)$, 21, 138
$td_2(k, m; \alpha)$
方程式, 226
計算法概要, 229
計算法, 245

$td_2^*(k, m; \alpha)$
方程式, 156
計算法概要, 230
$TD_2^*(t \mid k, m)$
計算式, 226
計算法概要, 229, 230
計算法, 235
$td_3(k, m, 1; \alpha)$
方程式, 228
計算法概要, 229, 230
計算法, 245
$td_3(\ell, m, n_2/n_1; \alpha)$, 24, 169
$TD_3(t \mid k, m, 1)$, 229
計算式, 227
計算法概要, 229, 230
計算法, 235
$TD_3(t \mid \ell, m, n_2/n_1)$, 24, 169
tgamma, 262

u $= 2^{-53}$ (倍精度丸め誤差単位), 207

■ア行

位置母数の順位推定量, 130
位置母数の点推定量, 127
一様性の帰無仮説, 30, 32, 120

ウィリアムズ (Williams) の方法, 5, 9, 169
ウェルチ (Welch) の検定, 4, 51
打ち切り誤差, 213
上側 $100\alpha^\star\%$, 19

黄金比, 246
重みベクトル, 248

■カ行

階層確率, 248
ガウス・パラメータ, 201
ガウス関数, 200
割線法, 245
関数族 G, 200

急減少関数, 204
近似台, 207

傾向性の制約, 117
計算木, 252
ゲイムス・ハウエル (Games-Howell) の漸近的多重比較法, 60
ゲイムス・ハウエルの方法, 4, 52
桁落ち, 241
原始関数の有限 sinc 補間, 219
検出力の高い順位に基づく閉検定手順 1, 69
検出力の高い順位に基づく閉検定手順 2, 73
検出力の高い漸近的な閉検定手順, 61, 102
検出力の高い閉検定手順, 56
検出力の高い閉検定手順 1, 37
検出力の高い閉検定手順 2, 45
減少の傾向性の制約, 187

誤差関数 erf, 234
コンボリューション, 203

■サ行

サイズが不揃いの場合の多重比較検定法, 175

シャーリー・ウィリアムズ (Shirley-Williams) の方法, 13, 172
主効果, 2
順位に基づく同時信頼区間, 67, 82
順序制約, 7
シングルステップ法, 3
シングルステップの多重比較検定, 134

水準 α の閉検定手順, 37
スチューデント化された範囲の分布, 18, 33
スティール・ドゥワス (Steel-Dwass) の順位検定法, 10, 66
スティール・ドゥワスの多重比較検定, 67
スティール (Steel) の順位検定法, 10
スティールの順位に基づく多重比較検定, 81
ステップアップ法, 145
ステップダウン法, 87, 89, 145, 146, 165
ステップワイズ法, 145, 164, 165
スプライン近似, 209

正確な多重比較検定法, 112
正確な同時信頼区間, 103, 108, 112
正確な閉検定手順, 113
整関数, 200
正弦積分, 205
積集合, 37
漸近的なシングルステップの多重比較検定, 136, 158
漸近的な逐次棄却型検定法, 107
漸近的な同時信頼区間, 135, 158
漸近的なノンパラメトリック手順, 174
漸近理論, 58
線形順位検定, 127
線形統計量に基づく検定, 121
全平均, 2

相対処理効果, 2
総対検出力, 4, 189

■タ行

台形則, 206
対照群との多重比較検定法, 183
対数変換を使った漸近的な多重比較検定法, 101, 106
対数変換を使った漸近的な同時信頼区間, 103, 109
タイプ I FWER, 31, 77, 168
多重比較検定, 31, 77, 168
ダネットの多重比較検定, 78
ダネットの同時信頼区間, 79
ダネット法, 5

逐次棄却型検定法, 86

対ごとの検出力, 189

テューキー・クレーマー (Tukey-Kramer) の多重比較検定, 33
テューキー・クレーマーの同時信頼区間, 35
テューキー・クレーマーの方法, 3, 31
天井関数, 217

等間隔標本点列, 204
同時信頼区間, 3–5, 8, 10, 12, 31, 77, 134, 153

■ナ行

二重指数関数型積分公式 (DE 公式), 221
二重指数関数型変換 (DE 変換), 222
ニュートン法, 245

ノンパラメトリック多重比較検定, 186
ノンパラメトリック逐次棄却型検定法, 88
ノンパラメトリック手順, 144, 163
ノンパラメトリック閉検定手順, 179

■ハ行

倍精度計算, 207
パラメトリック逐次棄却型検定法, 86
パラメトリック手順, 138, 161, 172

標本点間隔, 204
標本点原点, 204

フーリエ逆変換, 202
フーリエ変換, 202
分散の相違, 6
分散分析法, 2

閉検定手順, 35, 83, 136
ヘイター型の順位検定, 12
ヘイター型の順位同時信頼区間, 12
ヘイター (Hayter) の方法, 7, 131
ページ (Page) 型検定, 122
ページ型ノンパラメトリック閉検定手順, 182
ページ型パラメトリック閉検定手順, 181
ペリ (Peritz) の方法, 3
ホルム (Holm) の方法, 96
ホルムの方法に基づく正確な多重比較検定法, 102, 106
ボンフェローニの不等式による正確な多重比較検定法, 101, 105
ボンフェローニ (Bonferroni) の方法, 96

■マ行

マルチステップ法, 3
丸め誤差単位, 207

■ヤ行

有限 sinc 近似, 206
有限 sinc 積分, 206
有限 sinc 補間, 206
有限台形則, 206
尤度比検定に類似の順位検定法, 128

■ラ行

リー・スプーリエル (Lee-Spurrier) の方
　法, 8, 152
リー・スプーリエルの多重比較検定, 153
リー・スプーリエルのノンパラメトリック
　法, 12
離散化誤差, 212, 213

論理積, 35, 37, 83

著者紹介

　　　　白石 高章（しらいし　たかあき）

1955 年　福岡県に生まれる
1980 年　九州大学大学院理学研究科博士前期課程修了
2000 年　横浜市立大学大学院総合理学研究科教授
現　在　南山大学理工学部教授・理学博士
著　書　『統計科学の基礎』（日本評論社，2012）
　　　　『多群連続モデルにおける多重比較法』（共立出版，2011）
　　　　『統計データ科学事典』（分担執筆，朝倉書店，2007）
　　　　『統計科学』（日本評論社，2003）

　　　　杉浦　洋（すぎうら　ひろし）

1952 年　三重県に生まれる
1981 年　名古屋大学大学院工学研究科博士後期課程満了
1993 年　名古屋大学大学院工学研究科助教授
現　在　南山大学理工学部教授・工学博士
著　書　『工学のための基礎数学』（分担執筆，オーム社，2012）
　　　　『数値計算の基礎と応用―新訂版』（サイエンス社，2009）
　　　　『常微分方程式の数値解法 I』（共訳，シュプリンガー・ジャパン，2007）
　　　　『数値計算のわざ』（共著，共立出版，2006）
　　　　『数値計算のつぼ』（共著，共立出版，2003）

多重比較法の理論と数値計算
Theory of Multiple Comparison
Procedures and Its Computation

2018 年 4 月 15 日　初版 1 刷発行

検印廃止
NDC 417, 418.1
ISBN 978–4–320–11332–9

著　者　白石高章
　　　　杉浦　洋　　 2018

発行者　南條光章

発行所　**共立出版株式会社**
　　　　東京都文京区小日向 4-6-19
　　　　電話　03-3947-2511（代表）
　　　　郵便番号 112-0006
　　　　振替口座 00110-2-57035
　　　　URL http://www.kyoritsu-pub.co.jp/

印　刷　藤原印刷
製　本　ブロケード

　一般社団法人
　　　　自然科学書協会
　　　　会員

Printed in Japan

|JCOPY|＜出版者著作権管理機構委託出版物＞
本書の無断複製は著作権法上での例外を除き禁じられています. 複製される場合は, そのつど事前に, 出版者著作権管理機構（TEL：03-3513-6969, FAX：03-3513-6979, e-mail：info@jcopy.or.jp）の許諾を得てください.